AF536074

DELIUS KLASING

Mat Irvine

Modellbau leicht gemacht

Tipps und Tricks für Einsteiger und Fortgeschrittene

Aus dem Englischen von Udo Stünkel

Delius Klasing

Inhalt

Ein Teil der Modellsammlung des Autors, gezeigt auf einer Modellingenieur-Ausstellung.

Vorwort

Von Dr. David Baker

Der Modellbau kann auf eine sehr lange Geschichte zurückblicken – mindestens bis zu den ersten menschlichen Gesellschaften. Die Darstellung von natürlichen und künstlich erschaffenen Objekten als Miniatur findet sich in zahllosen Museen. Scheinbar waren Menschen stets bestrebt, die Dinge, die sie um sich herum sahen, mit immer besseren Fähigkeiten darzustellen, um sie selbst zu definieren. Mit Händen und Fingern wurden aus natürlichen und künstlichen Materialien Objekte erschaffen, die man bewundern, interessant finden oder fürchten konnte. Es ist fast ein Kennzeichen der Zivilisation und der Verbindung zwischen handwerklichen Kenntnissen und menschlicher Vorstellungskraft.

Modelle bilden als Miniatur alles ab – von der maßstabsgerechten Wirklichkeit über faszinierende Objekte, Instrumente des Friedens und des Kriegs bis hin zu mechanischen Geräten aller Art. Diese Verbindung zwischen der Welt in Originalgröße und dem Nachbau als Miniatur funktioniert in beide Richtungen: Sie kann erziehen und informieren oder die Funktionsweise komplexer Maschinen zeigen; sie kann aber auch ein dreidimensionales Verständnis von Grundprinzipien vermitteln und zeigen, wie sie optimiert werden können – und damit zur Verbesserung reeller Objekte beitragen.

In der Schule war ich ganz gut in Kunst und fand große Befriedigung darin, dies durch den Bau von Modellen meiner Lieblingsobjekte auszudrücken: Flugzeuge, Panzer, Raketen, Rennwagen und Segelschiffe. Für mich war das eine dreidimensionale Welt des fantasievollen und kreativen Ausdrucks und es lehrte mich viel über die reelle Welt um mich herum. Es erlaubte mir, faszinierende Maschinen von Hand auf eine Art zusammenzubauen, die gar nicht so weit weg von der echten Welt war. Es vereinte meine Wünsche, etwas durch den Bau von Miniaturen zu erschaffen, und es brachte auch meine beiden anderen Leidenschaften zusammen: Wissenschaft und Technik.

Bald schaffte ich es, alles drei miteinander zu verbinden. Während ich in eine obsessive Faszination für die Wissenschaft eintauchte, blieb meine Liebe zum Modellbau erhalten und verfolgte mich bis zu dem Punkt, an dem eine Verbindung zu einem anderen Leben entstand. Warum? Weil ich durch den Modellbau in die Welt der Technik gezogen wurde und erkannte, dass ich alle drei Tätigkeiten nur realistisch vereinen konnte, weil ich gern mit Maschinen zu tun hatte und wusste, wie sie funktionieren und wie sie bedient werden.

Zunächst konnte ich die Funktionsprinzipien von Flugzeugen, Raketen und Raumfahrzeugen aufnehmen, indem ich maßstabsgetreue Modelle davon baute. Erst als ich mich beruflich mit dem aufkommenden Raumfahrtprogramm beschäftigte – dem verbindenden Katalysator für alles in meinem Leben –, erkannte ich den großen Wert, den ich auf die Herstellung von Duplikaten in Miniaturformat gelegt hatte. Ich bin zutiefst davon überzeugt, dass es diese Basis des kreativen Bauens war, die meine Liebe zu Mathematik, Ingenieurwesen, Naturwissenschaft und Technologie vereinte – MINT-Fächer, die wesentlich sind, um heute die Bestrebungen einer neuen Generation junger Menschen zu stimulieren, zu erfüllen und zum Ausdruck zu bringen.

Als Mat Irvine mich bat, ein paar Worte für dieses lobenswerte Buch zu schreiben, war ich zunächst unsicher – ich bin kein guter Modellbauer und habe kein Recht, hierbei als kompetent anerkannt zu werden. Doch als ich hier las, dass Alec Issigonis für die Prototypen-Fertigung (das Metallbaukasten-System) Meccano verwendet hatte, war ich überzeugt.

Als ich etwa 15 Jahre alt war, nahm mich mein Vater mit zu Sir Alec – und als aufgeweckter Junge erfreute ich den großen

Mann mit Gesprächen über Modelle. Er klopfte mir auf die Schulter und sagte etwas in der Art, dass ich, wenn ich Modelle baue, das Innenleben der Maschine auf eine Weise verstehen könne, wie es kein anderer Entwickler könne. Das habe ich nie vergessen.

Dieses Buch ist für mich eine große Freude, denn es wurde von einem Meistermodellbauer mit beneidenswerten Fähigkeiten und einem scharfen Verstand geschrieben, der die Nuancen zwischen Genauigkeit und Geschwindigkeit erkannte und die Fähigkeit besitzt, gut und zügig zu arbeiten. Dieses Buch ist eine Zusammenfassung aller Handwerks-Stile, die nötig sind, um die Fähigkeiten zu verfeinern. Es liefert den Hintergrund einer immer noch blühenden, wachsenden und wichtigen Aktivität für Jung und Alt. Es ist ein Schmelztiegel für zukünftige Karrieren, die durch ein faszinierendes und entspannendes Hobby entstehen: Für Leute wie mich, die von Jugend an durch unendliche Neugierde eine Karriere mit reellen Maschinen und Objekten einschlagen konnten.

David Baker

(Raumschiff-Ingenieur und Co-Autor des Plans für eine bemannte Mars-Mission aus dem Jahr 1990)

East Sussex, April 2019

Kapitel 1

Einleitung

Obwohl wir es hier mit einem Thema zu tun haben, das erst im 20. Jahrhundert begann, existiert die Idee, Modelle, Miniaturen oder Repliken von Objekten unserer Umgebung zu schaffen, bereits seit Jahrhunderten, wahrscheinlich seit Ewigkeiten.

Der Autor auf einer IPMS Scale Model World Show mit einer Auswahl seiner für zahlreiche Projekte gebauten Fahrzeugmodelle.

Einer von Leonardo da Vincis gezeichneten – aber nicht von ihm gebauten – Entwürfen, hier als Großmodell im Museum of Flight in Seattle, USA.

Modelle von Schiffen und Figuren wurden bereits in den Gräbern der alten Ägypter entdeckt. Leonardo da Vinci entwickelte Modelle seiner Ideen (auch wenn er sie aufgrund der technischen Beschränkungen zu seiner Zeit nicht wirklich bauen konnte). Theaterbauer zu Shakespeares Zeiten haben Bühnenbild-Miniaturen erstellt, um sicherzustellen, dass der Dichter zustimmen würde. Puppenhäuschen sind seit dem 19. Jahrhundert ein Grundpfeiler des Hobbybastlers. Und Kinder aller Altersgruppen bauen seit Ewigkeiten Schlösser aus Pappe und lassen kleine Soldaten auf geschnitzten Minibooten die Bäche hinunterfahren.

Was ist ein »maßstabsgetreues Modell«?

Da sich dieses Buch hauptsächlich auf den hobbymäßigen Bau von »maßstabsgetreuen Modellen« konzentriert, ist es vielleicht eine gute Idee, zunächst zu definieren, was genau ein maßstabsgetreues Modell überhaupt ist.

Per Definition ist ein »Modell« eine Darstellung eines »echten« Objekts. Die Verwendung beschränkt nicht nur auf eine Spitfire von Airfix, sondern kann auch ein »Model« vom Laufsteg umfassen, das eine »Darstellung« dessen bietet, was die Modebranche in der kommenden Saison produzieren wird. (Im Englischen sind sowohl das kleine Flugzeug als auch das Mannequin »Models«, was bei Internet-Suchen zu Verwirrung führen kann.)

Modelle müssen nicht unbedingt »maßstabsgetreu« sein – mit Metallbaukästen-Systemen von Meccano (vergleichbar mit denen von Märklin) lassen sich ausgezeichnete und faszinierende Modelle bauen, die jedoch nicht maßstabsgetreu im allgemeinen Sinne sind. Es werden Kompromisse eingegangen, weil die Einzelteile nicht maßstabsgetreu sind. Meccano- und Märklin-Blechstreifen oder -Platten wurden in einheitlichen Größen und mit vorgegebenen Lochabständen gefertigt und auch Räder und andere Teile hatten Standardmaße. Ja, man kann damit Modelle bauen – und zwar sehr gute –, aber sie sind nicht maßstabsgetreu. Dafür waren sie stets nützlich für den Prototypenbau vieler mechanischer Gegenstände.

Laut einer ziemlich wahren Geschichte verwendete der Konstrukteur und Ingenieur Alec Issigonis zum Bau von Prototypen Meccano-Metallbaukästen. Issigonis hatte nicht nur den Kleinwagen Austin Mini mit quer eingebautem

Ein Meccano-Modell – aber nicht wirklich maßstabsgetreu.

Mit Lego lassen sich erstaunliche Kreationen schaffen – wie hier im LEGOLAND® in Windsor, England. Ein näherer Blick auf Kanten und Noppen zeigt jedoch, dass es sich nicht um maßstabsgetreue Modelle handelt.

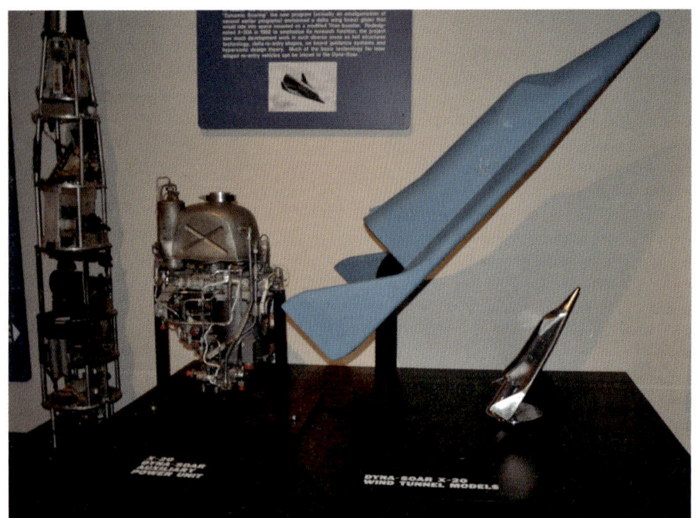

Modelle für den Test im Windkanal – hier die X-20 Dyna-Soar im Museum der United States Air Force (USAF) in Dayton, Ohio, USA.

Motor und Frontantrieb entwickelt, sondern zuvor bei der British Motor Corporation (BMC) auch den eher traditionell aufgebauten Morris Minor entworfen. Angeblich entsprach die Getriebeübersetzung des Minor genau derjenigen des Meccano-Zahnradpakets im Prototypen!

In den letzten Jahren wurde dieser Aspekt der »semi-maßstabsgetreuen« Modelle von Lego und seinen zahlreichen Nachahmern dominiert. Obwohl die Teile im Überfluss vorhanden sind und fast jede Woche neue Komponenten auf den Markt kommen, gilt für die Erbauer die allgemeine Einschränkung, dass es »Lego-Teile« sind, mit denen zwar Modelle gebaut werden können, die jedoch nicht maßstabsgetreu sind. Aus der Ferne können viele Lego-Modelle sehr realistisch und fast maßstabsgetreu aussehen, aber beim Annähern beginnt die Oberfläche aufzubrechen und nimmt – um es in Computer-Terminologie auszudrücken – das Aussehen einer Rastergrafik an. Es ist fast so, als ob das Bauen mit Lego digitaler Modellbau sei, während maßstabsgetreue Modelle analog sind.

Folgerichtig muss ein maßstabsgetreues Modell dem Original viel ähnlicher sein. Wo das echte Objekt eine Wölbung hat, muss das Modell eine ähnlich positionierte und geformte Krümmung aufweisen.

Ein klassisches Schnittmodell einer Boeing 747 mit TWA-Kennzeichnung. Wahrscheinlich stand es lange in einem Reisebüro, jetzt befindet es sich im Air Line Museum in Kansas City, Missouri, USA.

Wozu werden Modelle verwendet?

Obwohl sich dieses Buch auf den Hobbybereich des Modellbaus konzentriert, ist das Thema in vielen anderen Disziplinen und beruflichen Laufbahnen verankert.

Modelle werden in allen Bereichen der Technik und des Produktdesigns eingesetzt. Sie werden bei der Entwicklung von Prototypen verwendet – vom Wasserkessel bis zum Flugzeug. Modelle werden in Windkanälen zum Erproben der Windschlüpfrigkeit genutzt, bilden architektonische Entwürfe für neue Gebäude und Grundrisse für Siedlungen und ganze Städte. Sie sind in Museen, Ausstellungen und Präsentationen weit verbreitet. Und natürlich kommen sie in der Unterhaltungsindustrie massenweise bei Spezialeffekten zum Einsatz.

Viele der oben genannten Aspekte wandeln sich mit der Zeit und einige wurden vielleicht schon vollständig von computerunterstützten Konstruktions- und Herstellungsprogrammen (CAD-CAM) übernommen. Ein neues Haus kann komplett per Computer gebaut werden und seine Komponenten lassen sich computergesteuert produzieren. Aber eine Baugesellschaft, die eine neue Siedlung errichten möchte, besitzt wahrscheinlich auch ein traditionelles Modell, das zeigt, wie die gesamte Struktur am Ende aussehen soll. Potenzielle Käufer wollen immer noch lieber etwas Greifbares sehen als ein drehbares Bild auf einem Monitor.

Autos können heute vollständig »im Computer« entwickelt werden, aber es werden immer noch Ton-Modelle (»Clays«) im Maßstab 1:10 oder sogar in Originalgröße hergestellt, bei denen sich subtile Änderungen durch Modellieren der Oberfläche vornehmen lassen – was schneller geht als Änderungen im Computerprogramm und Ergebnisse sofort in voller Größe und 3D zeigt. Das Auge kann sofort und zuverlässig erkennen, ob etwas »richtig aussieht« – und das ist deutlich besser, als wenn ein Computer »ja« (oder auch »nein«) sagt.

Computer haben natürlich einen großen Teil der Unterhaltungsindustrie – in erster Linie Film und Fernsehen – übernommen, aber auch die Werbung und Firmen-Videos sind ein riesiger Markt, auf dem (per Computer generierte Bilder) einen Großteil des »analogen« Modellbaus ersetzt hat. Traditionelle Modellbauer waren anfangs vor allem aufgrund der minderwertigen Ergebnisse

Architektonische Modelle werden immer noch gebaut. Dieses zeigt auf faszinierende Weise die Pläne für das neue Zuhause des Space Shuttle Endeavour im Californian Science Center in Los Angeles, USA.

Autos werden heute noch als Clay-Modelle gebaut. Hier eine Design-Übung im Californian Science Center.

Ein traditionelles Spezialeffekt-Modell für Filmaufnahmen: Die Liberator aus der britischen Science-Fiction-Fernsehserie *Blake's 7*. Der Hintergrund wurde vom Astronomie-Künstler David Hardy gestaltet.

sehr verärgert, doch die Resultate wurden durch bessere Programme und schnellere Computer immer professioneller. Dennoch gilt noch heute ein traditionelles dreidimensionales Modell als Optimum, da manche Dinge – handgemachter »Dreck« sieht immer »echter« aus – einfach besser sind. Doch CGI kann viele Dinge schneller und einfacher als analoger Modellbau. Die meisten Spezialeffekt-Betreuer verwenden diejenige Technik, die am besten zur Handlung passt: CGI, wenn es besser passt, und traditionelle Modelle, wenn sie einfach besser sind.

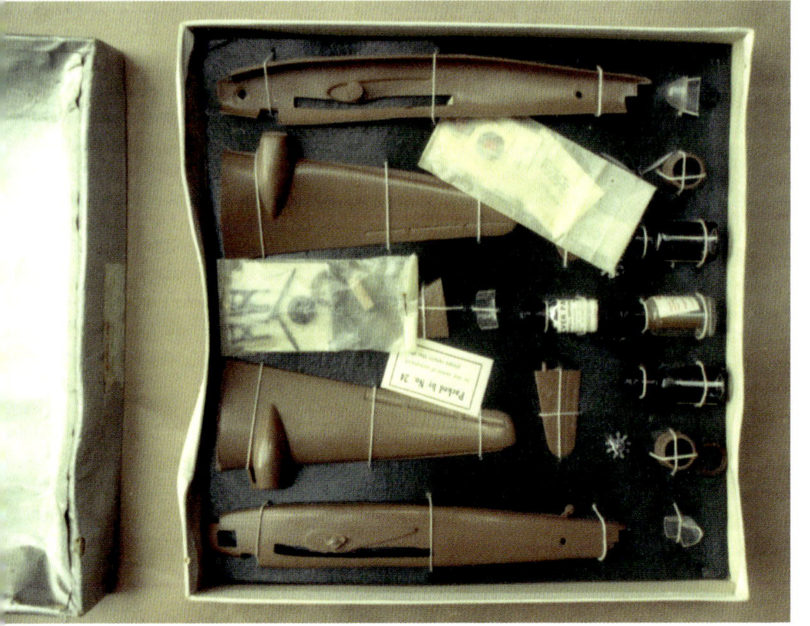

Ein originaler Frog-Penguin-Modellbausatz aus Cellulose-Acetat.

Materialien für den Modellbau

Im Modellbau kann und wird eine große Materialvielfalt zum Einsatz kommen, doch dieses Buch beschäftigt sich in erster Linie mit »Plastik-Modellbausätzen«. Diese können hier als maßstabsgerechte Minaturdarstellung eines Original-Objekts definiert werden, welche aus mehreren Kunststoff-Einzelteilen zusammengesetzt wird.

Die ersten Modelle, die das Kriterium eines »maßstabsgetreuen Plastik-Modellbausatzes« erfüllten, erschienen in den 1930er-Jahren unter der Bezeichnung Frog Penguin in Großbritannien. Produziert wurden vorwiegend Flugzeuge (FROG stand für Flies Right Off the Ground = Hebt sofort ab), aber auch Schiffe und Fahrzeuge. Das »Plastik« war hier noch kein Polystyrol, sondern Cellulose-Acetat (Acetyl-Zellulose).

Polystyrol

Heute werden die allermeisten Plastik-Modellbausätze aus Polystyrol produziert. Polystyrol ist ein sehr stabiles Kohlenwasserstoffpolymer mit der Formel C8H8 , das (wie viele chemische Stoffe) fast zufällig erfunden wurde – nämlich 1839 von Eduard Simon in Berlin. Kalt ist es sehr stabil und behält seine Steifigkeit über einen weiten Temperaturbereich. Weil es jedoch ein Thermoplast ist, beginnt es bei etwa 90 °C zu schmelzen.

Das Verbrennen von Polystyrol ist nicht empfehlenswert, da sein rußiger schwarzer Rauch unangenehm und stechend riecht. Korrekt erwärmt und verflüssigt kann es gespritzt und geformt sowie immer wieder eingeschmolzen und neu geformt werden. (Im Gegensatz zu Duroplasten wie Bakelit, die nach dem »Aushärten« ihre Struktur behalten und nicht wieder eingeschmolzen werden können.) Polystyrol war zeitweise als Ersatz für Aluminium gedacht, da es genauso fest ist wie das Leichtmetall in seiner Grundform.

Cellulose-Acetat

Polystyrol wurde erst nach dem Zweiten Weltkrieg industriell hergestellt. Bis dahin wurden sämtliche Plastik-Modellbausätze (und das waren tatsächlich nur diejenigen von Frog Penguin) aus Cellulose-Acetat gegossen. Dies wird aus Zellstoff hergestellt, ist aber ebenfalls ein Thermoplast (Formel: $C76H114O49$).

Obwohl Cellulose-Acetat optisch dem Polystyrol ähnelt, ist es deutlich instabiler und anfälliger für Verformung (was bei vielen Frog-Penguin-Bausätzen dazu führte, dass sie kaum montierbar waren.

Auch nach Beginn der industriellen Produktion von Polystyrol Ende der 40er-Jahre verwendeten viele Hersteller Cellulose-Acetat als Grundmaterial für den Modellbau, denn es war einfach und billig erhältlich; hierzu gehörten heute nicht mehr existierende Unternehmen wie Gowland & Gowland oder Varney, aber es waren auch noch heute existierende Namen dabei – darunter Airfix, Revell, Monogram, AMT und Hawk. Praktisch alle frühen Cellulose-Acetat-Modelle litten – auch zusammengebaut – unter Verformungen, weshalb fast alle Anbieter in den 50er-Jahren auf das deutlich stabilere Polystyrol umstiegen. Nur Gowland & Gowland blieb länger bei Cellulose-Acetat, weil Jack Gowland die hiermit lieferbaren »leuchtenden Farben« mochte, wogegen Polystyrol anfangs nur in matten und durchscheinenden Rohzuständen erhältlich war.

Expandiertes Polystyrol (EPS)

Polystyrol kann zu EPS aufgeschäumt werden, das in Deutschland unter dem von der BASF eingetragenen Handelsnamen Styropor bekannt ist. Da dieser Hartschaum sehr leicht ist, wird er für die Struktur von Modellflugzeugen verwendet, ist aber kein Bestandteil statischer Modellbausätze. Für den Bau von Dioramen ist Styropor allerdings sehr empfehlenswert (siehe Kapitel 9).

Universitäten bieten zunehmend Modellbau-Kurse an – sowohl in traditionellen Methoden als auch mit CGI. Dies ist die Modellbau-Abteilung der Universität Bolton in England.

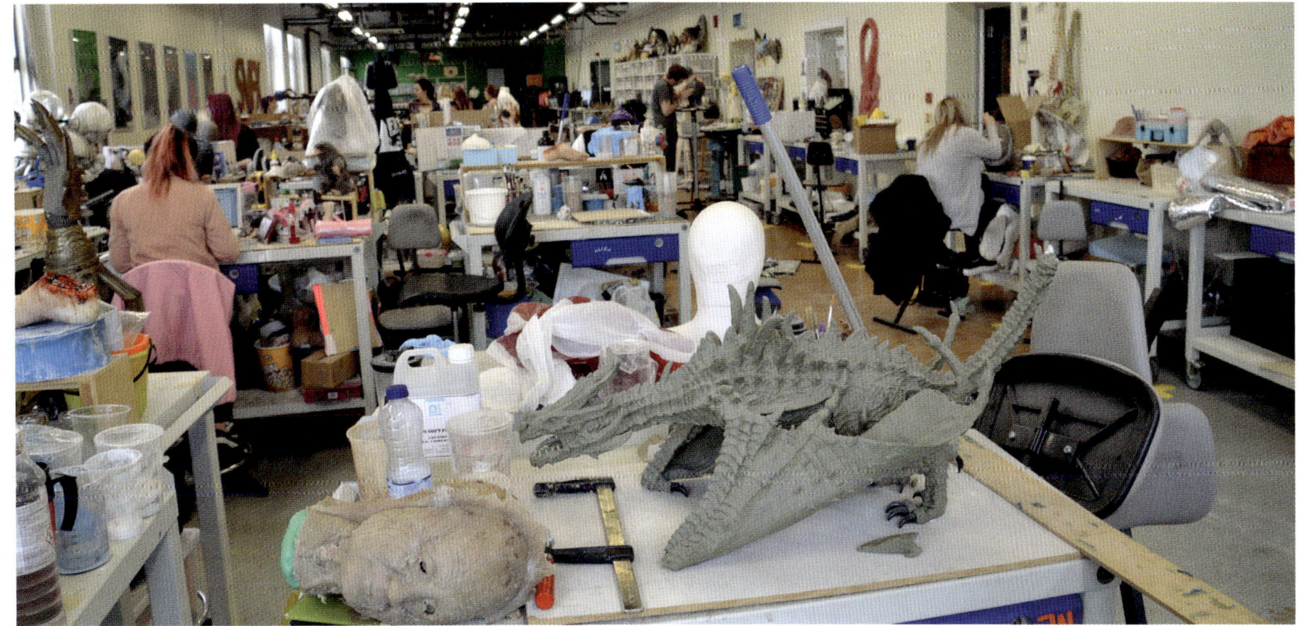

Modellbau im großen Maßstab: Ein Teil von Gulliver's Gate in New York, USA.

Acrylnitril-Butadien-Styrol (ABS)

ABS ist eine weitere Styrol-Variante, die auch im Modellbau Verwendung findet. Diese härtere Form des Styrols wird vor allem von der Elektro- und Autoindustrie verwendet, doch auch viele der vom noch nicht so alten amerikanischen Modellbau-Hersteller Pegasus Hobbies angebotenen Kits bestehen aus diesem Kunststoff. ABS ist ein hervorragendes Material für den 3D-Druck (siehe Kapitel 10).

Arbeit mit dem Computer

An der Herstellung neuer Modellbausätze ist die technische Entwicklung nicht spurlos vorübergegangen. CAD-CAM hat viele Aspekte der traditionellen Modellbau-Entwicklung und -Produktion verändert. Und die hierbei erzeugten Grafiken können gleich für die Bauanleitungen weiterverwendet werden. CGI wurde nicht nur in der Unterhaltungsindustrie eingesetzt, denn mit sehr ähnlichen Methoden können auch Bausätze erstellt werden.

3D-Druck

Das dreidimensionale Drucken befindet sich derzeit noch in einem frühen Stadium, wächst aber mit exponentiellem Tempo und beginnt bereits, einige traditionelle Methoden zur Herstellung kleiner Teile für Modelle – und sogar ganze Bausätze – zu ersetzen. Diese Technik wird wahrscheinlich sehr große Einflüsse auf den Modellbau haben – und mit ziemlicher Sicherheit auf alle Herstellungsprozesse. 3D-Drucker werden immer billiger, Arbeitsprozesse werden schneller, die Qualität wird besser und die produzierten Teile werden größer und komplexer. Dies wird möglicherweise die größte Veränderung für Modellbauer sein, obwohl es wohl noch etwas dauern kann, bis wir uns den aus Star Trek bekannten Replikator ins Haus holen und einen Knopf drücken können (oder einen Sprachbefehl erteilen), damit er uns einen kompletten Modellbausatz erstellt (plus: »Tee, Earl Grey, heiß«). Siehe Kapitel 10.

Traditionelle Methoden

Trotz aller technischen Veränderungen haben die traditionellen Methoden immer noch genügend Raum. Die Modellbau-Kurse an Universitäten und Hochschulen werden sogar immer beliebter; Filmemacher kehren zurück zu traditionellen Modellbau-Techniken, statt darauf zu bestehen, alles müsse »Computer« sein, um Miniatur-Spezialeffekte zu schaffen. Und das Angebot an Hobby-Modellbausätzen war trotz des Verlustes einiger Anbieter noch nie so groß wie heute.

Der Einsatz moderner Techniken hat auch zu größerer Komplexität geführt. Obwohl einige Bausätze immer noch so wenige Teile enthalten, dass man sie an zwei Händen abzählen kann, sind diese heute deutlich in der Minderheit, wogegen Kits mit hundert, Hunderten und sogar Tausenden Einzelteilen stetig mehr werden.

Allerdings hat dies auch zu einem starken Preisanstieg geführt! Die Zeiten, in denen man Modellbau-Sätze für weniger als eine Mark kaufen konnte, sind längst vorbei. Heute kosten

Eine faszinierende Variation eines Modellbau-Themas: Das Modell eines »Full-Size-Gießasts«, der für eine Ausstellung von General Motors in New York gebaut wurde. Die »Einzelteile« stammen von einer echten Chevrolet Corvette und der Modellbau-Historiker Andy Yamchus (rechts) versucht sie unter der Aufsicht von Modell-Autor Jean-Christophe »J. C.« Carbonel zu befreien.

Modelle und ein Bausatz sowie das Objekt in Originalgröße – hier das Taylor Aerocar im Seattle Museum of Flight.

Viele Modelle landen logischerweise in Museen – hier allerdings im »Modell-Schuppen« des Pima Aerospace Museums in Tuscon, Arizona, USA, wo sie etwas durcheinandergeraten sind.

Drei Northrop/ McDonnell Douglas YF-23 aus Fiberglas, aber im »Vollformat-Maßstab« 1:1, bewachen das Pima Aerospace Museums in Tuscon, Arizona, USA.

die meisten Kits mindestens 18 €, viele erheblich mehr. Aber immerhin gibt es sie noch!

Die Absicht dieses Buchs

Dieses Buch soll ein Einstiegs-Handbuch für jeden potenziellen Modellbauer sein. Wir hoffen auch, dass es eine gute Lektüre über alle damit verbundenen Aspekte ist, die auch den erfahrenen Modellbauer interessieren könnten und ihm vielleicht sogar ein paar neue Informationen bieten. Das Buch behandelt die folgenden Themen:

- Die Geschichte der modernen Modellbausatz-Industrie, die Initiatoren des Hobbys und die Namen, die für immer damit verbunden sind.
- Die Entscheidung für einen Modellbausatz und seine Entwicklung.
- Die für den Modellbau benötigten Werkzeuge, Farben und Materialien.
- Die Vielzahl der Maßstäbe und warum sie so wichtig sind.

Die HMS Victory steht als eines von ca. 200 Schiffsmodellen im The House on the Rock in Spring Green, Wisconsin, USA.

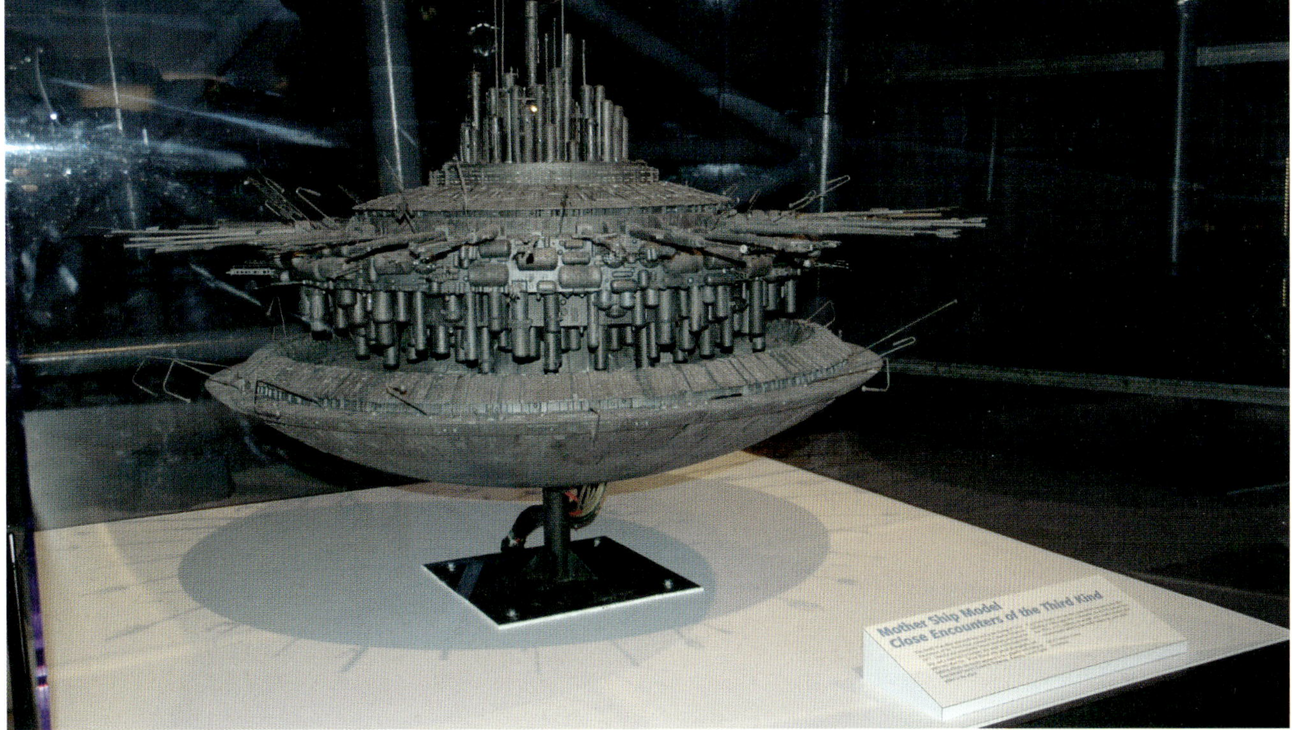

Die Mischung macht's: Hier wird eines der originalen »Mutterschiffe« aus dem Film *Unheimliche Begegnung der dritten Art* in der Udvar-Hazy-Abteilung des National Air and Space Museum in Chantilly, Virginia, USA, gezeigt.

- Der Grundaufbau eines üblichen Spritzguss-Polystyrol-Modellbausatzes.
- Verwandte Techniken, die nicht Polystyrol, aber dem Bausatz beigefügte Gießharz-, Weißmetall- oder Fotoätzteile betreffen.
- Die Ideen und Techniken hinter Dioramen – das Einbetten der Modelle in eine Umgebung.
- Der Beitritt zu Modellbau-Clubs, die Teilnahme an Ausstellungen und an Wettbewerben.
- Das skurrile und relativ neue Phänomen des Sammelns (statt des Bauens) von Modellbausätzen.

Was dieses Buch nicht bietet, ist die Präsentation komplexer Einzelanfertigungen von Modellen das überlassen wir zukünftigen Bänden.

EIN WORT ZU PLASTIK

In einer Welt voller Plastik und insbesondere unter Berücksichtigung seiner schwierigen Entsorgung erscheint es etwas gewagt, ein Buch zu produzieren, das sich hauptsächlich mit diesem Material befasst. Aber Plastik kann nicht »unerfunden« werden – es ist und bleibt da – und ohne Plastik gäbe es viele Produkte nicht, die unser Leben einfacher machen.

Obwohl Plastik zunächst einmal hergestellt werden muss und bereits der dazugehörende industrielle Prozess Kritik auf sich zieht, ist die derzeitige Situation vor allem auf die umweltschädliche Entsorgung zurückzuführen. Betrifft dies auch den Hobby-Modellbauer? Dies ist im Wesentlichen zu verneinen, denn wer einen Modellbausatz kauft, wird vermutlich die Absicht haben, ihn zusammenzubauen und zu behalten, sodass eine »Entsorgung« zunächst nicht ansteht.

Auch wer die Verpackung und die Baupläne nicht aufhebt (viele Modellbauer tun dies), kann die Pappe und das Papier problemlos recyclen lassen. Die aus Polyethylen bestehenden Tüten, in die die Spritzguss-Rahmen heutzutage verpackt sind, können zum Abdecken beim Lackieren oder Aufbewahren von Teilen verwendet werden, ansonsten wandern sie in den gelben Sack oder in die Wertstofftonne. Das einzige übrig bleibende Material sind die Gießäste selbst, doch sie bestehen aus Polystyrol – einem der am einfachsten zu recycelnden Kunststoffe. Ob Ihr Abfallbetrieb Polystyrol zum Recycling annimmt, ist eine andere Frage – erkundigen Sie sich danach. Der Recycling-Code für Polystyrol ist die 6.

6
PS

Kapitel 2

Die Herstellung eines Modellbausatzes

Wenn sich ein Modellbausatz-Hersteller zur Produktion eines neuen Modells entscheidet, liegt die erste Frage darin, um welches Objekt es sich handeln soll. In der Frühzeit des modernen Modellbaus – dem Übergang von den 40er- zu den 50er-Jahren – hatten die jungen Unternehmen es wahrscheinlich noch leicht, denn die meisten potenziellen Objekte waren relativ neu! Die Firmen waren – mit wenigen Ausnahmen – britische oder US-amerikanische Unternehmen. Und in beiden Ländern gab es viele Flugzeug-Hersteller, was zur Folge hatte, dass Flugzeuge zu einem weltweit beliebten Thema wurden – und heute noch sind.

Ein Hybrid-Bausatz von Monogram. Die meisten Teile bestehen aus Balsaholz, nur die Motorblende, der Propeller und die Auspuffrohre sind aus Plastik gefertigt – in diesem Fall aus Cellulose-Acetat.

Eine Spritzguss-Fabrik in den späten 80er-Jahren; hier handelt es sich um die Ertl Corporation mit Sitz in Dyersville, Ohio, USA. Spritzguss-Maschinen sehen in der Regel immer noch genauso aus.

Den Flugzeug-Modellbau gibt es, seit es echte Flugzeuge gibt. Doch frühe Modelle wurden aus Holz gebaut – wegen seiner Leichtigkeit zumeist Balsaholz, und die Tragflächen waren mit Seidenpapier bespannt. Viele von ihnen waren flugfähig und konnten per Gummibänder gestartet werden.

Dann wurden Bausätze eingeführt, die man heute Hybrid-Kits nennen würde. Sie waren hauptsächlich aus Holz, hatten aber einen wachsenden Anteil an Plastikteilen. Der Rumpf bestand vielleicht immer noch aus Balsa und die Flügel waren immer noch mit Papier bespannt, aber die Räder, die Propeller und ein paar andere Teile waren bereits aus Kunststoff gegossen. Diese Modelle waren nicht zum Fliegen gedacht, sondern als Ausstellungsstücke.

Bald darauf kamen komplett aus Plastik bestehende Bausätze. Die ersten aus den 30er-Jahren stammten tatsächlich von Frog Penguin, aber sie sind fast ein eigenes Kapitel wert. Im Großen und Ganzen begann der »moderne« Plastik-Modellbau in der Nachkriegszeit Ende der 40er-Jahre und kam in den 50ern richtig in Schwung.

Im Vereinigten Königreich war Airfix führend, aber es gab auch kleinere, inzwischen wieder verschwundene Firmen wie Eagle (später umbenannt in Eaglewall, Kleeware und Merit – letzteres Unternehmen existiert noch, produziert aber schon lange keine Modellbausätze mehr) und die bereits vor dem Zweiten Weltkrieg entstandene Reinkarnation von Frog. In den USA gab es wesentlich mehr Namen, darunter Hawk, Strombecker, Pyro, Renwal, Aurora, Adams, ITC, Comet, Lindberg, Jo-Han, Monogram, Varney und Revell – viele von ihnen existieren noch heute.

All diese Hersteller produzierten Modellbausätze von Flugzeugen, zunächst vorwiegend von einheimischen Maschinen. So war das erste Modellflugzeug von Airfix die Supermarine Spitfire von 1953. In den USA war das erste vollständig aus Kunststoff bestehende Flugzeug-Modell wahrscheinlich die Curtis R3C

Eine Spritzguss-Form aus Stahl wird untersucht von Nick Argento, dem Geschäftsführer von Glencoe Models in Massachusetts, USA.

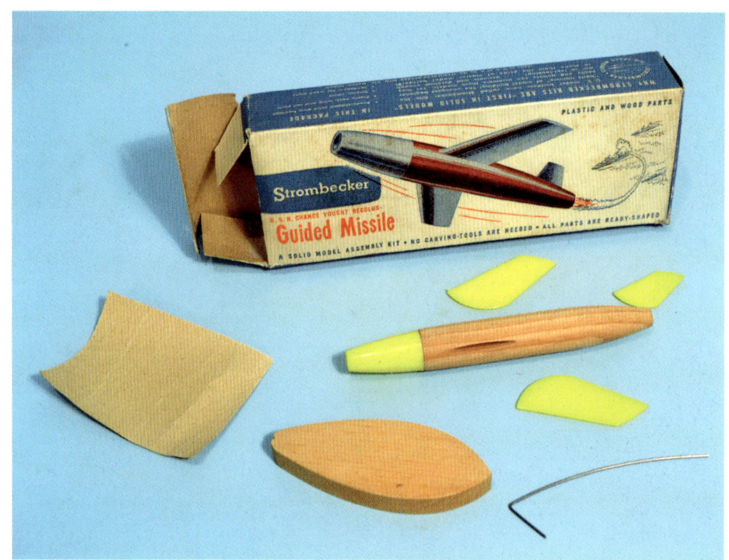

Der von Strombecker angebotene Lenkflugkörper Matator ist ein Beispiel für einen frühen Hybrid-Bausatz aus Holz und Plastik – in diesem Falle Cellulose-Acetat.

von Hawk oder aber die Boeing PT-17 Kaydet im Maßstab 1:48 von Varney. Bei der Martin Mars von Renwal handelte es sich um eine Mischung aus »unfertigem Spielzeug« und »echtem Modellbausatz«.

Der Bausatz von Hawk stammt bereits aus dem Jahr 1948, bestand jedoch noch aus Cellulose-Acetat (bereits im folgenden Jahr wurde auf Polystyrol umgestellt). 1953 erschienen in den USA die aktuellen Militärmaschinen Lockheed F-94, Vought F7U-1 und Grumman F9F-6 als erste Flugzeug-Bausätze von Revell.

Sowohl die Bausätze von Airfix als auch von Revell (und alle anderen) waren – freundlich ausgedrückt – extrem einfach. Die Versionen von Revell hatten zunächst keine Fahrwerke (diese wurden aber später nachgerüstet). Die Piloten, soweit überhaupt vorhanden, waren ausnahmslos einteilig ausgeführt oder sogar grob vereinfacht in die Rumpfhälften integriert. Aber irgendwo musste die Modellbau-Industrie ja anfangen. Und dies war der Anfang.

Seit den 50er-Jahren wurden die Kataloge aller Modellbau-Firmen immer dicker. Die frühen Bausätze von Airfix und Revell wurden durch modernere Auflagen ersetzt – Airfix hat die Spitfire mehrmals überarbeitet und in verschiedenen Maßstäben neu aufgelegt.

Natürlich ging es nicht nur um Flugzeuge. Schiffe und Autos waren in den ersten Katalogen ebenfalls vertreten. Monogram hatte als eine der ersten amerikanischen Firmen ab 1952 Hybrid-Flugzeug-Modelle – hauptsächlich Holz und ein paar Plastikteile – auf den Markt gebracht, ihr erstes »Voll-Plastik«-Modell war jedoch der ab 1954 produzierte Midget-Rennwagen im Maßstab 1:16. Wie bei anderen Firmen war auch dieser anfangs aus Cellulose-Acetat gegossen und erst später stieg man auf Polystyrol um.

Zur gleichen Zeit produzierte Strombecker – ebenfalls ein frühes US-Unternehmen – Hybrid-Bausätze der Lenkflugkörper Regulus 1

Der erste reine Plastik-Modellbausatz von Monogram wurde weiterhin aus Cellulose-Acetat hergestellt. Später gab es den Midget-Rennwagen auch aus Polystyrol.

und Matador; zwar wurden diese nie als reine Plastik-Modelle angeboten, doch ab 1955 ging Strombecker zur reinen Polystyrol-Produktion über.

Die 60er-Jahre waren die eigentliche Blütezeit des Hobby-Modellbaus und viele Modellbau-Firmen erweiterten ihre Kataloge – teilweise mit Bausätzen, die noch ein halbes Jahrhundert später erhältlich sind und trotz aller verbesserten Werkzeug-Techniken immer noch zu hervorragenden Modellen gehören.

Die Themen-Auswahl

Es wurde also ein Thema ausgewählt. Dies kann heutzutage sogar vom Modellbauer selbst kommen, denn viele Modellbau-Firmen gehen tatsächlich auf die Vorschläge und Anregungen ihrer Kunden ein, müssen jedoch stets abwägen: Lässt sich dieser neue Bausatz in ausreichender Stückzahl verkaufen, um nicht nur die Produktionskosten zu decken, sondern möglichst noch Gewinn zu erzielen? Wahrscheinlich können alle Modellbau-Firmen Beispiele nennen, in denen sie von einem Modellbauer kontaktiert wurden, der eine obskure Version eines ebenso seltsamen Flugzeugs mit den Worten forderte: »Ich bin sicher, es wird sich verkaufen. Ich nehme mindestens zwei ... .« Leider kann kein Hersteller von Modellbausätzen leben, die nur zwoimal verkauft wurden.

PHANTOM FRUITBAT

Einer der seltsamsten Wünsche britischer Modellbauer betraf einen Bausatz der »Fairey Fruitbat« (manchmal auch nach der »Farley Fruit Bat«). Die Fairey Aviation Company baute von 1915 bis 1960 tatsächlich zahlreiche Maschinen mit Tiernamen (darunter solch berühmte wie den Schwertfisch, das Glühwürmchen oder den Eissturmvogel, doch ein »Fruchtvampir« war nicht darunter).

Forschung

Nachdem man sich für ein Thema entschieden hat, besteht die nächste Aufgabe darin, so viele Informationen wie möglich darüber zu sammeln. Es müssen Fotos des Originals ausfindig gemacht werden und – soweit das Motiv noch existiert – neue Bilder davon angefertigt werden. Dann werden existierende Konstruktionspläne zusammengetragen, damit die Pläne für das Modell selbst erstellt werden können. Dieser Prozess kann sich auch heute noch jahrelang hinziehen, denn in der Forschung hat sich wenig geändert. Die nächsten Schritte können dank moderner Technik schneller durchgeführt werden.

Es muss entschieden werden, um welche Art von Bausatz es sich handeln soll – um ein einfaches Kit für Anfänger, um einen komplexen Bausatz für Profis oder um etwas dazwischen. Die Teilung der einzelnen Komponenten muss ebenfalls festgelegt werden: Soll der Rumpf (wie allgemein üblich) vertikal geteilt werden? In manchen Fällen ist eine horizontale Teilung besser. Wie detailliert werden die Radkästen und das Cockpit gestaltet? Soll eine Besatzung im Flugzeug sitzen? Trägt es Bewaffnung?

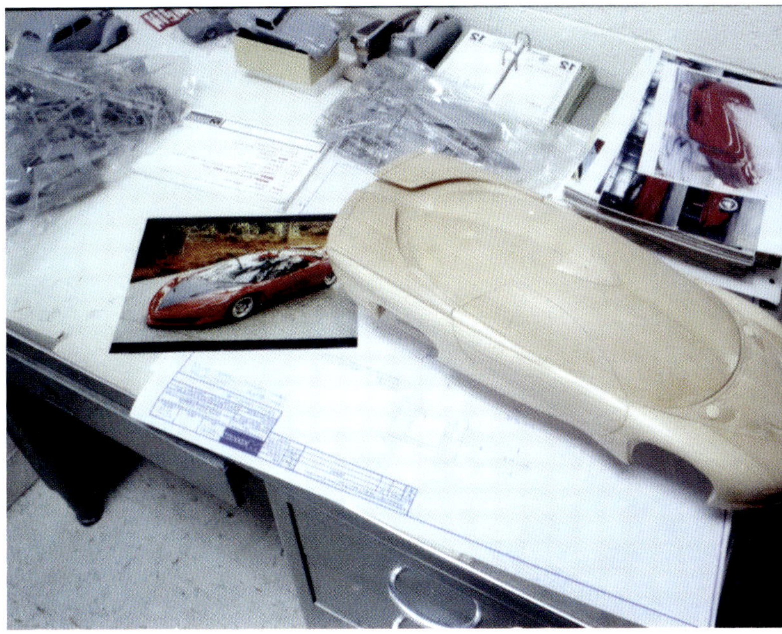

Auch heute noch kann Holz zur Erstellung des originalen Musters verwendet werden – hier beim Konzeptauto Pontiac Banshee von Revell. Fotos dieses Originalfahrzeugs dienen als Referenz.

Die Herstellung der Teile

Früher wurden die Einzelteile tatsächlich zunächst in einem größeren Maßstab als das Endprodukt aus von Hand geschnitztem Holz oder Gießharz hergestellt. Manche Hersteller, darunter Aurora, fertigten Modelle in Originalgröße aus geschnitztem Cellulose-Acetat. Diese Teile

Eine klassische Spritzguss-Form aus Stahl für einen Flugzeug-Träger von Revell.

Rechts oben: Ein Beryllium-Werkzeug lässt sich leicht durch den goldenen Farbstich identifizieren. In diesem wird ein Dinosaurier gegossen.

Die Bezeichnungen der in einer Spritzguss-Form hergestellten Plastikteile. Aus diesen Airfix-Teilen soll eine Wostok-Trägerrakete werden.

konnten dann verwendet werden, um mithilfe der Pantografie die Werkzeuge zu schneiden. Pantografen können Teile in allen gewünschten Maßstäben reproduzieren.

Für den Spritzguss gibt es zwei Arten von Formen: Die eine wird zumeist per Pantografie direkt in den Stahl geschnitten; bei der anderen kommt eine Beryllium-Verbindung auf Kupferbasis zum Einsatz, um die Originalteile in der gleichen Größe als Matrize zu gießen. Die erste Variante ist billiger und widerstandsfähiger, die zweite ist teuer und nutzt schneller ab, aber das Beryllium kann wiederverwendet werden.

Beryllium eignet sich auch sehr gut für »unregelmäßig geformte Teile« wie Figuren. Und auf Figuren-Kits spezialisierte Firmen wie Aurora verwenden viele Beryllium-Werkzeuge. Leider bedeutet dies, dass bei nachlassenden Verkaufszahlen und Forderungen nach neuen Bausätzen die Werkzeuge verschrottet werden und das Beryllium wiederverwendet wird, sodass der Bausatz nicht neu aufgelegt werden kann. Früher kam niemand auf die Idee, Modelle zu Sammlerobjekten zu erklären, sodass auch niemand bei der Zerstörung der Originalwerkzeuge ein schlechtes Gewissen bekam. In den letzten Jahren tauchten Firmen auf, die einen Bausatz entweder mit neuen Werkzeugen komplett nachfertigten oder Originalteile kopierten, um neue Formen herzustellen.

Stamm und Zweige

Nachdem die Werkzeug-Kavitäten der einzelnen Teile erstellt wurde, werden

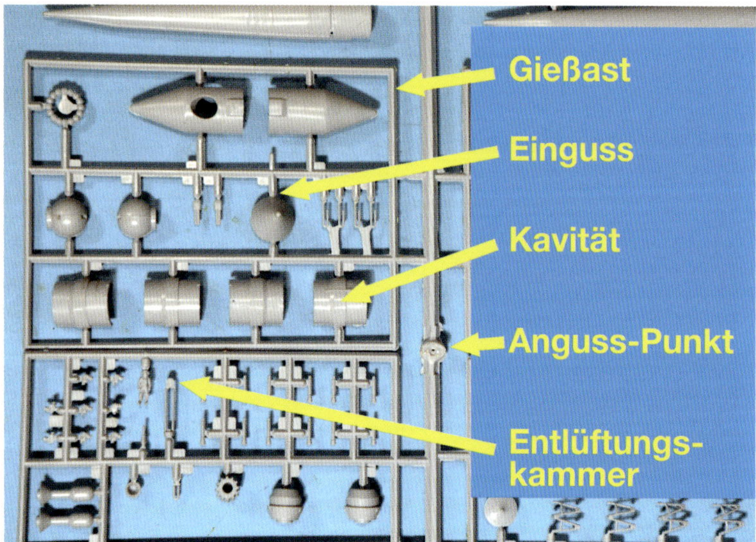

Nahaufnahme eines Teils, das zur Entlüftungskammer führt – gezeigt an einer Zahnriemen-Baugruppe eines Automotors.

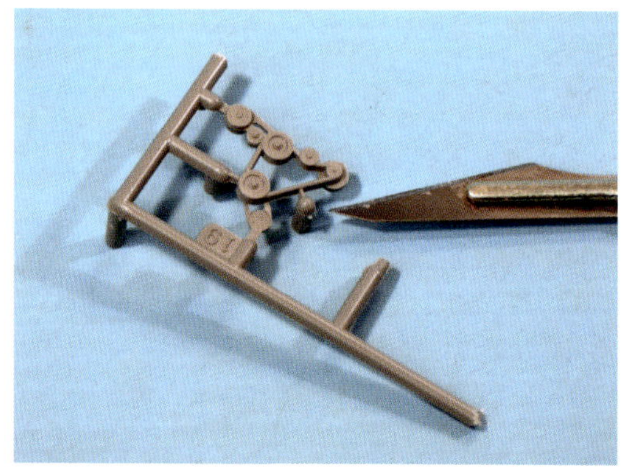

die Fließkanäle geschnitten. Die Hauptkanäle verlaufen in einem für den maximalen Durchfluss ausgelegten Muster um die Kavitäten herum. Diese werden Gießäste genannt. Als Gusskanal wird lediglich der »Stamm« der einzelnen Gießäste bezeichnet, der in einem Bausatz höchstens noch als kleine Anguss-Scheibe zu erkennen ist.

Wo das geschmolzene Plastik aus dem Gießast in die Kavitäten eintritt, wird eine kleine Öffnung eingeschnitten – Einguss genannt. Diese Öffnung muss klein genug sein, damit die zu beschneidende Fläche am Bauteil nicht zu groß wird; und sie muss groß genug sein, damit das flüssige Polystyrol schnell genug eintreten kann – Spritzgießen ist eine extrem schnelle Angelegenheit! Die Hersteller versuchen, die Position des Eingusses so unscheinbar wie möglich zu gestalten und ihre Anzahl pro Teil zu begrenzen. Weil das flüssige Plastik aber so schnell wie möglich fließen muss, erhalten vor allem größere Teile mehrere Eingüsse.

Bei älteren Bausätzen befinden sich vor allem an kleineren Teilen kleine Angüsse, auf denen die Teilenummer angegeben ist (bei größeren Teile können sie an der Rückseite angebracht werden). Dies wird bei modernen Kits größtenteils durch entsprechend markierte Diagramme in den Bauanleitungen ersetzt.

Die letzte Aufgabe bei der Herstellung einer Standard-Gussform ist der Einsatz von Auswerfer-Stiften, mit denen die gegossenen Teile aus den Kavitäten gedrückt werden. Bei einem neuen Werkzeug schließen sie bündig mit den Teilen ab, sodass sie keine Abdrücke erzeugen. Wenn das Werkzeug mit der Zeit abnutzt, können sie kleine runde Vertiefungen hinterlassen. Um diese Situation zu vermeiden, werden sie normalerweise an den Innenseiten der Teile angebracht, damit beim fertigen Modell keine Abdrücke zu erkennen sind.

Der Probeguss

Bei einem Test-Guss der neuen Form wird geprüft, ob sich die Hohlräume rasch füllen und keine »Kurzschlüsse« entstehen, wo das Polystyrol nicht vollständig in die Kavität geflossen ist. Dieses Problem kann üblicherweise durch das Ausschneiden einer »Entlüftungskammer« irgendwo auf der gegenüberliegenden Seite

Probegüsse werden durchgeführt, um sicherzustellen, dass alles passt und das Plastik überall hinfließt.

Probegüsse werden oft auf Modell-Ausstellungen gezeigt, wenn die endgültige Version noch nicht verfügbar ist. Hier stellen sich Grandpa und Herman Munster von Moebius Models vor.

Aurora fertigt bei solchen Vorschlägen Muster aus geschnitztem Acetat an. Das Wacky Races Modell aus der Sammlung von Andy Yanchus ging jedoch nie in Serie.

Die Mosquito von Airfix ist ein Beispiel für einen vollständig mit CAD-CAM produzierten Modellbausatz.

des Eingusses beseitigt werden, in die zusätzliches Plastik fließen kann, damit der Hohlraum gefüllt wird. Dies bedeutet einen zusätzlichen Einguss im Bauteil und ein weiteres Stück Gießast, das entfernt werden muss. Alle Teile werden dann probehalber zusammengebaut, um sicherzugehen, dass alles so passt, wie es sollte. In diesem Stadium können noch Änderungen an den Werkzeugen vorgenommen werden, bevor der Modellbausatz in Serie geht. Hin und wieder sind Bausätze in völlig falschen Farben erschienen – beispielsweise eine knallrote Spitfire. Hierbei handelt es sich in der Regel um Probegüsse, da diese mit dem durchgefärbten Polystyrol durchgeführt werden, das gerade im Trichter steckte. Dass diese Kits in den Verkauf gingen, war mit Sicherheit nicht so geplant!

Kleine Bausätze werden vielleicht mit nur einem solchen Werkzeug gefertigt, aber viele moderne Kits in größeren Maßstäben erfordern zumeist mehrere Gussformen. Dies gilt besonders, wenn Teile in mehreren Farben gespritzt werden sollen oder ein Gießast »verchromt« werden muss (was besonders häufig bei Modellautos der Fall ist). Einige ältere Werkzeuge können tatsächlich zwei oder mehrere Formen in einem Rahmen aufweisen, von denen jede mit Polystyrol einer anderen Farbe versorgt wird. Dies war früher üblich, als die gesamte Lackierung eines Modells nicht gerade unbekannt war, aber deutlich weniger üblich als heutzutage. Heute werden Bausätze in der Regel in einer einzigen Farbe gegossen – vorwiegend in Weiß oder Hellgrau, um das Lackieren zu erleichtern. Es gibt jedoch einige Modelle, hauptsächlich für das »Junior«- oder Anfänger-Segment gedacht, die in mehreren Farben gegossen werden, um den Spielwert zu erhöhen.

Beim Öffnen eines Bausatz-Kartons erschließt sich nicht sofort, ob die Teile aus Werkzeugen stammen, die mit »Einsätzen« hergestellt wurden. Hierbei handelt es sich, wie der Name schon sagt, um einzeln entfernbare Einlegeteile des Werkzeugs, mit dem verschiedene Teile hergestellt werden können. Diese Technik wurde vor allem in den letzten Jahren eingesetzt, in denen die Kosten exponentiell gestiegen sind und so das Maximale aus einem Werkzeug herausgeholt werden muss. Wenn verschiedene Versionen eines Flugzeugs produziert werden können, lässt dies den Umsatz steigen, weil man denselben Grundbausatz mehrmals verkaufen kann und die Gesamtkosten proportional sinken. Die Teile der Grundversion werden in die Gussform geschnitten, aber Bereiche, die für eine andere Variante benötigt werden, bleiben zunächst leer. Vielleicht hat eine Version des Flugzeugs eine andere Nase mit einer Radarkuppel oder es gibt eine Wasserflugzeug-Variante, die Schwimmer statt Räder benötigt. Auch eine andere Bewaffnung unter den Tragflächen ist möglich. All diese Optionen können durch Einsätze abgedeckt werden, die separat geschnitten und in den leeren Bereich des Haupt-Werkzeugs eingesetzt werden.

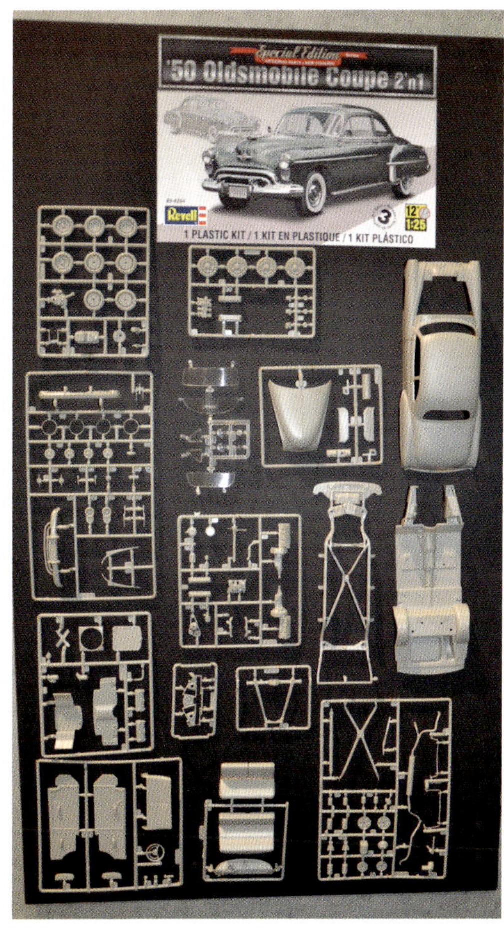

Das Endergebnis: Alle Gießäste eines 1950er-Oldsmobile Coupé von Revell-Monogram im Maßstab 1:25. Wie heutzutage üblich ist bis auf die Fenster und Lampengläser sowie Chromteile alles hellgrau eingefärbt.

Der Farbguss

Für das Gießen mit verschiedenen Farben gibt es vor allem von japanischen Firmen entwickelte Techniken, diese in eine

Üblicherweise werden für jede Farbe verschiedene Werkzeuge angefertigt, ...

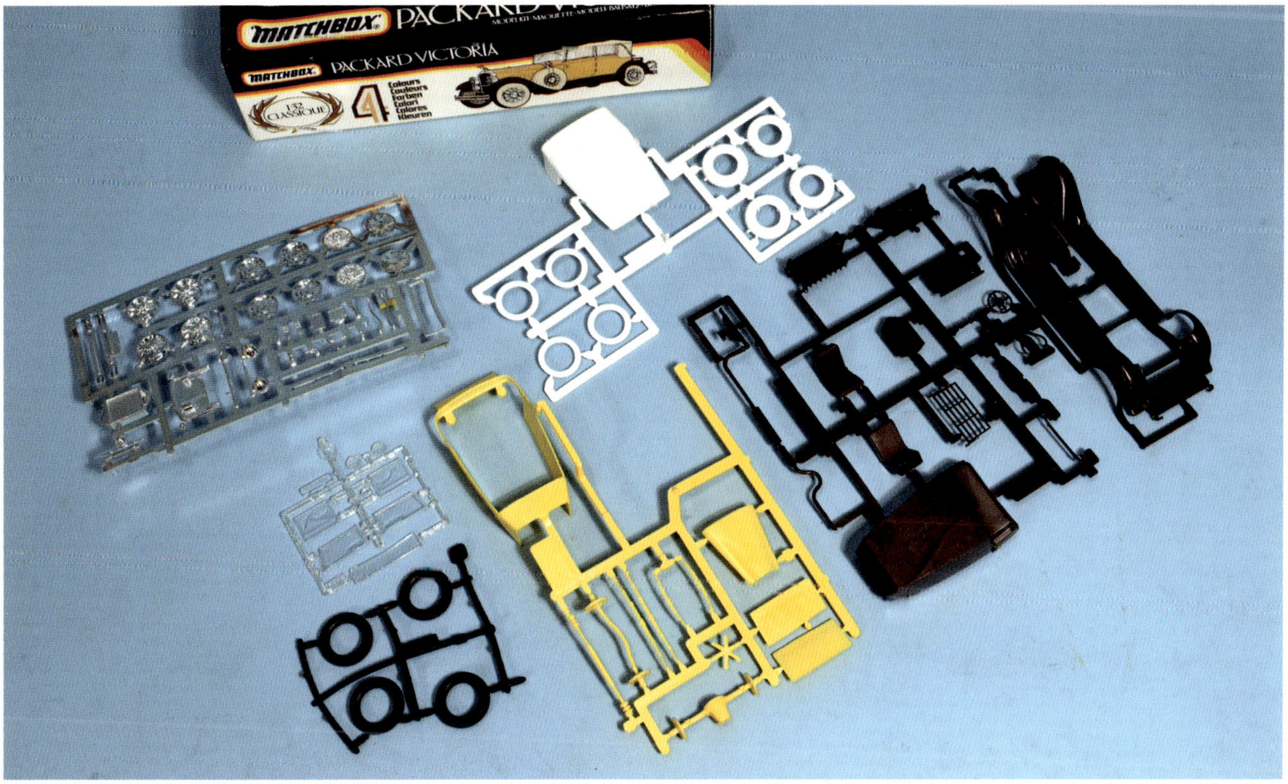

… doch mehrere Farben können auch in einen Gießast eingespritzt werden wie hier bei einem »Roboter-Kit« von Bandai.

Spritzguss-Form einzuleiten, um so auf einem Gießast verschiedenfarbige Teile zu erhalten. Dies erfordert spezielle Einspritztechniken, ist hochkomplex und war nie weit verbreitet – tatsächlich kann es eher als Spielerei betrachtet werden, denn es ist viel einfacher, für jede Farbe eine eigene Form zu bauen.

Separate Werkzeuge werden vor allem dann eingesetzt, wenn es um transparente Teile wie Auto- oder Flugzeug-Fenster geht. Hier muss eine separate Spritzguss-Form verwendet werden, in die rohes (und damit klares) Polystyrol eingespritzt wird. Weil die meisten Modelle nur kleine und wenige transparente Teile enthalten, fügen manche Firmen die transparenten Gießäste mehrerer Bausätze in einem »Familien-Werkzeug« zusammen.

Gesonderte Werkzeuge gibt es auch für »Gummireifen« und flexible Panzerketten. In den meisten Fällen werden Reifen und Ketten nicht aus echtem Gummi hergestellt (Ausnahmen bestätigen die Regel), sondern aus einem Vinyl-Gemisch, das Kautschuk-Gummi ähnelt. Auch diese Teile werden in einer separate Spritzguss-Form – und oft auch in einem »Familien-Werkzeug« – produziert.

Die Serienreife

Sobald die Spritzguss-Werkzeuge korrekt geformt sind, kann die Produktion beginnen und es werden die eigentlichen Bausätze gegossen. Das meiste für Modellbausätze (und viele anderen Dinge) verwendete Polystyrol wird als »schlagzäh« bezeichnet. Wie bei der Verarbeitung transparenter Teile beobachtet werden kann, ist reines Polystyrol sehr spröde, doch allen anderen Gießästen wird neben Farbe auch synthetischer Kautschuk (Polybutadien) zugefügt, um die Teile elastischer zu machen. Die exakten Mischungsverhältnisse aus Polystyrol und Farbe können stark variieren und liegen irgendwo zwischen 50:1 und 100:1.

Um Kosten zu sparen, kann ein Teil des

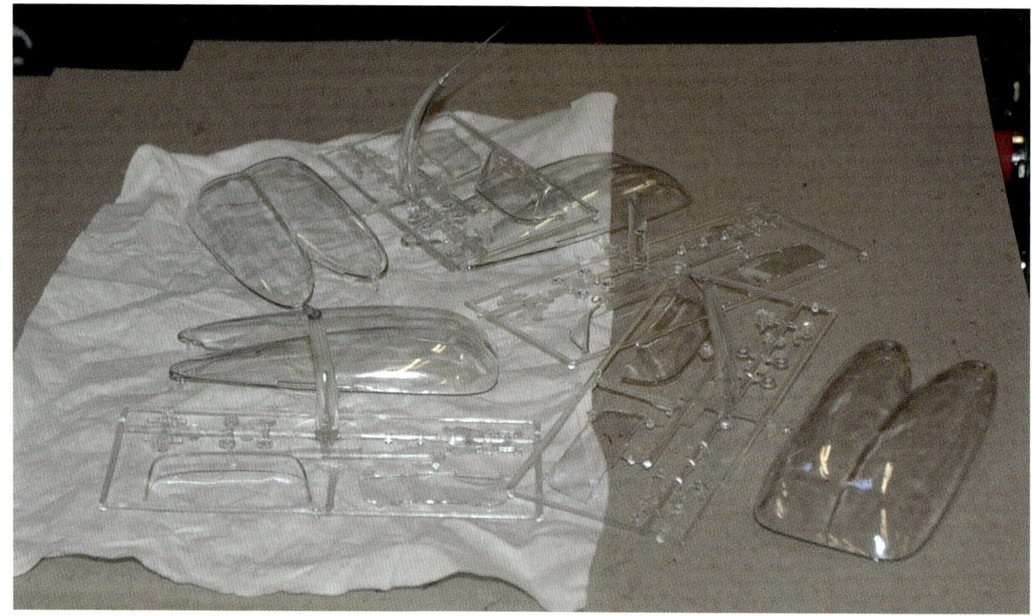

Transparente Teile werden mit einer separaten Form hergestellt. Diese Kuppeln konnten alternativ zur Windschutzscheibe auf einen 58er Ford Thunderbird-Cabio von Monogram gesetzt werden.

Der Trichter über der Spritzguss-Maschine enthält die Polystyrol-Pellets. Dies ist eine der von Revell in Illinois, USA, verwendeten Maschinen.

bereits verwendeten Polystyrols recycelt und wiederverwendet werden. Dieses Material kann aus nicht korrekt gegossenen Bausätzen, Resten von Ästen, Angüssen und aus Kanälen stammen. Die Wiederverwendung ist jedoch kritisch, weil das Material bereits Farbstoff, Weichmacher und Gleitmittel enthält und somit das Mischungsverhältnis beeinflusst ist.

Das Polystyrol wird als Granulat geliefert, dem bereits Farbe und Gummi-Ersatz beigemischt ist. Das Recycling-Material muss auf die gleiche Größe zerkleinert werden, wenn es hinzugefügt werden soll. In den Spritzguss-Maschinen werden die Pellets dann durch Heizelemente geleitet und bei 200 bis 230 °C geschmolzen. Dann werden die Hälften der Spritzguss-Formen hydraulisch zusammengepresst und so mit etwa 20 bar gehalten, während das geschmolzene Plastik eingespritzt wird. Das Werkzeug ist wie ein Automotor mit Kanälen ausgerüstet, durch die Wasser strömt, um es rasch abzukühlen. Die Form wird dann getrennt und die Teile werden durch die eingebauten Auswerferstifte herausgedrückt. Der gesamte Prozess funktioniert sehr schnell und moderne Spritzguss-Maschinen sind nach 30 Sekunden wieder startbereit. Diese hohen Durchsätze sorgen für entsprechend hohen Verschleiß an Werkzeugen und Maschinen.

Der Aushang in der Ertl-Fabrik in den 80er-Jahren zeigt, wie viele Maschinen, wie viel Plastik und wie viele verschiedene Farben zu jener Zeit verwendet wurden.

Die geöffneten Spritzguss-Formen (mit den grünen Griffen) in einer Spritzguss-Maschine.

Die aus der Spritzguss-Form kommenden Teile werden entnommen und sortiert. Diese »Three Soldiers« von Monogram stellen die Statue am Vietnam Veterans Memorial in Washington DC dar.

Clever verpacken

Die Hauptbestandteile des Modellbausatzes sind jetzt fertig, doch es fehlt noch etwas: die Schachtel. Fast vollständig verschwunden ist die Idee, den Bausatz in einem zur Box passenden Maßstab herzustellen (was zu sehr merkwürdigen »Box-Scales« (Schachtel-Maßstäben) geführt hat (siehe Kapitel 3). Stattdessen werden Modelle heute zumeist in standardisierten Maßstäben gebaut, sodass die Schachteln entsprechend angepasst werden müssen. Auto-Bausätze im Maßstab 1:25 passen vielleicht in eine einheitliche Schachtelgröße und Autos in 1:48 benötigen eine kleinere Verpackung. Für eine P-51 Mustang im Maßstab 1:48 wird wiederum eine größere Schachtel benötigt als für das Äquivalent im Maßstab 1:72. Gleich große Kartons haben Vorteile beim Stapeln und Versand, aber auch in Ladenregalen, wo sie einfacher auszustellen sind. Einige amerikanische Ladenketten sind sogar bekannt dafür, dass sie bei der Bestellung von Modellbausätzen genormte Schachtelgrößen zur Bedingung machen!

Die schweren Spritzguss-Formen werden auf Paletten gelagert, damit sie mit Gabelstaplern bewegt werden können.

Früher haben manche Hersteller kleinere Bausätze in Plastikbeutel verpackt; Airfix ist in Europa am bekanntesten, doch auch einige US-Firmen nutzten diese Tüten. Der Vorteil dieses Formats lag darin, dass weniger Material verbraucht wurde, die Bauanleitung auf die Verschlusspappe gedruckt werden konnte und die Bausätze leichter zu transportieren waren. Dafür konnte man sie nicht in Regalen stapeln und benötigte spezielle Ständer. Bald gingen Airfix und die anderen Hersteller wieder zu den traditionellen Kartons über.

Die für die Schachteln verwendeten Grafiken sind inzwischen zu einer sammelwürdigen Unterabteilung der Modellbausätze geworden. Ein berühmtes Beispiel hierfür war vor vielen Jahren der Wechsel bei Revell vom Spritzguss-Material Cellulose-Acetat zu Polystyrol. Weil die Kunststoffe verschiedene Klebstoffe erfordern, hatte Revell bei den älteren Modellen ein A (für Acetat) auf die Packung gedruckt und bei

Verpackungen ändern sich mit den Jahren. Airfix wechselte von Polyethylen-Tüten kurzzeitig über Blister-Verpackungen zu klassischen Pappschachteln.

dem neuen Werkstoff ein S (für Styrol) – als Warnung, dass sich der Bausatz nur mit dem entsprechenden Kleber zusammenbauen lässt. Als in jüngster Zeit das Sammeln in Mode kam, wurden plötzlich diese frühen »S-Kits« sammelnswert. Das Modell selbst spielte keine Rolle (Revell bot schließlich eine breite Palette von Bausätzen an), es ging nur darum, dass die Bausätze aus Styrol bestanden und ein »S« auf den Schachteln trugen (siehe Kapitel 5).

Kunstwerke

Die Schachtel benötigt auch Grafiken und Bilder, die zeigen, was drin ist. Im Laufe der Zeit reichte das Design von »künstlerisch wertvoll« bis hin zu abgrundtief schlecht. Im Großen und Ganzen sind die Gestaltungen der Schachteln jedoch ziemlich gut, interessant und künstlerisch eigenständig. Die überwiegende Mehrheit früherer Kartons verwendet bis heute speziell in Auftrag gegebene Gemälde von bekannten Künstlern dieses Genres. Im Laufe der Jahre beauftragte Airfix unter anderem. Roy Cross; für Revell malte Jack Leynnwood; Monogram ließ Richard Locher für sich arbeiten; bei Hasegawa war es Shigeo Koike und bei Tamiya arbeitete Masami Onishi. Aurora beschäftigte eine ganze Reihe von Künstlern, darunter John Amendola, James Bama und Harry Schaare.

In den letzten Jahren haben sich einige Unternehmen bemüht, zumindest bei den Neuauflagen alter Bausätze auch die originalen Künstler einzusetzen. Glencoe Models setzte auf John Amendola, um Zeichnungen für wieder aufgelegte Raketen anzufertigen, die er schon

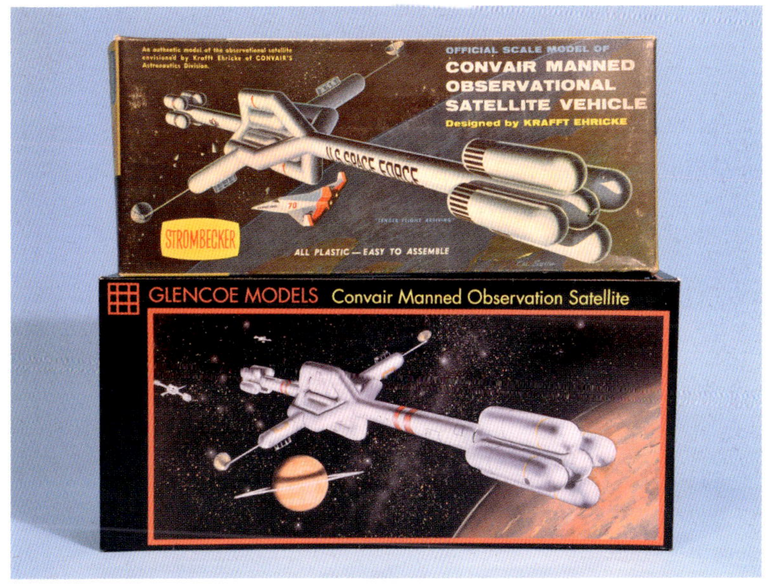

Eine neue Verpackung (unten) für die Neuauflage des klassischen »Bemannten Convair-Beobachtungssatelliten-Vehikels« von Strombecker (Glencoe kürzte den Namen etwas ein). Die Grafik der ursprünglichen Verpackung stammte vom damals begehrten Raumfahrt-Künstler Cal Smith. Ron Miller hat die neue Verpackung mit einer Hommage an das Original angelegt.

Jahrzehnte zuvor produziert hatte. Der auf Raumfahrt spezialisierte Künstler Ron Miller sollte den Stil von Cal Smith nachahmen, der in den 50er-Jahren einige Strombecker-Raumschiffe »zu Karton« gebracht hatte.

Vor allem amerikanische Unternehmen setzten darauf, die Kunstwerke auf seidenmattem Papier zu drucken und dann auf stabile Kartons zu kleben. Die Schachteln wurden so stabiler und die seidenmatt glänzende Ausführung verlieh dem fertigen Produkt eine gewisse »Qualitäts-Optik«. Bei späteren Auflagen druckte man oft das gleiche Bild direkt auf den Karton, aber das Aussehen wurde anders und erreichte nie wieder den ursprünglichen Reiz. Dies bedeutet, dass Originalausgaben von Bausätzen – zumindest bei bestimmten Kits – vor allem mit diesen besonderen Schachteln wirklich wertvoll wurden.

Später änderte sich der Stil der Schachteln und es gab Zeiten, in denen die Gesetzgebung vorschrieb, dass auf den Boxen ihr Inhalt abgebildet werden musste. Also erschienen zusammengebaute Modelle – in unterschiedlicher Professionalität – auf den Verpackungen. Zur allgemeinen Erleichterung hielt dies nicht lange an – wahrscheinlich, weil sie nicht den tatsächlichen Inhalt zeigten, sondern nur das, was man daraus machen konnte. Die Vorschriften verlangten niemals, ein Foto aller darin vorhandenen Gießäste, der Decals und der Bauanleitung auf der Verpackung zu zeigen. Heute ist die Idee, ein gutes Kunstwerk auf der Schachtel abzudrucken, glücklicherweise wieder weit verbreitet, und in den letzten Jahren hat sich die komplette Box immer mehr zu einem Gesamtkunstwerk entwickelt. Revell Deutschland, Round 2 und Glencoe Models sind sehr informativ: Es erscheinen immer mehr Details und sogar Bilder der Gießäste, sodass auf Umwegen doch noch die alte Forderung erfüllt wird, alles zu zeigen, was tatsächlich in der Schachtel ist.

Zeitgenössische Kunst der 50er-Jahre von Richard Locher. Unten (unterhalb der Flugzeug-Nase) ist seine Signatur zu erkennen.

Klebe Teil 1 an Teil 2 ...

Um zu zeigen, wie der Bausatz zusammengebaut wird, muss eine Anleitung oder ein Plan beigefügt sein. Bei sehr wenigen Teilen können auch die Pläne einfach gehalten werden – mit dem klassischen: »Klebe Teil 1 an Teil 2 …«. Als die Modellbau-Industrie anfangs fast nur angloamerikanisch war, wurden auch die Baupläne von Airfix und Revell durchgehend in englischer Sprache verfasst, da die Produkte exklusiv in englischsprachigen Ländern verkauft wurden. Die Pläne enthielten präzise Details über die Montage-Reihenfolge und im Text wurden stets gute Tipps gegeben. Renwal war hier sehr gut, nannte detailliert die tatsächlichen Bezeichnungen der Teile, merkte an, wo Kleber vermieden werden sollte, damit Komponenten beweglich bleiben, und gab Lackier-Hinweise. Die Firma war sehr stolz auf ihre »unsichtbare Klebetechnik«, bei der der Kleber präzise so platziert werden konnte, dass er am fertigen Modell nicht sichtbar war.

Dies war für den englischsprachigen Markt in Ordnung. Wenn ein Modell für einen fremdsprachigen Markt neu aufgelegt wurde, mussten die Anleitungen – und oft auch die Gestaltung des Kartons – überarbeitet werden. Zudem entstanden immer mehr Modellbau-Firmen in anderen Ländern, wie Heller in Frankreich oder Tamiya in Japan, die ihre eigenen Landessprachen verwendeten.

In jüngster Zeit, wo Bausätze weltweit vertrieben wurden, verlangten die Gesetzgeber, dass entsprechende Landessprachen enthalten sein müssten. In Nordamerika hatte man das Glück, dass drei Sprachen den gesamten Kontinent abdeckten: Englisch, Spanisch und Französisch (für Mittel- und Südamerika kommt nur noch Portugiesisch dazu). In der EU müssen hingegen alle 21 Amtssprachen verwendet werden. Das führt dazu, dass die klassische Formulierung »Klebe Teil 1 an Teil 2 …« etwas unpraktisch wurde, sodass verschlüsselte Piktogramme zur Norm wurden, um alle Prozesse zu erklären. Einige von ihnen reichen offensichtlich von »kleben« über »nicht kleben« und »ebenso auf

Moderne Bauanleitungen müssen den weltweiten Vertrieb des Bausatzes berücksichtigen. Hier ist der gleiche Revell-Bausatz für verschiedene Märkte zu sehen: Links für den Nordamerika-Markt in Englisch, Spanisch und Französisch; rechts die europäische Variante mit den meisten in der EU gesprochenen Sprachen.

der anderen Seite« bis hin zu »Decal anbringen«. Andere sind deutlich verwirrender und man muss erst das Kleingedruckte lesen, um ihre Bedeutung herauszufinden.

Markierungen in Form von Nass-Abziehbildern finden sich bei den meisten Modellen. Nachdem das Thema des Bausatzes entschieden wurde, kommt die Entscheidung über die Variante, die Version und die Art der Lackierung oder Beschilderung. Vorwiegend bei Flugzeugen sind die meisten Bausätze mit verschiedenen Decals ausgerüstet, um – entsprechend verschiedenen Luftstreitkräften oder Luftfahrtgesellschaften – Beschriftungen, Markierungen oder Linierungen anbringen zu können. Das gilt auch für Autos, die mit Startnummern, Werbeaufklebern oder Linierungen ausgerüstet werden. All dies muss gründlich recherchiert, als Decal entworfen und schließlich gedruckt werden. Ursprünglich hatten die meisten Modellbau-Firmen ihre Decals selbst entworfen und gedruckt, aber jüngere Entwicklungen und Aufgabenverteilungen haben dazu geführt, dass zahlreiche Firmen ihre Decals von Spezialunternehmen produzieren lassen. Cartograph in Italien ist vielleicht der bekannteste Produzent von Decals, die man sowohl selbst nutzt, als auch für Modellbau-Unternehmen der ganzen Welt druckt.

Was bekommt man?

In den Schachteln der Mehrzahl aller Bausätze finden sich: die Teile, die Anleitungen, die Decals. Aber es kann noch mehr sein: Bei Modellfahrzeug-Bausätzen sind mit Sicherheit Reifen aus Vinyl oder Gummi dabei; bei Kettenfahrzeugen bestehen die Laufketten aus einem ähnlichen Material.

Früher hatten die Grundstoffe von Vinyl die unangenehme Eigenschaft, mit herkömmlichem Polystyrol zu reagieren und dies zum Schmelzen zu bringen. Das bedeutete, dass die Teile getrennt voneinander verpackt werden mussten, damit sich keine Reifenspuren auf der Karosserie fanden – oder gar auf der Windschutzscheibe! Vinylteile mussten auch von den Decals ferngehalten werden, da diese ebenfalls angegriffen wurden. Die Verpackung in der Schachtel war eine Sache, doch das Problem verschärfte sich nach dem Zusammenbau, denn der Reifen stand in Kontakt mit dem Rad und die Panzerkette war um die Laufrollen herum aufgezogen. Bei vielen früheren Bausätzen haben sich die Räder tatsächlich nach längerer Zeit aufgelöst.

Spätere Experimente mit optimierten Vinyl-Mischungen verbesserten die Lage, und es gab auch Firmen wie AMT, die Polystyrol-Reifen

Eine Auswahl spezieller Modellbau-Magazine. Das jüngste stammt aus der Mitte der 80er-Jahre, während die meisten aus den 60ern sind. Die RAF Flying Revue ist dabei, weil sie immer eine Modellbau-Seite enthielt.

im Spritzguss herstellten – die jedoch nie wie Gummireifen aussahen. Neue Vinyl-Mischungen lösten die Probleme und bedeuteten die Rückkehr zur authentischen Darstellung. Bei älteren Bausätzen gibt es Möglichkeiten, den direkten Kontakt mit dem Vinyl zu vermeiden – beispielsweise durch das Versiegeln der Polystyrol-Kontaktfläche mit Klarlack.

Manchmal sind auch Achsen oder Stifte aus Metall enthalten, um Räder aufzunehmen. Bei manchen Panzern bestehen die Gleisketten und Laufrollen aus Metall. Moderne Bausätze können auch andere nicht aus Polystyrol bestehende Teile enthalten – nämlich solche aus Gießharz oder Weißmetall oder Fotoätzteile – Details hierzu finden sich in Kapitel 10.

Neuigkeiten verbreiten

Auch die Werbung für neue Bausätze muss in Betracht gezogen werden. Es hat keinen Sinn, den besten Modellbausatz der Welt herzustellen, wenn niemand davon weiß. Deshalb gibt es schon sehr lange Modellbau-Kataloge (also bereits zu einer Zeit, als die Vorausplanung noch besser organisiert war als in den letzten Jahren). Die Modellbauer waren begierig, in den neuesten Jahreskatalogen nachschauen zu können, was sie in den kommenden zwölf Monaten erwarten durften. Und früher wurden die Ankündigungen fast immer eingehalten: Wenn ein Bausatz für das Jahr 1965 angekündigt wurde, konnte man ziemlich sicher sein, dass er 1965 auch eintreffen würde. Es gab nur wenige berühmte (berüchtigte) »Nicht-Ankünfte« – Bausätze, die angekündigt wurden, aber niemals erschienen –, doch diese können fast an den Fingern beider Hände abgezählt werden. Heutzutage ist es eher üblich, Ankündigungen deutlich näher an einen potenziellen Veröffentlichungstermin zu rücken, und selbst dann müssen Spekulationen über »potenzielle Bausatz-Veröffentlichungen« nicht immer ernst genommen werden.

Lange vor der Verbreitung des Heim-Computers und der Erfindung des Internets waren Modellbau-Zeitschriften die einzige Möglichkeit, Werbung zu machen. Einige erschienen schon in der Frühzeit der Modellbausätze, darunter das Airfix-Magazine, das in seinem ursprünglichen Taschenbuchformat erstmals im Juni 1960 publiziert wurde. Diese Magazine hatten lange Vorlaufzeiten, sodass sie leicht drei Monate hinter den Neuerscheinungen hinterherhinkten, oder sogar mehr.

Es entstanden auch Fachmessen, von denen viele an einigen Tagen für den Hobby-Modellbauer zugänglich waren. Sie konnten Donnerstag und Freitag für das Fachpublikum stattfinden und dann das Wochenende für die Allgemeinheit öffnen. Hier konnten die Modellbau-Firmen ihre Produkte ausstellen und Prototypen oder Ideen zeigen – oder zumindest Schachtel-Grafiken.

Der Kauf

Die letzte Phase in diesem Kapitel ist die Ankunft des Bausatzes im örtlichen Modellbau- oder Hobby-Geschäft, wo die Kunden ihn für hart verdientes Geld erwerben durften. Im Vereinigten Königreich konnte man früher zu Woolworth gehen, die mit Airfix einen Deal hatten und neue Modellbausätze immer einen Monat früher vorrätig hatten als die Modellbau-Läden; dieses Geschäft mag für den Modellbauer von Vorteil gewesen sein, doch Airfix tat dem Fachhandel damit keinen Gefallen.

Im Laufe der Jahre haben sich Dinge verändert – vieles davon auf drastische Weise. Dies war in erster Linie und nicht überraschend auf das Wachstum des Internets zurückzuführen, das die Freude des Online-Shoppings einführte. Dies muss der Grund gewesen sein, warum viele Spezialgeschäfte geschlossen wurden (was für den gesamten Einzelhandel gilt, nicht nur für den Modellbau). Allerdings hat es sich für Modellbauer als Vorteil erwiesen, wenn sie in entlegenen Gebieten leben, wo schon vorher kein Modellbau-Shop in der Nähe war – oder

Die meisten Neuankündigungen erfolgen – wenn nicht über das Internet – auf Modellbau-Ausstellungen. Dies ist der Stand von Airfix auf der britischen IPMS-Ausstellung in Telford.

in Ländern, wo der Modellbau insgesamt kein weitverbreitetes Hobby war. Jetzt haben alle einen Zugang zu Modellbau-Artikeln aus der ganzen Welt.

Messen gibt es immer noch, doch durch das Wachstum des Internets hinsichtlich der Werbung und des Einkaufens sowie des starken Rückgangs des Einzelhandels sind sie selbst deutlich kleiner geworden als in ihrer Blütezeit vor einigen Jahrzehnten. Die wichtigste amerikanische Modellbau- und Hobby-Messe namens iHobby Expo (früher RCHTA = Radio Control Hobby Trade Association genannt) ist verschwunden, doch die Spielwarenmesse in Nürnberg und ihr japanisches Pendant in Shizuoko existieren immer noch. Andere Ausstellungen werden von Modellbau-Clubs organisiert (darunter die »International Plastic Modellers« Society IPMS – siehe Kapitel 12). Bei den IPMS-Ausstellungen buchen viele Modellbaufirmen Stände, um ihre neuesten Produkte zu zeigen.

Der Modellbauer hat jetzt also seinen neuen Bausatz – die dafür benötigten Werkzeuge findet er in Kapitel 5.

Vielleicht findet man ja auch noch ein örtliches Modellbau-Fachgeschäft.

Kapitel 3

Der Maßstab

Modellbausätze werden fast immer als »maßstabsgetreu« bezeichnet, doch der Maßstab selbst kann abhängig vom Gegenstand sehr unterschiedlich sein.

Zwei Revell-Ikonen aus der britischen Hauptstadt: Der AEC Routemaster-Bus und das London-Taxi FX4 – beide im Maßstab 1:24.

Um Flugzeuge vergleichen zu können, müssen sie den gleichen Maßstab haben. Diese von Dr. H. Logan Holtgrewe im Maßstab 1:72 gebauten Modelle sind im Museum of Flight in Seattle, USA, ausgestellt.

Das Wissen über den Maßstab ist von entscheidender Bedeutung, da man zuerst Anhaltspunkte darüber benötigt, wie groß das Objekt in Originalgröße ist. Aber es ist auch wichtig für die Erstellung einer Sammlung ähnlicher Objekte – etwa einer Autosammlung, die zeigt, wie sich moderne Fahrzeuge im Laufe der Jahre verändert haben; oder einer Kollektion von Kampfflugzeugen des Zweiten Weltkriegs. Hier sollten alle Modelle den gleichen Maßstab aufweisen, da der Vergleich sonst sinnlos wäre. Folglich hat dies dazu geführt, dass Maßstäbe, die sich im Laufe der Jahre als »traditionell« erwiesen haben, in bestimmten Fachgebieten als »konstante Maßstäbe« bezeichnet werden.

Ein Maßstab ist lediglich die Angabe, wie sich das Modell in der Größe vom Original unterscheidet. Heutzutage werden Maßstäbe zumeist als Verhältnis angegeben – beispielsweise 1:72, 1:48, 1:25 oder 1:16. Man kann sie auch als Brüche schreiben (1⁄72, 1⁄48, 1⁄25 oder 1⁄16) und das Ergebnis ist das Gleiche. In beiden Fällen wäre das Modell 72-mal (48, 25, 16) kleiner als das Original. Die Verkleinerungsform der Ordnungszahl wird normalerweise nicht hinzugefügt – 1:16 heißt also »eins zu 16« und bedeutet »ein Sechzehntel«.

In den meisten Fällen ist das maßstabsgetreue Modell kleiner als das Original, sodass der Maßstab diesem Muster folgt – der Zähler ist die »1« und der Nenner die größere Zahl, also folgt die »1:X«-Form. Es gibt jedoch Fälle, in denen das Modell größer ist als das Original (Insekten und andere kleine Lebewesen oder biologische Zellen), sodass der Maßstab anders herum mit dem Nenner als »1« geschrieben wird; bei 6:1 bedeutet dies, dass das Modell sechsmal größer ist als das Original.

Als dieser Revell-Bausatz entstand, war der Maßstab nicht das Wichtigste. Die Convair Tradewind musste einfach in die Schachtel passen (»Box Scale«), also wurde sie 1:168 gebaut.

Die Modellautos aus der Dean-Milano-Collection müssen den gleichen Maßstab aufweisen (hier 1:25), da ansonsten kein Vergleich möglich wäre.

Die Nurflügler von Northrop im Maßstab 1:72. Hier sieht man, dass der B2-Tarnkappenbomber von 1989 (Italeri-Testors) fast die gleiche Spannweite aufweist wie die YB-35 von 1946 (AMT). (Im Original sind es 52,4 und 52,2 Meter).

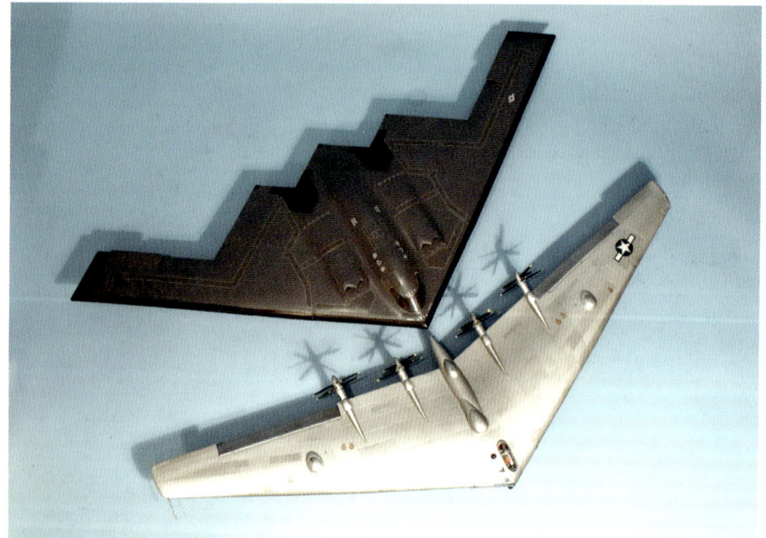

Gowland & Gowland setzte bei seinen »Highway-Pionieren« den Maßstab 1:32 fest. Revell übernahm später sowohl den Maßstab als auch die Namen.

Ferraris in den Maßstäben 1:12, 1:16, 1:24, 1:32, 1:43 und 1:72.

Die Chevrolet Corvette C3 »Stingray« in den Maßstäben 1:8 und 1:43 – beide von Monogram.

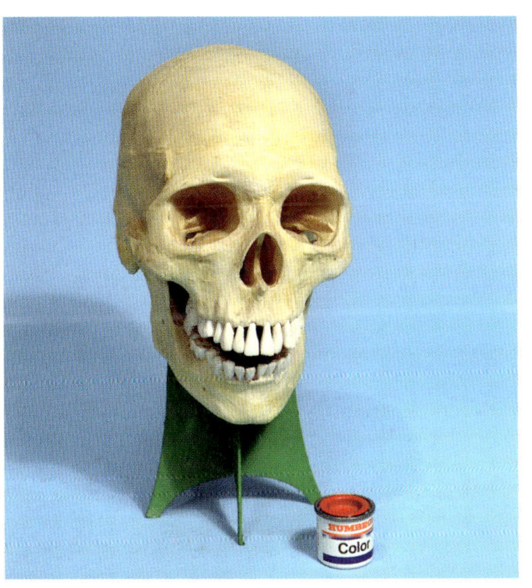

Links: Ein Beispiel für ein 1:1-Modell ist dieser menschliche Schädel – ursprünglich von Renwal, später von Revell neu aufgelegt.

Rechts: Die von Heller als Bausatz produzierte Rote Waldameise im Maßstab 6:1.

Unten: Eine von Airfix angebotene Vogel-Sammlung im Maßstab 1:1 auf der britischen IPMS-Ausstellung.

Monogram zeigt in seiner Bauanleitung mit einem Maßstabs-Lineal die Größenverhältnisse an.

Gelegentlich wird auch der Maßstab 1:1 angegeben, wenn er sich auf das Originalobjekt bezieht. Dann heißt es beispielsweise: »Hier steht ein Modell im Maßstab 1:25 auf der Motorhaube seines 1:1-Originals.« Er kann sich aber auch auf Nachbildungen in Originalgröße beziehen – etwa das Fiberglas-Modell einer Spitfire vor einem Luftfahrtmuseum – ein »Modell« im wahrsten Sinne. Auch kleine Tiere gibt es als 1:1-Modelle. Nachbildungen von Pistolen und Gewehren im Maßstab 1:1 sind aus verschiedenen Gründen heute nicht mehr erhältlich.

Die Auswahl

Die Wahl des Maßstabs hat sich zusammen mit der Modellbau-Industrie entwickelt und mehrere bekannte Maßstäbe haben sich für bestimmte Themen durchgesetzt. Der Bekannteste ist wohl 1:72, wie er vor allem für Modellflugzeuge verwendet wird. Ursprünglich wurde dieser Maßstab für »Erkennungsmodelle« genutzt, die vom Militär gebaut wurden, damit Soldaten der Flugabwehr Freunde von Feinden unterscheiden konnten. Das bedeutet natürlich, dass alle Modelle den gleichen Maßstab haben mussten – und bei 1:72 waren die Jäger nicht zu klein und die Bomber nicht zu groß.

Die Erkennungsmodelle wurden ausschließlich aus Holz gefertigt, aber sie waren dennoch mit Sicherheit der Grund dafür, dass auch bei den ersten Plastikmodellen dieser Maßstab verwendet wurde. Die ersten Modellflugzeuge erschienen in den 30er-Jahren und hießen Frog Penguin, wobei das Unternehmen FROG nicht für Frosch stand, sondern aus der Abkürzung von Flies Right Off the Ground (Hebt sofort ab) hergeleitet war – auch wenn dies von manchen bestritten wird. Folglich wurden die nicht flugfähigen Ausstellungsmodelle »Pinguine« genannt, weil diese bekanntlich nicht abheben können.

Mitte: Der Standardmaßstab für Flugzeuge beträgt 1:72, was aus großen Flugzeugen auch große Modelle macht. Eines der wenigen Verkehrsflugzeuge in 1:72 war die Douglas DC-9 – ursprünglich angeboten von Aurora, inzwischen wird sie von Atlantis vertrieben.

Für kleinere Flugzeuge wird auch der Maßstab 1:48 genutzt. Die Cessna 172 von Mathias Rust war bei der sowjetischen Luftabwehr offenbar nicht als Erkennungsmodell vorhanden.

Weil Modellbauer ihre Modelle nebeneinanderstellen oder -hängen wollten, baut Monogram auch die größten Bomber in 1:72. Diese B-52 ist noch nicht das größte Modell (das ist die B-36), mit einer Spannweite von über 78 Zentimeter aber immer noch sehr groß!

Seltsamerweise hielt das Festhalten an diesem Standard-Maßstab nicht lange an. Vor allem, als amerikanische Modellbau-Firmen Ende der 40er-/Anfang der 50er-Jahre mit der Produktion von Flugzeug-Modellen begannen, ließen sie die Idee des »konstanten Maßstabs« zunächst hinter sich und bauten ihre Modelle stattdessen so, dass sie in genormte Kartons passten. Sie wurden stets als »nicht maßstabsgetreu« bezeichnet, obwohl dieser Begriff nicht korrekt ist – sie wurden natürlich in einem Maßstab gebaut, nur war dieser meistens willkürlich festgelegt. Sie hatten also alle unterschiedliche Maßstäbe, die nicht allgemein anerkannt waren. Weil zuerst die Größe des Bausatz-Kartons festgelegt wurde, müssen diese Modelle korrekt als »Packmaß-maßstabsgetreu« bezeichnet werden – oder in Englisch als »Box Scale«. Folglich gab es Modelle in 1:69, 1:65 und 1:75 – immer noch echte, nur nicht allgemein akzeptierte Maßstäbe.

Metrisch vs. angloamerikanisch

Vielleicht ist bereits aufgefallen, dass die meisten der erwähnten Maßstäbe auf angloamerikanischen Messmethoden basieren: 1:72, 1:48 oder 1:16 – also eher auf Brüchen als

Manche originale Airfix-Modelle im Maßstab 1:72 wurden in den letzten Jahren neu aufgelegt – hier das bereits in den 50er-Jahren produzierte Renn-flugzeug Comet von 1934. Die Decals wurden neu gestaltet.

Airfix halbierte den Maßstab 1:72 zu 1:144 ursprünglich für Verkehrsflugzeuge, dann wurde auch das Space Shuttle in diesem Maßstab angeboten.

auf den metrischen Dezimalsystem. Dies liegt vor allem daran, dass in Großbritannien sowohl die erste industrielle Revolution stattfand als auch hier die Modellbausatz-Industrie ihre Ursprünge hatte, und diese sich anfangs vor allem in den USA weiterentwickelte. Weil beide Länder damals das sogenannte »Imperiale« Messsystem verwendeten (die USA tun dies noch heute, die Briten wahrscheinlich bald wieder), konnten sich diese Maße etablieren.

Heutzutage fasziniert vor allem, dass die meisten Menschen auf dem Planeten, zumindest in den Ländern, die Modellbausätze produzieren (Japan, China, Südkorea, Russland, Ukraine, Italien, Frankreich und Deutschland) nach dem metrischen System rechnen, aber immer noch angloamerikanische Maßstäbe verwenden. Flugzeuge werden weiterhin in 1:72, 1:48 und 1:32 gebaut und Autos in 1:32, 1:24 und 1:16.

Die »metrische Welt« hat tatsächlich damit begonnen, metrische Maßstäbe für Modelle anzuwenden. Einer der Hauptakteure stammt aus dem Land des Ur-Meters – der große französische Modellbausatz-Hersteller Heller. Das in der Normandie beheimatete Unternehmen führte die Maßstäbe 1:50, 1:100 und 1:125 für Flugzeuge ein. Etwas verdächtig ist dabei, dass manches Modell, das ursprünglich in 1:50 vorgestellt wurde, jetzt in 1:48 ausgeführt wird. Der Unterschied ist tatsächlich nominal und kann in Ungenauigkeiten beim Berechnen bereits verschwimmen, sodass er nur für Puristen interessant ist. Auf ähnliche Weise sind auch 1:100-Flugzeuge als 1:96-Modelle wieder aufgetaucht. Nur der Maßstab 1:125 scheint weiter zu existieren, da er nicht wirklich in der Nähe eines »imperialen« Maßstabs liegt. Etwas irritierend ist, dass nur Heller diesen Maßstab verwendet, sodass ein Modell, das es nur von den Franzosen gibt, nicht neben andere Modelle gestellt werden kann, da sich die Maßstäbe zu sehr unterscheiden. Einige japanische Firmen begannen ebenfalls mit metrischen Maßstäben. Einige halten sich daran, aber viele sind wieder zu imperialen Maßen zurückgekehrt, sodass auch hier ältere 1:50-Flugzeuge als 1:48er wieder auftauchten.

Die ersten Raketen-Sets von Monogram (insgesamt wurden es drei) waren im ungewöhnlichen Maßstab 1:128. Erst das dritte Set wurde im üblichen Maßstab 1:144 angeboten.

»Freie« Maßstäbe

Das einzige Land, das heute offiziell »imperiale« Maße verwendet, sind die USA, bis zu einem gewissen Grad unterstützt von dem Land, wo alles begann: dem Vereinigten Königreich. Dies hat jedoch zu einer noch größeren Merkwürdigkeit geführt, als in der letzten imperialen Bastion USA (wo es immer noch »englische« Maße heißt) 1:25 der wichtigste Modellauto-Maßstab ist – was auf den ersten Blick ein abgeleitetes metrisches Maß zu sein scheint. Dies hat seinen Ursprung in den frühen amerikanischen Modellauto-Bausatz-Firmen

AMT, Jo-Han und Revell, die alle mit reellen Autoherstellern Ford, GM, Crysler und – damals – American Motors zusammenarbeiteten, um Reklamemodelle (»Promos«) der zukünftigen »echten« Autos zu produzieren. Diese wurden von den Autohändlern an die Kinder potenzieller Kunden verschenkt, damit diese ihren Papa überredeten (Mama hatte zu dieser Zeit nur wenig Mitspracherecht), das entsprechende Auto zu kaufen. Es handelte sich um maßstabsgerechte Modelle, die aus den 1:10-Clay-Modellen für die Prototypen entwickelt wurden und um den Faktor 2,5 verkleinert wurden. Logischer wäre wahrscheinlich eine Halbierung (1:20) gewesen, doch wäre das Modellauto dadurch vielleicht für die kleinen Kinder zu unhandlich geworden.

1:20 wurde später als kurzlebiger und erfolgloser Standardmaßstab für Modellautos eingeführt und es existieren nur noch Reste davon: Tamiya baut seine Formel-1-Rennwagen in 1:20 (alle anderen Autos in 1:24), die von anderen Firmen kopiert werden. Lindberg und MPC brachten ebenfalls eine ganze Reihe US-Autos in 1:20 heraus.

Ende der 50er-Jahre wurden für einige Zeit Maßstabs-Abweichungen festgestellt – vor allem durch das US-Unternehmen Monogram, wo kein Kontakt zur Autoindustrie bestand und daher keine Promos produziert wurden. Also wurde auch nicht der Maßstab 1:25 genutzt, sondern 1:24 – ein standardmäßiger Technik-Maßstab. Monogram nannte ihn anfangs »Halbzoll-Maßstab« (1 Fuß errechnet sich aus 24 x ½ Zoll – daher die Bezeichnung). Dies galt für Flugzeuge und andere Objekte, wo man das Maßstabs-Lineal in den Anleitungen abdruckte, sodass man die Teile damit vermessen konnte. Diese Variante hielt sich jedoch nicht sehr lange und Monogram ging bald zur konventionellen Art und Maßstabs-Beschreibung über: Autos in 1:24 und Flugzeuge in 1:48.

Die ersten Auto-Bausätze waren jedoch kleiner (1:32) und stammten von einem der allerersten Bausatz-Hersteller: Gowland & Gowland – einem echten angloamerikanischen Unternehmen, denn bei Jack Gowland und seinem Sohn Kelvin sowie Derek Brand handelte es sich um Briten, die nach dem Ende des Zweiten Weltkriegs nach Kalifornien ausgewandert waren.

Die Firma entwarf und produzierte anfangs Spielzeugautos im Maßstab 1:16 (dem Standard-Maßstab ¾"), unter denen auch Oldtimer waren. Dann kam man auf die Idee, Modelle »zum Selbstbauen« zu produzieren, und halbierte die Größe auf 1:32 (3/8"), um die ersten Auto-Modellbausätze herzustellen. Diese Idee wurde bald von Revell »ausgeliehen« (Revell war ursprünglich das Verkaufsteam von Gowland & Gowland, das sich anfangs Precision Specialities nannte), aber auch von anderen kleinen US-Unternehmen wie Hudson Miniatures übernommen. Der Maßstab wurde auch in England von Airfix kopiert, um eine ähnliche Oldtimer-Serie aufzulegen. Auch bei Merit, wo seinerzeit eine Bausatz-Abteilung existierte, wurden 1:32-Veteranen hergestellt (mit Sicherheit waren viele von anderen Herstellern kopiert)

Der von den Werbemodellen der US-Autoindustrie stammende Maßstab 1:25 wurde als Standard für amerikanische Auto-Bausätze festgelegt. Dieser 1966er Ford von AMT verfügt über einen Schwungradmotor an der Vorderachse (!). Am Unterboden ist die Werbe-Information eingegossen, die den Vater überzeugen soll.

Militärmanöver

Die Skalierungen anderer traditioneller Modellbau-Bereiche hatten ebenfalls ihre Höhen und Tiefen. Ein weltweit sehr beliebtes Thema sind militärische Landfahrzeuge. Geht man zu den Anfängen der modernen Modellbausatz-Industrie in den 50er-Jahren zurück, kam viel von Airfix (UK) und einer ganzen Reihe von Unternehmen in den USA. Die Airfix-Kits waren im Maßstab 1:72 und aufgrund ihrer übersichtlichen Größe auch preiswert – die meisten Bausätze der ersten Serie kamen im Plastikbeutel und kosteten zehn Pence. Sie passten zu der vorhandenen Flugzeug-Palette, sodass beide Themen nebeneinander verwendet werden konnten. Zudem kamen sie der britischen Modelleisenbahn-Nenngröße 00 (1:76) nahe, sodass man eine Reihe von Airfix-Bahngebäuden, rollendes Material und Figurensets zur Verfügung hatte. Letztere waren im »Zwischen-Maßstab« H0/00 (1:82) erhältlich, der sowohl bei den Größen 00 (1:76) und H0 (1:87) passen sollte – was auf den ersten Blick ein großer Bereich ist, denn H0 ist etwa ein Zehntel kleiner als 00. Da es sich jedoch um Figuren und nicht um leblose Objekte handelte, waren sie deutlich anpassungsfähiger, und über viele Jahre hat sich niemand an diesem Unterschied gestört oder ihn infrage gestellt.

Größere Maßstäbe für Militärfahrzeuge und ähnliche Bausätze wurden zunächst den Amerikanern überlassen. Hier produzierten die wichtigsten Namen aus den Anfängen der Modell-Bauindustrie – Aurora, Adams, Hawk, Revell, Monogram und Renwal – Bausätze aller militärischen Themen: Panzer, Selbstfahrlafetten, ungepanzerte Fahrzeuge und Raketen. Von all diesen Namen blieben nur zwei – Adams und ausgerechnet Renwal – konstanten Maßstäben treu (auch wenn diese unterschiedlich waren): Adams mit 1:40 und Renwal mit 1:32. Tatsächlich hat keine der beiden Firmen wirklich viele Militär-Bausätze hergestellt, sondern nur jeweils ein Dutzend Modelle im Programm.

Revell verwendete ebenfalls 1:40 – und tatsächlich gab es zu jener Zeit eine enge Zusammenarbeit mit Adams: Revell baute die Werkzeuge und erledigte für Adams auch einige Entwürfe, und in späteren Jahren wurde ein Großteil des Adams-Programms zu Revell verschoben. Doch Revell produzierte – vor allem Raketen – auch in den ungewöhnlichen Maßstäben 1:64 und 1:81. Manche größere Originale wurden bis auf 1:110 herunterskaliert, sodass auch dieser Maßstab für einige Zeit als »konventionell« galt.

Auch Monogram stellte Militärfahrzeuge im Maßstab 1:32 her, ging ab 1973 plötzlich zu 1:35 (darunter waren auch manche ursprüngliche 1:32-Modelle), sodass es in diesem Jahr Modellbausätze beider Maßstäbe zu kaufen gab; dies könnte darauf zurückzuführen sein, dass japanische Firmen – vor allem Tamiya – mit der Produktion von Militärfahrzeugen im Maßstab 1:35 begonnen hatten.

Der Maßstab 1:35 wurde zum Standard für Militärfahrzeug-Modelle – hier einige Beispiele auf der britischen IPMS-Ausstellung.

Der seltsame Maßstab

Warum genau 1:35 de facto zum Standard für Militärfahrzeuge wurde, gehört zu den seltsamsten aller Modellbau-Kuriositäten. Es ist kein angloamerikanischer Industrie-Maßstab, und obwohl man es mit dem Modellauto-Maßstab 1:25 vergleichen könnte (der ebenfalls nicht »industriell« ist), hat 1:35 keinen vergleichbaren Hintergrund. Die Begründungen für nahezu alle Modellbau-Maßstäbe lassen sich irgendwie rationell erklären – nur nicht 1:35. Eine Erklärung könnte die mögliche Verdoppelung (oder Halbierung – die Semantik ist hier nicht immer klar) auf das aus Japan stammende 1:70 sein, das mit der Körpergröße von Menschen verbunden ist. Doch diese Theorie hat Schwächen: Obwohl es in Japan tatsächlich einige Flugzeuge der Größe 1:70 gab, waren auch hier Flugzeuge und kleinere Militärobjekte hauptsächlich in 1:72 erhältlich (aber auch Militärgerät in 1:76). Die wahrscheinlich einzige

Firma, die jemals 1:70 für einige Flugzeuge verwendete, war Tamiya (von denen auch der einzige Vorstoß in das Apollo-Programm samt Mondlandefähre und Kommandokapsel in diesem Maßstab stammt).

Es gibt noch einen weiteren Vorschlag zur Herkunft von 1:35, der ebenfalls mit Tamiya zu tun hat. Viele frühe Modellbausätze japanischer Hersteller waren motorisiert, weil sie einen gewissen »Spielwert« vorweisen mussten. Tatsächlich kam der Motorisierungs-Aspekt stets vor allen Überlegungen zum Maßstab des Modells. Anfang der 70er-Jahre begann Tamiya damit, motorisierte Panzer herzustellen, und weil man sich vielleicht bei Tamiya hingebungsvoller als bei anderen Firmen mit Maßstabstreue beschäftigte, ist es wahrscheinlich, dass die Modelle einfach eine bestimmte Größe haben mussten, um neben dem Motor auch Batterien darin unterbringen zu können, ohne dadurch Maßstabs-Aspekte beeinträchtigen zu müssen. Also könnten die Batterien dafür verantwortlich sein, dass es Panzer im Maßstab 1:35 gab. Doch diese Argumentation hat immer noch Schwächen – vor allem, warum die Modelle nicht im heute noch bekannten Maßstab 1:32 gefertigt wurden. Man könnte argumentieren, dass 1:32 nahe genug an 1:35 ist, um beide Maßstäbe beispielsweise in Dioramen nebeneinander zu verwenden (und wenn Modelle für Dioramen konzipiert sind, dann militärische), aber das wird den Maßstabs-Puristen nicht gefallen. Also hat dies zu einer Untergliederung bei Flugzeug-Modellen geführt, von denen einige (z. B. Hubschrauber) mit Militärmanövern verbunden werden – und die dann in 1:35 – aber nicht in 1:32 – hergestellt werden.

Einmal etabliert, war 1:35 sehr schwer zum Verschwinden zu bringen, sodass alle nachfolgenden Hersteller von Militärfahrzeug-Modellen aus Japan, China, Südkorea, Russland und der Ukraine bis hin zu europäischen Ländern inzwischen 1:35 verwenden. Dennoch bleibt es eine irritierende Frage, warum Tamiya (wenn sie es überhaupt waren) die Werkzeuge nicht um ca. acht Prozent auf 1:32 umstellen konnte.

Ein Leben auf dem Ozean

Schiffe (vor allem solche mit Schiffsschrauben) gehören zusammen mit Flugzeugen zu den ersten Modellbausätzen überhaupt. Hier gab es jedoch aufgrund der Größe der Originale deutlich rationellere Gründe, sie so zu produzieren, dass sie in die Schachtel passen. Dies war vor allem in den USA der Fall, wo Navy-Schiffe und andere maritime Großgeräte im »Box Scale« hergestellt wurden. Airfix gehörte zu den ersten Firmen, die Schiffe aus Polystyrol im Spritzguss-Verfahren herstellten und für ihre (vorwiegend Königliche) Marine den Standard-Maßstab 1:600 festlegten. Dies galt auch für moderne Passagierschiffe und kleinere Wasserfahrzeuge. Für Segelschiffe aller Art galt dieser Standard jedoch nicht – und damit waren sie über Jahre das einzige Thema im Airfix-Programm, das keinem Standard-Maßstab folgte. Nur Heller hat versucht, Segelschiffe in konstanten Maßstäben 1:100, 1:150 und 1:200 herzustellen.

Im Laufe der Jahre wurden weitere »Standard-Maßstäbe« eingeführt. Obwohl Airfix immer noch 1:600 verwendet und bei einigen Großschiffen auf 1:1200 herunterskalierte, sind andere Firmen zu 1:700 für Marineschiffe und 1:350 für detaillierte und größere Modelle gegangen. Mit kleineren Schiffen wie Patrouillenbooten wurden auch Schritte zu den traditionellen Flugzeug-Maßstäben 1:144 und 1:72 unternommen.

Schiffe können sich im Maßstab gewaltig unterscheiden. Hier ist eine Mischung aus »Standard« und »variable« gezeigt. Renwal setzte anfangs auf 1:500 (USS Farragut) und Airfix auf 1:600 (HMS Victory), die USS Intepid von Lindberg ist jedoch in 1:888 und die USS Norton Sound von Revell in 1:436 ausgeführt.

Segelschiffe variieren im Maßstab noch stärker. Die HMS Beagle von Revell ist in 1:96, die Great Western von Airfix in 1:180 und die römische Bireme von Aurora in 1:80.

Italeri hat mit dem deutschen Schnellboot S-100 aus dem Zweiten Weltkrieg sogar ein Produkt im Maßstab 1:35 im Programm – es ist exakt einen Meter lang und hält zurzeit den Rekord für Modelle dieses Typs.

Figuren

Modellbausätze von Figuren waren gegenüber allen anderen Modellbau-Themen schon immer etwas merkwürdig. Obwohl sie zu jedem Thema passen können, sind sie hier unter einer Überschrift zusammengefasst.

Ganz allgemein lassen sich Figuren in zwei Fraktionen aufteilen. Zunächst die individuellen Figuren oder eine Variation von Subjekten im großen Maßstab – von 1:24 über 1:20 und 1:16, zeitweise sogar 1:13 über alle Ziffern im Nenner bis 1:3. Wenn man Einzelteile einer Figur einschließt, beispielsweise den Kopf, kann das Set mit 1:2 und 1:1 vervollständigt werden.

Die andere Fraktion sind Figuren-Sets, bei denen man mehr als eine Figur bekommt – viel mehr, bis hin zu 20 bis 30 einzelne Figuren (manche in gleichen Haltungen, andere in verschiedenen Posen). Diese sind für Dioramen, Eisenbahn-Szenen und heutzutage auch Kriegsszenen gedacht. Die große Mehrheit dieser Figuren ist im Maßstab 1:72 bis 1:87 gehalten. Es gibt einige Sets in 1:32 und andere in 1:35, doch hierbei können Maßstabsunterschiede weitgehend ignoriert werden.

Es gibt Figuren-Sets mit individuellen Figuren zwischen 1:35 und 1:72, doch diese sind eher im speziellen Figuren-Maßstab 54 mm oder 120 mm, was mehr oder weniger 1:32 und 1:16 entspricht. (Mehr über diese Größen und ihre noch größeren Ungenauigkeiten als die meisten anderen Maßstäbe gibt es in der folgenden Unterrubrik.)

Die meisten Firmen wie Pyro und Revell stellten auch größere Figuren-Bausätze her, aber zwei stechen besonders hervor. Airfix verwendet den Standard-Maßstab 1:12. Die Themen waren meist historisch: Heinrich VIII, Anne Boleyn, Königin Elisabeth I. und der Schwarze Prinz gehörten zu den Favoriten. Von der anderen Seite des Ärmelkanals standen ihnen Napoleon und Jeanne d'Arc gegenüber. Die vielleicht seltsamste, weil nicht ganz historische Figur war der Pfadfinder – traditionell mit Hut oder moderner mit Baskenmütze (tatsächlich ist dieser einer der seltensten zu findenden Figuren).

Noch bekannter für seine Figuren-Sets ist Aurora mit einem weitaus breiteren Themenspektrum aus Science-Fiction und Fantasy, aber auch aus der reellen Welt. Der für immer namenlose Roboter aus *»Lost in Space«* wurde im etwas eigenwilligen und unkonventionellen Maßstab 1:11 gefertigt. Folglich entschied man sich Jahrzehnte später bei Polar Lights, bestimmte Lücken im Aurora-Katalog mit geplanten, aber niemals in Serie gegangenen Bausätzen zu füllen, den »fehlenden« Begleitrobotern. Hierzu gehörte Robby aus dem Filmklassiker *»Forbiden Planet«* (Alarm im Weltall) – natürlich in 1:11. Zwar passen Robby und der »Lost in Space«-Roboter gut zueinander, aber zu sonst niemandem.

Kleinere Figurensets kamen im Gegensatz zu »Individuen« ursprünglich von Airfix, erschienen im Laufe der Jahre aber auch von vielen anderen Anbietern wie Revell Deutschland, Italeri, Hät, Hasegawa, Fujimi, Caesar, Imex, Dragon und Zvezda. Die meisten sind militärischer Natur und für entsprechende Dioramen oder auch Tabletop-Wargaming gedacht. Die überwiegende Mehrheit fällt in die Sammelgröße 1:72 bis H0, aber am Ende sind alle etwa 25 mm groß. Der einzige andere Maßstab für Figuren-Sets ist 1:35, damit die Militärfahrzeuge nicht so allein herumstehen müssen. Einige wenige sind in 1:32, doch das macht bei Figuren fast keinen Unterschied aus.

Millimeter-Größen

Figuren bringen auch eine etwas andere Art und Weise mit, ihre »Größe« zu beschreiben. Leblose Objekte wie Fahrzeuge, Flugzeuge, Schiffe und Gebäude haben eine vorgegebene Größe, sodass die Berechnung von Maßstäben lediglich darin besteht, sie zu vermessen und zu berechnen. Aber Figuren, zunächst Menschen, aber auch Tiere und sogar Außerirdische, können größenmäßig erheblich variieren (vor allem zwischen Kindern und Erwachsenen). Daher wird der »Maßstab« für einige Aspekte des maßstabsgetreuen Modellbaus nicht angegeben; stattdessen wird die Höhe einer Modellfigur in Millimetern angegeben. Dies gilt vor allem für Tabletop-Schlachtfeldfiguren, wo ganze Bataillone aufgebaut werden, um Miniaturkriege zu führen. Aber auch größere Figuren werden oft in ihrer Höhe angegeben.

Irgendwo musste der Anfang gemacht werden, und so wurde beschlossen, dass eine »Standardfigur« im Maßstab 1:1 eine Höhe von sechs Fuß oder 72 Zoll – also 1,829 Meter (und rein zufällig auch zwei Yards) – hat.

Um dies als praktisches Anfangs-Beispiel zu nehmen, entspricht eine 25mm-Figur etwa dem Maßstab 1:72. Folglich können 1:72-Figuren auch als »25 mm« bezeichnet werden. Diese Werte können nach oben und unten abgeleitet werden: 1:96 entspricht also 20 mm; 1:32 sind 54 mm und 1:15 oder 1:16 (hier schleichen sich bereits Abweichungen ein) sind umgerechnet 120 mm. Keiner dieser Werte passt exakt, aber angesichts der unterschiedlichen Größen vom Menschen sind sie nahe genug dran, eine Figur in einem bestimmten Maßstab abzugeben.

Natürlich wird es niemals so sein, dass beispielsweise eine Spitfire im Maßstab 1:72 irgendwann als »1:48« bezeichnet wird. Doch das 25-mm-Maß hat sich mit den Jahren verändert, als verschiedene Hersteller ihren 25-mm-Figuren unterschiedliche Maßstäbe zuwiesen, was auch die Skalierung für andere Größen beeinflusste. Folglich kann man 25 mm sowohl als 1:60 und sogar 1:48 finden, während 1:72 als 20 mm angegeben wird, obwohl dies näher an H0 (1:87) liegt. Bei Figuren und

Roboter-Brüder – der ewig namenlose Roboter aus Lost in Space (obwohl er verschiedene Spitznamen wie »B9« oder »YM-3« trug) und Robby aus Alarm im Weltall. Weil Aurora den namenlosen Roboter in 1:11 herausbrachte, produzierte Polar Lights seinen Robby im gleichen Maßstab.

All diese Figuren – von den Revell-Bahnhofsfiguren in 1:87 über die britischen Raketen-Truppen von Hät sowie Caesars Partisanen in 1:72 bis hin zu den Airfix-Astronauten in »00-H0« – befinden sich innerhalb des »25 mm«-Maßstabs.

Maßstäben in Millimeter kommt es am Ende vor allem darauf an, ob es optisch passt.

Spur-Maße

Bisher waren (bis auf die Figuren-Höhen) alle Modell-Größen als Maßstäbe in Brüchen angegeben. Doch ein Modellbau-Thema weicht hiervon ab: Eisenbahnen. Hier hat es der Modellbauer nicht nur mit den eingangs beschriebenen »Maßstäben« im klassischen Sinne zu tun, sondern auch mit Spurweiten (dem Abstand zwischen den Schienen) – und diese beiden Werte müssen nicht unbedingt gleich sein. Bei Modellbahnen besteht auch der Unterschied, dass die meisten Modelle hier als statisches Beiwerk gedacht sind, während es vor allem um eine funktionierende Anlage mit fahrenden Zügen auf Gleisen geht – und beides zusammen ein bewegliches Diorama darstellt.

Aifrix hat all sein Eisenbahn-Zubehör samt Figurensets als »00-H0« angegeben – also im Maßstabs-Bereich zwischen 1:76 und 1:87.

Unten: Die Modelleisenbahn-Spur 00 wird nur im Vereinigten Königreich verwendet.

Das beste Beispiel für Maßstab vs. Spurweite ist der Unterschied zwischen den Spurweiten 00 (»Doppel-Null«) und H0 (auch »Halb-Null« genannt). 00 wird ausschließlich im Vereinigten Königreich verwendet, überall sonst (selbst in den USA, wo sonst immer gern eigene Maße verwendet werden) fährt die klassische Modellbahn vorwiegend auf der H0-Spur. Der H0-Maßstab beträgt wie die Spurweite 1:87. Der Maßstab 00 ist hingegen 1:76, doch ihre Spurweite beträgt wie bei H0 16,5 mm, sodass das rollende Material auf H0-Gleisen fahren kann, die Aufbauten der Fahrzeuge jedoch größer sind als bei H0. Damit sind die Kuriositäten noch nicht zu Ende, denn die außerhalb Großbritanniens verwendete »Halb 0«-Spur entspricht der halben britischen Spur 0 (1:43,5), aber nicht der halben europäischen 0-Spur (1:45) oder der US-0-Spur (1:48) (Letztere ist das naheliegendste »Null-Maß«, weil es sich um einen etablierten imperialen Technik-Maßstab handelt, der auch für Flugzeuge und Autos verwendet wird).

Dies ist erst der Anfang aller Eisenbahn-Maßstäbe und Spurweiten. Es gibt fast 100 Modelleisenbahn-Maßstäbe, viele von ihnen tragen statt der üblichen Bruch-Werte Namen oder Buchstaben. Viele können sich gegenseitig verdoppeln, je nachdem welches Land sie nutzt. Und manche werden nur bei Parkbahnen verwendet, auf denen Passagiere mitfahren können. Alle sind – mehr oder weniger – »maßstäblich« und zu den wichtigsten Spurweiten gehören die folgenden:

- Z – Maßstab 1:220
- N – 1:160
- TT – 1:120
- H0 – 1:87
- 00 – 1:76
- 0 – 1:43,5 (Großbritannien und Frankreich); 1:45 (Rest-Europa); 1:48 (USA)
- G – 1:22,5

Auch bei den Spurweiten N, TT und G gibt es je nach Land Unterschiede im Maßstab und alternative Größen.

Was man bei den Modellbahn-Maßstäben auch sehen kann, ist die Abkehr von ganzen Zahlen im Nenner. So hat die britische Spur 0 den Maßstab 1:43,5 (der auch ein traditioneller Wert bei Spielzeugautos von Corgi oder Dinky ist), der nicht »1:43½« geschrieben wird. Streng mathematisch müsste es eigentlich 2:87 heißen, aber diese Variation kommt nirgendwo vor. Hingegen wird oft die »,5« weggelassen, sodass nur noch »1:43« übrig bleibt.

Die zweite Nenner-Kuriosität betrifft die kontinentaleuropäische Spur G, ursprünglich eingeführt von der Firma LGB (Lehmann-Groß-Bahn) mit dem Maßstab 1:22,5. Das G stand eigentlich für »Groß«, wird aber heute immer mehr mit Garten verbunden. Zum Glück sind dies die zwei einzigen allgemein akzeptierten Maßstabs-Brüche mit Nachkommastellen im Modellbau.

Weltraum-Maßstäbe

Zuletzt geht es beim Thema Maßstab um eine Kategorie, die gewöhnlich mit »Weltraum, Science-Fiction und Fantasy« zusammengefasst wird. Dies mag eine merkwürdige Zusammenstellung sein, da Raumfahrzeuge real sind, wogegen SF und Fantasy es nicht sind (soweit wir dies wissen …). Allerdings waren viele

Spur Z (Maßstab 1:220) ist klein genug, um in einem Koffer selbst auf Reisen gehen zu können.

Die Nenngröße II oder Spur G als »Gartenbahn-Maßstab« 1:22,5 – erfunden von LGB aus Brandenburg an der Havel.

Raumschiffe und Raketenmodelle spekulativ und wurden niemals »in echt« gebaut, sodass sie irgendwo zwischen »real« und SF einsortiert werden müssen. In einem Kapitel über den Maßstab müssen auch Themen besprochen werden, die gar keinen Maßstab haben – oder besser gesagt: denen kein Maßstab zugewiesen wurde; oder deren Maßstab extrem schwierig zu berechnen ist.

Wie bei allen Modellen gibt es natürlich einen Maßstab, und um am einfachen Ende zu beginnen, werden reelle Raumschiffe und Raketen wie Flugzeuge, Schiffe und Fahrzeuge behandelt. Frühe Flugkörper, die zwischen »Militär« und »Raumfahrt« fallen, wurden bereits erwähnt. Revell verwendet für viele Raketen den Maßstab 1:110. Später wurden alle Raketen aufgrund ihrer Antriebstechnik zusammengefasst und auch in der Wirklichkeit wurden viele militärische Interkontinentalraketen zu zivilen Trägerraketen. Mit dem in den 60er-Jahren aufkommenden Apollo-Projekt wurde die berühmte Saturn-V-Rakete in etablierten Maßstäben hergestellt – 1:144 bei Airfix und Monogram (Letztere bauten auch Flugzeuge in diesem aus 1:72 halbierten Maßstab). Revell stellte in 1:96 einen der größten Modellbausätze her, während AMT sich erstmals von Modellautos abwendete und alle fünf bemannte US-Trägerraketen im (erstaunlicherweise metrischen) Maßstab 1:200 vorstellte (später übernahm unter anderem Hasegawa diese Maße für kleine Flugzeuge).

Der erste Star-Trek-Modellbausatz von AMT (später von Aurora neu aufgelegt) hatte anfangs keine Maßstabs-Angabe.

Andere reelle Raumfahrzeuge (Apollo, Gemini, Mercury und sogar die sowjetische Vostok) wurden in den bekannten Maßstäben 1:24 und 1:48 produziert, während einige Astronauten-Figuren als 1:12- oder 1:6-Modelle erschienen.

Nicht von dieser Welt

Wenn es um Science-Fiction und Fantasy geht, beginnt sich die Logik vollständig aufzulösen. Hier werden Modelle von Dingen gebaut, die – falls sie überhaupt existierten – selbst Modelle waren und ausnahmslos als Filmrequisite gebaut wurden. Es waren also Modelle von Modellen, deren Originale höchstwahrscheinlich keinen zugewiesenen Maßstab hatten. Sie wurden einzig für die Aufgabe gebaut, als Bild auf der Kinoleinwand oder auf dem Bildschirm zu erscheinen. In den letzten Jahren wurde es noch schwieriger, da die Originale zunehmend per CGI-Programm im Computer konstruiert und niemals »in echt« gebaut wurden (obwohl sich die Situation bei Filmen in jüngster Zeit zur Freude vieler professioneller Modellbauer wieder in Richtung »traditionelle Modelle« entwickelt – auch wenn sie gescannt und dann als CGI verwendet werden).

Wenn der SF-Entwurf erkennbare »menschliche Merkmale« wie Türen oder Fenster aufweist, kann der Maßstab in der Regel berechnet werden. Und tatsächlich wurde genau dieser Ansatz verwendet, als AMT den allerersten Star-Trek-Bausatz vorstellte: die USS Enterprise NCC-1701. AMT gab selbst keinen Maßstab an, doch der Modellbau-Historiker Andy Yanchus nahm als ehemaliger Projektmanager bei Aurora die Herausforderung an und kam durch die Fenstergrößen und andere Informationen auf den Maßstab 1:635; dieser wurde beim Aurora-Modell offiziell angegeben und gilt seither als Basis aller weiteren Star-Trek-Raumschiffe, die inzwischen von mehreren Firmen angeboten werden.

Weil die ersten Star-Trek-Schiffe als »Erde-basierte Technologie« galten, denen menschliche Attribute zugewiesen werden konnten, war die Berechnung relativ einfach. Doch bei außerirdischen Raumschiffen wird es schwieriger, auch wenn hier manche Indikatoren als Ausgangspunkte dienten. Zweifellos ist das gesamte Star-Wars-Universum außerirdisch, scheint jedoch vorwiegend von Kreaturen menschlicher Größe bevölkert zu sein (sogar Jar Jar Binks), von denen viele als Piloten von Raumschiffen arbeiten. Also konnte man wieder anhand der menschlichen Größe Maßstäbe festlegen. Selbst Raumschiffe, die viel zu groß sind, um sie in Beziehung zu menschlichen Wesen setzen zu können (z. B. die Imperialen Star Destroyer oder der Death Star) hatten Merkmale, die mit (wenn auch fiktiv) veröffentlichten Details zur Berechnung wahrscheinlicher Größenverhältnisse herangezogen werden können. Dies hat dazu geführt, dass Revell Deutschland viele seiner neueren Star-Wars-Raumschiffe mit Maßstäben versehen hat (auch wenn diese manchmal etwas willkürlich erscheinen). Dies hat tatsächlich weniger damit zu tun, Modellbauer zu erfreuen, sondern steuerliche Vorteile. Denn als »maßstabsgetreues Erklärmodell« werden Bausätze in manchen Ländern geringer belastet als reines Spielzeug ohne Maßstab.

Manchmal haben Modellbau-Firmen jedoch keine andere Wahl, als Kompromisse einzugehen. Als der offizielle Modellbausatz des Liberators aus der von der BBC produzierten SF-Serie *Blake's 7* von der Spezialfirma Comet Miniatures im Vereinigten Königreich hergestellt wurde, gab man den Maßstab 1:5 an – allerdings war dies der Maßstab des Bausatzes im Vergleich zum Studiomodell. Doch niemand hatte dessen Maßstab berechnet (einschließlich mir, der an der Serie mitwirkte), und es war noch nicht einmal bekannt, wo sich das Flugdeck befand. Also wurde der Comet-Miniatures-Bausatz mit dem Maßstab »1:5 Millispacials« angeboten – erstmals im gesamten Universum!

Wer von den ganzen Zahlen immer noch nicht genug hat, kann sich bei Wikipedia die »Liste von Modellmaßstäben« anschauen.

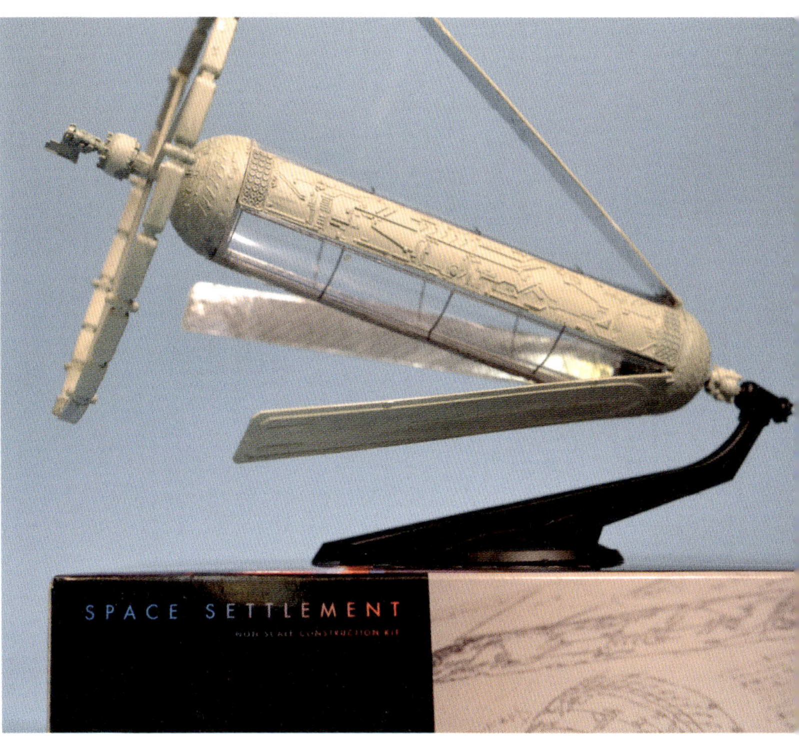

Auf der Verpackung steht keine Maßstabs-Angabe, doch das Space-Settlement-Modell von Wave hat mit ca. 1:200.000.000 (200 Millionen) wahrscheinlich den größten Maßstab aller Raumschiffe.

Der Blake's 7 Liberator von Comet Miniatures wurde im Maßstab 1:5 zur großen Spezialeffekt-Miniatur entwickelt – in welchem Maßstab diese zum »Original« steht, ist allerdings unbekannt.

Kapitel 4

Das Angebot

Irgendwann kommt immer wieder die Frage auf: »Wie viele Modellbausätze wurden bisher produziert?« Die einzige sichere Antwort darauf kann nur lauten: »Diese Frage ist praktisch nicht zu beantworten«.

Die Auster Antarctic (rechts unten) gehörte zu den ersten Airfix-Modellbausätzen. Von diesem Modell wurden verschiedene Ableger produziert.

Die bisher umfangreichste Auflistung stammt vom verstorbenen Pfarrer John Burns aus Edmond, Oklahoma, der mehrere Bände des Collecting Value Guide (CVG) publizierte, die sich mit »sammelwürdigen Bausätzen« befassen (obwohl John der Erste gewesen wäre, der gefragt hätte: »Wie definieren wir ›sammelwürdig‹?«). John verfasste auch Bücher mit dem Sammeltitel *In Plastic,* die darauf abzielten, alle jemals produzierten Bausätze aufzulisten (siehe Kapitel 11).

Der letzte von John publizierte CVG stammt aus dem Jahr 1999 und umfasst 456 eng beschriebene Seiten. Sein letztes Werk aus der »In Plastic«-Reihe über Flugzeug-Bausätze des 20. Jahrhunderts und darüber hinaus wurde 2003 veröffentlicht; darin sind insgesamt 31.858 Kits von 1359 Herstellern aufgeführt, die von 1936 bis Mitte 2002 entstanden sind – »nur« die Flugzeuge! Seitdem hat es solche Bücher nicht mehr gegeben, und John ist leider 2015 verstorben.

Dies relativiert also mehr oder weniger das gesamte Hobby. Kann man einen Modellbausatz eines bestimmten Objekts bekommen? Die Antwort lautet: »Ziemlich wahrscheinlich.« Aber natürlich muss man danach suchen. Und es gibt immer ein paar Lücken.

Man kann mit Sicherheit sagen, dass Plastik-Modellbausätze als solche in den 30er-Jahren von Frog in Großbritannien »erfunden« wurden, allerdings bald durch den Zweiten Weltkrieg etwas in Vergessenheit gerieten. Drei Jahre nach Kriegsende erschienen sie in modernisierter Form, doch tatsächlich entstand das, was als »moderner Plastik-Modellbausatz« bezeichnet werden kann, erst ab Mitte der 50er-Jahre. Zu dieser Zeit war die Anzahl maßstabsgetreuer Modellbausätze noch begrenzt, doch bald erweiterte sich das Angebot um die gängigsten Modellbau-Gebiete, darunter auch ein paar ungewöhnliche.

Heutzutage ist das Angebot riesig und es umfasst praktisch jedes infrage kommende Thema – und auch einige, die dies nicht tun. Im weitesten Sinne lässt sich die Thematik um maßstabsgerechte Modellbausätze in einige sehr allgemein gehaltene Rubriken zusammenfassen: Flugzeuge, Schiffe, Automobile, Militär (im Modellbau stets im Sinne von Landfahrzeugen verwendet, denn natürlich gibt es auch Kriegsschiffe und Militärflugzeuge), Weltraum und Science-Fiction, Eisenbahn und Figuren. Unter diesen Überschriften finden sich zahlreiche Unterabteilungen, und es gibt weitere Themen, die in keine der oben angegebenen Kategorien fallen.

Das Werk *Plastik-Flugzeug-Bausätze des 20. Jahrhunderts und darüber hinaus* aus John Burns' »In Plastic«-Reihe lässt bereits anhand seines Umfangs auf eine riesige Materialmenge schließen.

Beweglich oder unbeweglich?

Hinzu kommt, dass die meisten »maßstabsgetreuen Modellbausätze« zwar statische Gebilde sind, die sich nicht für Bewegung eignen (außer der Bausatz verfügt über drehbare Propeller und Räder oder bewegliche Klappen). Es gibt jedoch in allen Modellbau-Bereichen Abschnitte mit maßstabsgetreuen Funktionsmodellen – die Modelleisenbahn ist hier das beste Beispiel. Zwar gibt es einige Lokomotiven und Wagen, die tatsächlich als statische Ausstellungsstücke gedacht sind, doch die überwiegende Mehrheit der Loks und Wagen sind für das tatsächliche Befahren von Gleisen geeignet.

Dann gibt es noch maßstabsgetreue Schiffe, die schwimmfähig sind, U-Boote, die tauchen können, und Flugzeuge sowie Hubschrauber, die tatsächlich fliegen. Auch Raketen können – vielleicht nicht in den Weltraum – aufsteigen. Und manche maßstabsgetreue Panzer sind motorisiert und per Fernsteuerung lenkbar. Funk-Steuerung gibt es auch für zahlreiche Autos und Lastwagen, nicht zu vergessen diejenigen, die auf Autorennbahnen unterwegs sind. Es gibt sogar maßstabsgetreue Dragstrip-Racer, die Beschleunigungsrennen über eine maßstabsgerechte Viertelmeile fahren.

Welches Angebot bekomme ich?

Flugzeuge

Verkehrsflugzeuge – modern und klassisch; Militärflugzeuge: aktuell, Erster Weltkrieg, Zweiter Weltkrieg, alle Jahrzehnte dazwischen und danach; Hubschrauber alle Typen; Segelflugzeuge, Luftkissenfahrzeuge und Bodeneffektfahrzeuge. Außerdem experimentelle Flugzeuge wie die amerikanischen X-Planes, Luftschiffe, Ballons, sehr frühe historische Geräte wie der Flyer der Gebrüder Wright sowie einige Entwürfe, die nie gebaut wurden (darunter die berühmt-berüchtigte »Luftwaffe 46« – eine Kategorie, die für deutsche Kriegsflugzeuge des Zweiten Weltkriegs geschaffen wurde, über die spekuliert wurde, die gelegentlich sogar als Attrappe gebaut wurde, aber generell niemals abgehoben ist).

Schiffe

Umfasst moderne Kriegsschiffe, Schiffe aus Kriegszeiten, Hochsee-Passagierschiffe, Frachtschiffe, U-Boote, Fähren, Tragflügelboote, Forschungsschiffe, Versuchsschiffe, alte Galeonen, Segelschiffe, Yachten und sogar Ruderboote! Außerdem Modelle von Docks und Leuchttürmen.

Automobile

Hierzu gehören Serien-Autos im Neuzustand, Custom-Cars, Rennwagen (einschließlich allem aus der Formel 1, Rallyewagen, Dragster, NASCAR sowie Show-Cars und Hot Rods). Dann gibt es noch Lastwagen (mit und ohne Anhänger), kleinere Lieferwagen, Baumaschinen (Bulldozer, Bagger und Zementmischer) und Landmaschinen (Traktoren, Wagen, Mähdrescher und sogar Pflüge). Im weiteren Sinne müssen hierzu auch Motorräder (Serienmaschinen und Rennmaschinen aus allen Epochen und Hubraumklassen) gezählt werden. Außerdem werden zahlreiche Zubehör-Pakete mit Umbauteilen, Renn- und Werkstattausrüstung sowie Figuren angeboten, die sie fahren, die daran arbeiten oder einfach nur herumstehen und sie anschauen. Es gibt sogar Motoren-Modellbausätze.

Der Ferguson-Traktor war der erste Airfix-Modellbausatz.

Militär

Umfasst Panzer, Kanonen und ungepanzerte Militärfahrzeuge aller Art (Jeeps, Kübelwagen, Motorräder). Dazu zahlreiche Figuren und Zubehör in den üblichen Maßstäben und viele eigenständige Figuren in größeren Maßstäben. Für Dioramen gibt es jede Menge Zubehör, Gebäude und allgemeine Militärausrüstung.

Raumfahrt und Science-Fiction

Eine riesige Auswahl von »echten« Raketen und Raumfahrzeugen, Satelliten und Raumsonden bis hin zu Raumstationen und zukünftigen, aber durchaus möglichen Entwürfen. Dann gibt es den Science-Fiction-Bereich, der von »wissenschaftlichem« SF wie Star Trek bis hin zu »Science Fantasy« wie Doctor Who und den extremen Bereichen wie Horrorfilmen und japanischem Anime reicht. Es gibt eine Vielzahl von »Fahrzeugen« und Figuren, oft in limitierter Stückzahl.

Eisenbahn

Lokomotiven und Wagen werden in der Regel ausgesondert, da es sich in erster Linie um maßstabsgetreue Funktionsmodelle handelt. Doch es gibt von Gebäuden, Autos und Figuren bis zu Landschafts-Objekten zahlloses Zubehör für Modellbahn-Dioramen.

Figuren

Diese Kategorie ist am schwierigsten zu klassifizieren, da sie Themen aus allen vorangegangenen Rubriken enthält. Figuren können vorwiegend in Individuen (im größeren Maßstab) und Figuren-Sets für Dioramen, Modellbahn-Anlagen und Tabletop-Wargames unterteilt werden.

Puppenhäuser

Zu diesen Rubriken können auch Puppenhäuser hinzugefügt werden, die wie Eisenbahnen ein ganz eigenes Thema sind. Obwohl die meisten Teile nicht unbedingt als »maßstabsgerechte Spritzguss-Plastik-Modellbausätze« bezeichnet werden können, gibt es viele Überschneidungen. Die wichtigsten Maßstäbe für amerikanische Puppenhäuser sind 1:12 und 1:24 – und dies sind natürlich auch wichtige Modellfahrzeug-Maßstäbe. Zubehör für Puppenhäuser lässt sich oft für Fahrzeuge umfunktionieren. Puppenhaus-Modellbauer stellen auch Dinge wie Elektrik und Beleuchtung her, die ebenfalls angepasst werden können.

Die Hersteller

Die Anzahl der über die Jahre gegründeten Modellbau-Firmen ist riesig. Es gibt die großen Marken, die selbst Nicht-Modellbauer kennen, und es geht bis hin zu obskuren, kurzlebigen Marken, von denen einige nur einen einzigen Bausatz herausgebracht haben.

Ganz grob kann man Modellbausatz-Hersteller in zwei Gruppen unterteilen: Zum einen gibt es die »Mainstream-Unternehmen« wie Airfix, Revell oder Tamiya, die in ihren jeweiligen Ländern, aber auch in der ganzen Welt durchaus bekannt sind. Diese Firmen betreiben echte Fabriken mit vielen Mitarbeitern und beliefern Geschäfte in vielen Ländern. Wie bei der Gesamtzahl aller jemals produzierten Bausätze ist es etwas einfacher, die Anzahl der jemals existierenden Mainstream-Unternehmen zu schätzen – und eine sehr grobe Schätzung kommt auf etwa 1.500 Firmen.

Am anderen Ende des Spektrums befinden sich »Firmen«, die man als Hinterhof-Werkstätten bezeichnen könnte und zumeist Ein-Mann-Betriebe sind (sorry, aber es ist in der Regel ein Mann!). Hier werden Bausätze in kleinen Serien oder lediglich als Ergänzungen, Modifikationen und Zubehör für Mainstream-Kits hergestellt. Es ist wesentlich einfacher, die Einzelpersonen zu zählen, die wenigstens einen kompletten Bausatz hergestellt haben, da viele nicht vollständig waren, oft keinerlei Werbung betrieben wurde (was die Frage aufwirft, wie sie ihre Produkte überhaupt verkaufen konnten – wahrscheinlich nur an Freunde oder den örtlichen Modellbau-Club); andere stammten eventuell aus Ländern, die nie wirklich exportiert haben, sodass die Produkte innerhalb der Landesgrenzen verblieben.

Die Hinterhof-Firmen tauchten bereits in den ersten Jahren des Modellbaus auf und viele von ihnen blieben sehr lange Zeit rätselhaft und unbekannt. Doch dann setzte in den 90er-Jahren eine gewaltige Veränderung ein: die Öffnung des World Wide Web.

Das Netzwerk

Ursprünglich entstand das »Web« als eine etwas esoterisch akademische Kommunikationsmethode vor allem dank des britischen Ingenieurs und Computerwissenschaftlers Sir Tim Berners-Lee. Obwohl er immer wieder als »Erfinder des Internets« bezeichnet wird, stimmt dies

Transatlantischer Reiseverkehr: Zwei Strombecker-Bausätze – oben vom britischen Hersteller Selcol (unter Beibehaltung des »Strombecker«-Namens; unten das Original aus den USA.

Frühe Frog-Flugzeug-Bausätze – inzwischen aus Polystyrol (nicht mehr als Cellulose-Acetat).

nicht. Was er getan hat, war viel wichtiger: Er brachte das World Wide Web dank der Erfindung des Hyperlinks zum Funktionieren. Heutzutage ist es unvorstellbar, eine Website zu sehen, auf der steht: »Hier ist eine Liste von Modellbau-Unternehmen ...« ohne den Zusatz: »Link anklicken, um zu den einzelnen Websites zu gelangen«: Es ist das <http://> – das »Hypertext Transfer Protocol« (Hypertext-Übertragungsprotokoll) – ironischerweise heutzutage in den URLs von Websites fast völlig versteckt, das das Web funktionieren lässt.

Dies führte dazu, dass nicht nur große Modellbau-Unternehmen ihre Webauftritte hatten, die weltweit aufrufbar waren, sondern auch kleine Firmen und Einzelpersonen konnten diesen Vorteil nutzen. Folglich konnte jetzt jeder Hersteller, egal wie groß, einfach seine Produkte bewerben, Online-Kataloge veröffentlichen (so sehr, dass viele Papier-Kataloge inzwischen eingestellt wurden) und neue Modelle direkt ankündigen. Zu Beginn der Modellbausatz-Industrie hätten viele Hersteller hiervon nicht einmal geträumt.

Werkzeug-Wechsel

Wie die gesamte Wirtschaft sind auch Modellbau-Firmen heutzutage nicht gegen Veränderungen immun. Viele Hersteller, von denen man dachte, es würde sie »für immer« geben, wurden von anderen Modellbau-Unternehmen übernommen – oder auch von Holdings, die sie nur mit dem Ziel aufkauften, sie zu »sanieren« und weiterzuverkaufen.

Durch die Fusion verschiedener Modellbau-Firmen konnten die Spritzguss-Werkzeuge vermischt werden. Ein Bausatz, der ursprünglich von Hersteller A herausgegeben wurde, kann unter dem Logo der Firma B auftauchen, obwohl es sich um exakt das gleiche Kit handelt. Oder die Werkzeuge wurden geleast, normalerweise von einem Land an ein anderes, sodass Bausätze unter verschiedenen Namen erscheinen – selbst wenn sie unter dem alten Markennamen in ihrem Ursprungsland weiterhin erhältlich sind. Manche mögen denken, dies sei ein jüngeres Phänomen, doch tatsächlich reicht es bis in die Frühzeit der Industrie zurück. Bereits in den frühen 50er-Jahren wurde der erste Airfix-Bausatz – der Ferguson-Traktor – in den USA von der Thomas Toy Company aus New York neu aufgelegt (vermutlich, weil die ursprünglich britische Marke Ferguson in Amerika sehr bekannt war). Der Bausatz bekam eine neue Verpackung und der Name Airfix tauchte nur noch im Kleingedruckten auf.

In umgekehrter Richtung wurden die futuristischen Raumschiffe aus der Strombecker-Serie für den britischen Markt von Selcol neu aufgelegt. Streng genommen war Selcol kein Modellbau-Hersteller, sondern ein Spritzguss-Unternehmen für Kunststoffprodukte aller Art. Hier wurden die Bausatz-Spritzguss-Formen einfach gegen Formen der Maschine getauscht, die vom Haarkamm, einer Flasche oder einer Abwaschschüssel alles Mögliche produzieren konnten. Dies war jedoch genau die Art und Weise, mit der inzwischen etablierte Modellbau-Unternehmen wie Airfix, Glencoe oder Jo-Han begonnen hatten.

In den 60er- und 70er-Jahren gab es viele dieser Atlantik-Überquerungen. So führte die Model Products Company (MPC) Airfix-Bausätze im amerikanischen Markt ein und im Gegenzug produzierte Airfix MPC-Kits für den britischen Markt. AMT und Frog hatten ähnliche Vereinbarungen.

Der Handel war nicht nur angloamerikanisch – AMT handelte auch mit Hasegawa in Japan um US-japanische Bausatz-Austauschgeschäfte, genauso Monogram mit Bandai. In den frühen Jahren hatte Frog eine zweiseitige Vereinbarung mit Renwal in den USA und gab deren Bausätze in Großbritannien unter dem Namen »Frog De Luxe« heraus.

Revell hatte sogar echte Auslands-Abteilungen. Zuerst gab es Revell Canada, gefolgt von Revell-GB und Revell-Westdeutschland. Das US-Unternehmen hatte auch Verbindungen zu Firmen in anderen Ländern: Lodela in Mexiko, Kikoler in Brasilien, Luis Congost in Spanien, Lincoln Industries in Neuseeland und Australien sowie mit Takara, Marusan und Gunze Sangyo in Japan. Insgesamt machte dies Revell zum bekanntesten und vielfältigsten Modellbau-Hersteller, der sowohl über die meisten Spritzguss-Werkeuge als auch Firmennamen verfügt.

Transatlantische Bewegungen

Auch wenn Bausätze mit anderen Marken getauscht wurden oder einige Hersteller verschwanden, blieb der Markt bis in die

In britisch-japanischer Zusammenarbeit wurde die ursprünglich von Frog produzierte Westland Wallace auch von Hasegawa vertrieben.

Die ursprünglich in den USA von Renwal gebaute Nike-Ajax-Rakete wurde in Großbritannien unter dem Namen »Frog De Luxe« herausgebracht.

Die ursprüngliche Monogram-Fabrik in Morton Grove, Illinois trägt heute den Firmennamen Revell-Monogram.

60er-Jahre insgesamt stabil. Ab den 70er-Jahren und vor allem aufgrund der Ölkrise von 1973 begann sich das Blatt zu wenden und es kam zu größeren Veränderungen. Die Zeiten, in denen sich Modellbau-Firmen selbst gehörten (Revell war im Besitz von Revell Inc., Airfix gehörte Airfix Ltd. und AMT zur AMT Corporation) waren gezählt.

Airfix wurde vom US-Mischkonzern American General Mills übernommen, dem außerdem Lebensmittelunternehmen wie Betty Crocker und Cheerios gehörten, der aber auch ein Produkt erfand, an dem bestimmt jeder schon einmal mit Freude gezogen hat: den Abreißstreifen von Kartons. Airfix selbst hatte bereits in den 60er-Jahren mit MPC zusammengearbeitet.

Revell ging auf der anderen Seite des Atlantiks interessanterweise den umgekehrten Weg, als man in den 80er-Jahren von der französischen Firma Jouef übernommen wurde und auf den Bausätzen neben dem Revell-Schriftzug das Logo von CEJI erschien. Revell USA blieb in Venice (Kalifornien) geöffnet, aber Jouef hatte die Möglichkeit, den europäischen Hauptsitz entweder bei Revell GB (bereits 1958 gegründet) oder bei Revell Deutschland (ein Jahr später gegründet) einzurichten. Am Ende entschied man sich für den Standort im ostwestfälischen Bünde, sodass Revell GB von Revell Deutschland übernommen wurde. Revell USA blieb weitgehend selbstständig.

Ausgerechnet AMT zog es ebenfalls über den großen Teich, da Lesney (als Eigentümer von Matchbox) das Unternehmen übernahm. Lesney gründete seine eigene Matchbox-Bausatz-Marke, sodass beide Markennamen einige Zeit kombiniert wurden.

Die Lesney-Version eines AMT-Bausatzes für den US-Markt (oben) trägt sowohl den britischen Markennamen Matchbox als auch AMT; beim reinen US-Modell von AMT fehlt nicht nur der Matchbox-Schriftzug, sondern sogar der Name des »Original«-Herstellers Ford.

Unten: AMT-Bausätze für Europa wurden sowohl von Heller (links) in Frankreich als auch Frog (rechts) in Großbritannien angeboten.

Auf der Airfix-Ausgabe eines PMC-Bausatzes sind beide Marken genannt.

1986 wurde Revell erneut verkauft, diesmal zurück in die USA an die Holding-Gesellschaft Odyssey Partners, die bereits den Haupt-Konkurrenten Monogram übernommen hatten. Revells Hauptsitz in Venice bei Los Angeles wurde nach Moton Grove bei Chicago verlegt – dem Hauptsitz von Monogram. Dies widerspricht in gewisser Weise der allgemeinen Vermutung, wonach Revell Monogram übernommen hätte. Umgekehrt war es jedoch auch nicht, weil beide einfach nur zu einem Unternehmen zusammengeschlossen wurden – zu Revell-Monogram (R-M oder auch RMX genannt). Nur weil Revell größer und bekannter war, wurde deren Name nach vorn gesetzt.

Monogram hatte zuvor den größten Teil der Aurora-Spritzguss-Werkzeuge erworben, nachdem diese Firma 1977 geschlossen worden war. Revell besaß dagegen die Werkzeuge von der 1979 abgewickelten Firma Renwal – und somit waren vier wichtige US-Modellbau-Firmen unter einem Dach versammelt.

Ein ungewöhnliches Heller-Modell: der Non-Stopp Ballon »Breitling-Orbiter«.

Das Haus der *Addams Family* war das erste Modell von Polar Lights.

Weitere Veränderungen

Inzwischen war Airfix UK von Humbrol übernommen worden (die selbst zu Borden in den USA gehörten, welche lange Zeit auch Eigentümer des Werkzeugbauers X-Acto waren). Humbrol hatte auch den größten französischen Rivalen Heller geschluckt. Borden verkaufte seine Beteiligung 1995 an die in Dublin ansässige Holding-Gesellschaft Alan & McGuire and Partners, die Heller wieder als eigenständiges Unternehmen aufstellten, Airfix und Humbrol jedoch nicht trennten.

Mit Beginn des neuen Jahrtausends änderten sich die Dinge erneut. Airfix und Humbrol standen zum Verkauf und wurden schließlich von der vor allem für ihre Modelleisenbahn-Produkte bekannte Firma Hornby übernommen. Hornby kaufte später auch Scalextric und Corgi, was zu einem weit gefächerten Modellbau-Angebot führte – Züge, Modellbau, Autorennbahnen, Druckgussmodelle und sogar Lacke. Was Hornby seltsamerweise nicht von Airfix übernommen hatte, war das gesamte Modellbahn-Material, denn dies war bereits Jahre zuvor an das kleine britische Unternehmen Dapol verkauft worden.

Auch in den USA gingen die Firmenübernahmen weiter. AMT wurde von der Ertl-Corporation in die Staaten zurückgeholt. Zuvor hatte man MPC von General Mills gekauft und auch die italienische Firma ESCI übernommen. Der wichtigste US-Modellfarbenhersteller Testors hatte mit Hawk eine der ursprünglichen US-Firmen sowie kleinere amerikanische Hersteller wie IMC übernommen. Testors selbst befand sich im Besitz der größeren RPM-Company, der auch die CraftHouse Corporation gehörte. Diese wiederum erwarb ein weiteres amerikanisches Traditionsunternehmen namens Lindberg, das bereits in den 30er-Jahren als O-Lin gegründet worden war. Lindberg selbst hatte weitere

Bei Glencoe Models begann man mit Neuauflagen alter Bausätze, doch den Albatros entwickelte man selbst.

US-Modellbauer wie Pyro und Life-Like unter sein Dach gebracht.

Ertl wurde dann selbst von Racing Champions übernommen, die sich hauptsächlich mit Druckguss beschäftigten und später als Hersteller für funkferngesteuerte Modelle (RC-2 genannt) wiederbelebt wurden. Inzwischen wurde 1994 ein neues Unternehmen gegründet, das zunächst Playing Mantis hieß und hauptsächlich Druckguss-Modelle herstellte. 1996 wurde unter dem Namen Polar Lights (eine Anspielung auf den alten Namen Aurora) eine Modellbau-Reihe gegründet, um alte Aurora-Bausätze neu aufzulegen (der erste war das Haus der Addams Family).

Playing Mantis wurde 2005 in Round-2 Corporation umbenannt und übernahm drei Jahre später AMT und MPC von RC-2 sowie im Jahre 2013 Lindberg und Hawk von der Firma J. Lloyd, die sie von CraftHouse gekauft hatte.

Im Laufe der Zeit begannen einige amerikanische Unternehmen damit, Produkte aus Übersee zu importieren und umzupacken. Eines davon war Entex, wo einige Bandai-Bausätze neu verpackt wurden; ein anderes war Paramount, die mit japanischen SF- und Fantasy-Modellen handelten; ein drittes war Minicraft – die einzige überlebende Firma, wo es eine lange Zusammenarbeit mit Academy in Südkorea gab, wo aber inzwischen eigene Bausätze produziert werden.

Neuanfänge

Um die Jahrtausendwende herum sind in den USA vier neue Modellbausatz-Marken entstanden. 1994 wurde Glencoe Models gegründet, wo seitdem erfolgreich neue Bausätze mit alten Spritzguss-Formen hergestellt werden. Atlantis Models war ursprünglich nur eine Marke von Megahobby und wurde 2009 zur selbstständigen Firma. Moebius Models begann 2008 und baute mit diesem Namen wie andere auf dem alten Aurora-Erbe auf, während Pegasus Hobbies bereits Mitte der 90er-Jahre gegründet wurde und kürzlich Moebius übernahm, deren Name aber beließ.

Die größte Änderung – und auch größte Überraschung – der jüngsten Zeit war die Übernahme von Revell-Monogram durch den Modellbau-Handelsgiganten Hobbico im Jahre 2007 (und weiter die Übernahme von Revell Deutschland fünf Jahre später). Allerdings ging Hobbico Anfang 2018 pleite und bald kaufte die deutsche Beteiligungsgesellschaft Quantum sowohl Revell Deutschland als auch die Vermögenswerte der amerikanischen Seite, wodurch der Name Revell bestehen blieb, die US-Organisation jedoch reduziert wurde; ein Großteil der amerikanischen Werkzeuge wurde an Atlantis Models verkauft.

Pegasus Hobbies stellte sein Luna-Raumschiff (aus dem Film *Endstation Mond*) in zwei Maßstäben vor. Anders als die meisten Modellbausätze sind diese aus ABS-Kunststoff gefertigt.

Links: Moebius Models brachte eine eigene Version des Frankenstein-Monsters heraus.

Atlantis Models spezialisierte sich auf fliegende Untertassen.

Italeri ist heute der wichtigste Modellbau-Produzent Italiens – der Militär-Land-Rover stammt jedoch ursprünglich von ESCI.

Rechts oben: Eine Fieseler Storch vom berühmtesten japanischen Hersteller Tamiya.

Internationale Anbieter

Obwohl der Markt für Modellbausätze stets als angloamerikanische Angelegenheit betrachtet wurde und die Mehrheit der frühen Bausätze tatsächlich aus dem Vereinigten Königreich und den USA stammte, gab es auch in anderen Ländern Modellbau-Firmen. Die Gebrüder Faller in Güntenbach im Schwarzwald begannen 1946 tatsächlich mit Modellbausätzen und Zubehör für Modelleisenbahnen, wo man heute Weltmarktführer ist, doch am Anfang wurde auch eine respektable Sammlung von Modellflugzeug-Bausätzen angeboten.

Frankreichs wichtigster (und wohl auch einziger) Bausatz-Hersteller Heller begann 1957 und konnte sich mit einigen Höhen und Tiefen bis in die heutige Zeit am Markt halten. Weil Heller lange mit Airfix zusammenarbeitete, gab es einige Kits, die den Bausätzen der Briten ähnelten.

Auch die italienische Firma Italeri existiert noch. Seit die Firma in den frühen 60er-Jahren zwei Namensänderungen durchlaufen hat – anfangs hieß es Artiplast, bald Italereri, doch später etwas leichter aussprechbar Italeri. Seit 1962 werden in Bologna neue Bausätze produziert, manchmal in Zusammenarbeit mit Revell Deutschland. Italeri übernahm die einheimischen Konkurrenten ESCI (von Ertl) und Protar. In den USA arbeitet man mit Testors zusammen.

Außerhalb der USA und Europas

Während es auf dem amerikanische und europäischen Modellbau-Markt ein stetiges Auf und Ab sowie Hin und Her gab, blieb in Japan, dem einzigen anderen Land, in dem seit langem Modellbausätze produziert werden, alles weitgehend unverändert. Dies lag vor allem daran, dass japanische Unternehmen bis heute weitgehend in Familienbesitz sind und Krisen mehr oder weniger unversehrt überstanden.

Viele der bekannten japanischen Modellbau-Firmen – darunter Tamiya, Hasegawa

Eine Lockheed P-3 Orion in 1:72 von Hasegawa.

Ein Fiat 500 in 1:24 von Fujimi.

und Fujimi – begannen auf bemerkenswert ähnliche Weisen in den 40er-Jahren mit Holz als Hauptmaterial. Die 1946 von Yoshio Tamiya gegründete Firma war anfangs tatsächlich eine Sägemühle.

Der erste Bausatz von Tamiya war 1948 ein Schiffsmodell aus Holz und zunächst nur ein Nebengeschäft, doch innerhalb von fünf Jahren wurden die Modelle zum Haupt-Geschäftszweig und das Sägewerk wurde geschlossen.
Der Plastik-Modellbau begann 1960. Fujimi begann fast genauso wie Tamiya 1948 mit Schiffsmodellen aus Holz und stieg 1961 auf Kunststoff um.

Hasegawa begann bereits 1941 mit Erklärmodellen aus Holz und stellte ebenfalls Anfang der 60er-Jahre auf Kunststoffmodelle um.

Der Toyota HiAce H200 in 1:24 stammt von Aoshima – einem der ältesten Modellbausatz-Unternehmen der Welt.

Zoukei-Mura ist ein relativ junger japanischer Bausatz-Hersteller. Hier seine hochgradig detaillierte Kyushu J7W Shinden im Maßstab 1:32.

Die ersten Modelle waren Segelflugzeuge, die zum 50. Firmenjubiläum neu aufgelegt wurden. Eine eher unbekannte Firma namens Aoshima (vollständiger Name: Aoshima Bunka Kyozai) begann sogar schon 1924 mit der Herstellung von Modellflugzeugen aus Holz – und ging ebenfalls in den frühen 60er Jahren zu Kunststoff über. Der erste Bausatz war das britische Rekord-Motorboot Blue Bird.

Interessanterweise sind alle vier wichtigen Modellbau-Firmen in Shizuoka am Fuße des Fuji beheimatet, was die nicht weit von Tokio entfernte Großstadt zu einer Art »Detroit des japanischen Modellbaus« macht.

Japanische Bausätze wurden anfangs eher als »spielzeugähnliche Objekte« betrachtet und tatsächlich waren viele von ihnen anfangs motorisiert – vielleicht, weil man sich nicht vorstellen konnte, dass es Modelle ohne Spielwert geben könne. Schlimmstenfalls wurden sie als billige Plagiate westlicher Modelle betrachtet. All dies änderte sich, als deutlich wurde, dass die japanische Fertigungsindustrie sehr gut darin war, ein »Produkt aus dem Westen« kritisch zu betrachten und es dann besser zu machen. Und genau dies geschah in der gesamten Produktionspalette. Man muss sich nur die Qualität eines Tamiya-Bausatzes anschauen, um zu sehen, dass dies auch auf die Modellbau-Industrie zutraf.

Andere japanische Hersteller haben ein deutlich weiteres Spektrum an »Spielzeugprodukten« abgesteckt. Am bekanntesten ist

Fine Molds bietet eine riesige Auswahl – darunter sogar Modelle der Maschine, die Bausätze herstellt!

Das japanische Anime-Phänomen drückt sich in tausenden Bausätzen aus. Hier ist nur eine kleine Auswahl gezeigt.

wahrscheinlich Bandai, wo im Laufe der Jahre neben Standard-Spielzeugen eine ganze Reihe von Modellbausätzen zu allen möglichen Themen entstanden. In jüngster Zeit kamen weitere kleinere Modellbau-Firmen wie Wave, Fine Molds, Zoukei Mura und Platz mit äußerst hochwertigen Modellen auf den Markt.

Obwohl sich die japanische Modellbau-Industrie wie der Rest der Welt mit Flugzeugen, Schiffen und Autos beschäftigt, wich sie mit zwei Japan-spezifischen Themen ab. Zuerst waren dies japanische Tempel, was trotz einer vergleichsweise geringen Anzahl von Modellen bedeutsam und faszinierend war, da es im Westen nichts Vergleichbares gab. Zweitens gab es Modelle von Animes – diesmal in riesigem Umfang. Zunächst ist dies lediglich eine Abkürzung des Wortes »Animation«, was sich auf jedes Land beziehen könnte, heute jedoch ausschließlich ein Privileg japanischer Kreationen darstellt. Alles begann mit einer Vorliebe für »Film-Monster«, insbesondere natürlich japanische Monster wie Godzilla. Dann weitete sich das Interesse auf das Phänomen japanischer Roboter aus, von denen es unzählige gibt, die wiederum einer Fülle von Modellen als Vorbild dienen. Alleine in den frühen 70er-Jahren waren an den Bausätzen einer einzigen Anime-Serie – nämlich Macross – weit über 200 Firmen beteiligt!

Wir leben in interessanten Zeiten

In jüngster Zeit kam es mit dem Aufstieg chinesischer Hersteller zu einer großen – vielleicht der größten – Veränderung in der Modellbau-Welt. Obwohl dies für die gesamte chinesische Industrie gilt, begann der Modellbau

Hobby-Boss ist nur einer der jüngeren chinesischen Modellbausatz-Hersteller.

in Hongkong noch unter britischer Führung bereits in den 50er- und 60er-Jahren, weil westliche Modellbau-Firmen in der Kronkolonie ihre Produkte billiger herstellen konnten als in der Heimat. Lincoln gehörte zu jenen »britischen« Modellbau-Marken, deren Bausätze allerdings »Made in Hongkong« waren.

In China hatte man dies erkannt und startete mit zahllosen längst vergessenen Namen eine eigene Modellbau-Industrie. Anfänglich ähnelten die Produkte frühen japanischen Bausätzen – und zwar dahingehend, dass sie nicht besonders gut gefertigt, sehr vereinfacht und zumeist motorisiert waren sowie vor allem esoterisch-chinesische Themen behandelten. Doch wie Japaner lernten auch Chinesen dazu – vor allem, als sie 1997 Hongkong zurückerhielten (es aber weiterhin als »separates Land« führten). China näherte sich dem Westen, indem es Produkte – sehr viele Produkte – billiger herstellte. Der Westen nahm ein Angebot an, das er zu diesem Zeitpunkt nicht ablehnen konnte, und verlagerte einen Großteil seiner Industrieproduktion nach China – im Bereich Modellbau sowohl die Spritzguss-Formen als auch die Bausätze. Alles, was die westlichen Unternehmen dann noch machen mussten, war die fertig verpackten Bausätze zu importieren und sie zu verkaufen.

Die Produkte von CMK aus der Tschechischen Republik werden heute unter der Marke Special Hobby angeboten.

Auch China lernte hieraus und begann Modelle in einem deutlich höheren Standard und mit weltweit verbreiteten Themen herzustellen. Viele ursprüngliche Namen verschwanden in der Versenkung (erinnert sich noch jemand an Zhendefu?), dafür gerieten in den letzten Jahren Namen wie Trumpeter, Great Wall und Hobby Boss in den Vordergrund. Die Produkte waren vorwiegend militärischer Natur – vor allem Landfahrzeuge, aber auch Flugzeuge und Kriegsschiffe. Das Angebot ist weltweit, beinhaltet aber viele chinesische Fahrzeuge, die sonst nirgends zu bekommen sind. Trumpeter nahm gelegentlich seltsame Wendungen und führte Themen, die man chinesischen Unternehmen nicht zutraute – beispielsweise amerikanische Autos der 60er-Jahre. Andere chinesische Firmen arbeiten vorwiegend in Hongkong, darunger Dragon, Meng und Bronco.

Wie in Japan und China begann man auch in Südkorea zunächst mit dem Kopieren westlicher Bausätze, um sie als eigene Produkte herauszubringen. Aber auch hier ging man bald dazu über, eigene Modelle in sehr hoher Qualität zu produzieren. Die älteste Firma des Landes war Academy und inzwischen fertigen weitere Unternehmen (darunter die Ace-Company) sehr hochwertige Bausätze.

In jüngster Zeit konnte ein Wachstum von Modellbau-Firmen aus ehemaligen Sowjetrepubliken festgestellt werden. Auch aus Russland selbst stammen Firmen wie Ogonjek oder STC Start, und obwohl deren Bausätze einen gewissen Charme aufweisen, kommen sie nicht mit der hohen Qualität westlicher oder japanischer Bausätze mit. Inzwischen gibt es in Russland jedoch Zvezda und Eastern Express sowie interessanterweise weit mehr Hersteller in der Ukraine, darunter ICM, Condor, Master Box, Roden und Mini Art. Viele ihrer Produkte sind Militärfahrzeuge, Flugzeuge und Schiffe, doch ICM stellt auch frühe amerikanische Autos wie Fords T-Modell oder deutsche Wagen der 50er-Jahre, viele davon sowohl in 1:35 als auch 1:24, her. Master Box hat mit Figuren und Dioramen in den gleichen Maßstäben ebenfalls einen anderen Ansatz.

Hinterhof-Betriebe

Zwischen Mainstream (die Revells, Airfix' und Tamiyas der Welt) und Hinterhof-Betrieben gibt es gewisse Überschneidungen. Viele

Früher ein wichtiger Zubehör-Hersteller, heute ein Anbieter kompletter Modellbausätze: Eduard aus Tschechien.

Unten: Entex legt viele japanische Bausätze für den US-Markt wieder auf. Der Guppy stammte ursprünglich von Otaki.

Ganz unten: Minicraft hat einige sehr spezielle Bausätze auf den Markt gebracht – darunter auch Noahs Arche.

Firmen begannen in der Tschechoslowakei bzw. Tschechien mit einfachen Produktionsmethoden (siehe Kapitel 10), manche wechselten zum Polystyrol-Spritzguss oder Gießharz-Modellen mit Komponenten aus Weißblech oder Fotoätzteilen. Ein Unternehmen sticht hier hervor: MPM (heute bekannt unter Special Hobby) hatte verschiedene Unterabteilungen.

Ein weiterer großer Name ist Eduard, die mit Zubehörteilen für bekannte Bausätze begannen, inzwischen aber eigene Spritzguss-Bausätze fertigen – viele in Zusammenarbeit mit anderen Unternehmen.

Ebenfalls erwähnt werden sollte Verlinden aus Belgien, wo man sich seit vielen Jahren auf 1:35-Militärfiguren und Zubehör spezialisiert hat, aber auch in anderen Maßstäben produziert. Die von Francois Verlinden geleitete Firma war eines der ersten Unternehmen, das seine eigenen Bücher über Modellbau veröffentlichte, in denen detailliert beschrieben ist, wie Bausätze perfektioniert werden können. Leider schloss Verlinden 2016 seine Tore.

Selbst Länder, die früher niemals mit Modellbau in Verbindung gebracht wurden, sind inzwischen dabei. In Australien gab zwar schon früher vorsichtige Verbindungen mit Modellbau-Firmen aus anderen Ländern, aber heute fertigt das in einem Vorort von Sydney beheimatete Unternehmen Horizon Models amerikanische Trägerraketen im Maßstab 1:72. Kanada, von wo ursprünglich Firmen wie Revell und Aurora stammten, beheimatet heute Hobbycraft, wo anfangs Produkte anderer Hersteller neu aufgelegt wurden, inzwischen aber auch eigene Modellbausätze entstehen.

Die Antwort auf die Frage: »Gibt es hiervon ein Modell?« muss also mit »wahrscheinlich« beantwortet werden. Suchen muss man allerdings selbst.

Kapitel 5

Werkzeug, Klebstoff und ein Arbeitsplatz

Solange der Modellbausatz nicht bereits mehrfarbig gegossen, zusammensteckbar und mit Aufklebern zu verzieren ist, werden einige Werkzeuge, Kleber und Farbe benötigt, um es zusammenzusetzen. Außerdem wird ein geeigneter Arbeitsplatz benötigt (das gilt selbst für eingefärbte Zusammensteck-Modelle). Die Auswahl des Arbeitsplatzes hängt natürlich von den Umständen und Vorlieben ab.

Eine Werkbank, die viele Jahre zuvor als Schreibtisch zur Welt kam, steht vor einem Fenster, um natürliches Licht zu nutzen. Die Fensterbank kann als Ablage genutzt werden.

Wo wird gearbeitet?

Der Arbeitsplatz von Modellbauern reicht von der professionell eingerichteten Werkstatt in einem speziell eingerichteten Bereich des Hauses bis hin zu einem Brett auf dem Küchentisch, das bei Mahlzeiten auf dem Schrank verstaut werden muss.

Spezielle Modellbau-Bereiche können im Gästezimmer, auf dem Dachboden, im Keller, der Garage oder sogar – wie heutzutage oft – in einem an eine Werkhalle erinnernden Gebäude im Garten (auch als »Schuppen« bekannt) sein.

Weil das Homeoffice spätestens durch Corona zu einem weltweiten Phänomen und dadurch ein entsprechender Arbeitsplatz erforderlich wurde, kann dieser vielleicht auch durch eine Modellbau-Ecke ergänzt oder gar erweitert werden. Für den Modellbauer kann eine Werkbank neben dem Computer, dem Scanner und dem Drucker sehr praktisch sein, um zwischendurch Recherchen zu erledigen.

Es würde den Rahmen dieses Buchs sprengen, den Bau eines solchen Bereichs detailliert zu beschreiben, und vieles kann auch von der Größe des Modells abhängen. Mit Flugzeugmodellen im Maßstab 1:72 oder Autos in 1:24 hat man es wahrscheinlich etwas einfacher als mit einem 90 Zentimeter langen Segelschiff, einem 1,2 Meter langen Flugzeugträger oder einem 1,5 Meter langen U-Boot.

Der Haupt-Arbeitsplatz muss wahrscheinlich nicht breiter als ein Meter und geringfügig tiefer sein. Falls er transportabel sein soll, kann er aus Tischlerplatte, MDF oder Sperrholz gebaut werden. Wahrscheinlich muss die Oberfläche versiegelt oder mit Laminat beschichtet werden, um Verzug zu vermeiden. Oder man kauft sich einfach eine fertige Arbeitsplatte im Baumarkt. Ein umlaufender Bord kann (vor allem an kleinen Platten) verhindern, dass Kleinteile herunterrollen. Falls die Platte viel bewegt werden muss, um vor den neugierigsten Familienmitgliedern (Kleinkinder, aber auch Katzen, die sich vor allem für trocknende Farben interessieren) zu schützen, können Griffe oder sogar eine Abdeckung nützlich sein.

Eine Lampe mit Lupe ist hilfreich bei Detailarbeiten.

Die Arbeitsfläche

Angenommen, man hat einen dauerhaften oder auch nur temporären Arbeitsplatz gefunden, hat die Arbeitsfläche oberste Priorität. Für die Grundstruktur kann ein spezieller Arbeitstisch gekauft werden, aber ein gebrauchter Tisch vom Sperrmüll oder Flohmarkt tut es auch. Direkt auf einem Holztisch zu arbeiten, ist nicht ideal, da vor allem Schnitte rasch ihre Spuren hinterlassen. Besser ist die Verwendung einer Schneidematte, die es in vielen Größen gibt. Hier kann die Klinge problemlos eindringen und ihre Oberfläche ist bis zu einem gewissen Grad »selbstheilend«. Alternativ kann auch feste Pappe verwendet werden, die es im Geschäft für Künstlerbedarf gibt.

Beleuchtung

Ein sehr wichtiger Punkt ist ausreichendes Licht. Falls auf einer provisorischen Tafel gearbeitet werden muss, sollte diese auf einem Tisch in der Nähe eines Fensters oder einer hellen Lampe aufgestellt werden. Falls ein eigener Arbeitsraum mit Fenster vorhanden ist, gehört die Werkbank direkt darunter. Wo keine Fenster in der Nähe sind, müssen Lichtquellen angebracht werden (die sowieso benötigt werden, wenn es draußen dunkel wird).

Leuchtstoffröhren

Was eine »gute Lichtquelle« ist, hängt vor allem

von den eigenen Bedürfnissen ab. Werkstätten sind (oder waren zumindest früher) vor allem mit Leuchtstoffröhren ausgerüstet, die in verschiedenen »Temperaturen« gekauft werden können. Das Spektrum reicht vom warmen Kerzenlicht mit hohem Rot-Anteil bis zum kalten grellen Tageslicht mit erhöhten Blau-Anteilen.

LED-Lampen

Die heute immer mehr verbreiteten »Licht emittierenden Dioden« können alle Farbtemperaturen abdecken und lassen sich oft sogar per Fernbedienung entsprechend einstellen. LEDs gibt es in allen Formen, Größen und Leuchtstärken. Sie werden warm, aber nicht wirklich heiß, und sie halten ziemlich lange. Auch wenn LED-Leuchten noch relativ teuer sind, lohnt es sich, traditionelle Glühlampen damit zu ersetzen, da sie die Kosten durch den deutlich verringerten Stromverbrauch rasch wieder einsparen.

Speziallampen

Für Feinarbeiten aller Art sind spezielle Arbeitsleuchten erhältlich, bei denen eine Lupe von einer runden Leuchte umgeben ist – dies kann heute entweder eine Leuchtstoffröhre oder ein LED-Kranz sein.

Ausschneiden und säubern

Die Werkzeug-Palette reicht von sehr einfachen bis zu hochentwickelten (und ausnahmslos teuren) Geräten für sehr spezielle Aufgaben. Für jeden »Standard«-Modellbausatz (soweit man dieses Wort verwenden darf) müssen zumindest Werkzeuge zum Schneiden und Säubern beschafft werden, damit die Teile aus den Gießästen befreit und für den Zusammenbau vorbereitet werden können. Wir ignorieren hier die »dritte Möglichkeit«, nämlich die Teile aus dem Gießast herauszudrehen, da dies a) hässliche Kanten hinterlässt, b) die Teile wahrscheinlich brechen lässt und c) beides! Die Einzelteile lassen sich mit einer Schere abschneiden oder absägen.

Für das Abschneiden der Teile gibt es spezielle »Modellbau-Scheren«, doch eine alte Nagelschere oder ein Seitenschneider erledigt die Aufgabe genauso gut (obwohl Erstere vielleicht zu filigran und Letztere zu groß für Kleinteile ist).

Für das Sägen von Teilen gibt es spezielle Mini-Sägen, die sich speziell für heikle Modellbau-Arbeiten eignen. Diese sind besonders nützlich, wenn dünne Teile durch den Einsatz der Schere brechen können. Wie auch immer

Werkzeuge für den Modellbau: Feilen, Scheren, Sägen, Bohrer, Klingen und Pinzetten.

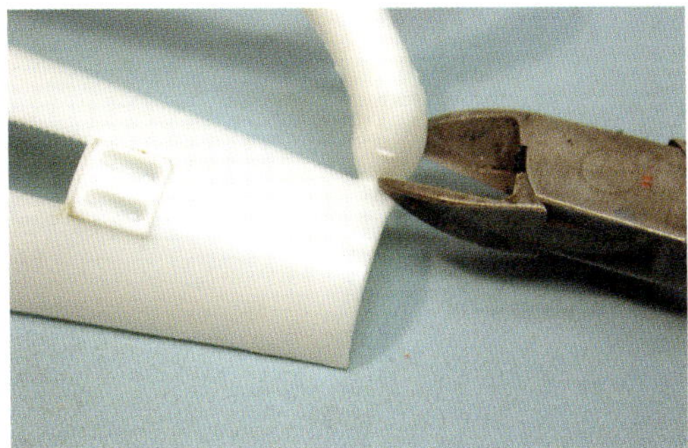

Ein kleiner Seitenschneider eignet sich zum Säubern von Teilen.

das Teil vom Gießast entfernt wird, bleibt immer eine leichte Kante am Einguss – der Verbindung vom Gießast zur Kavität, in die das Plastik eingegossen wird. Hier kann ein Modellbau-Messer oder Skalpell vorsichtig eingesetzt werden.

Messer und Klingen

Die meisten Modellbau-Firmen stellen ihre eigenen Modellbau-Messer her, doch im Handel sind auch viele Standardmesser und Skalpelle erhältlich. Viele gibt es in mehreren Größen und mit verschiedenen Klingen für spezielle Aufgaben. Dies gilt vor allem für Skalpelle, die sich von ihren medizinischen Kollegen lediglich darin unterscheiden, dass sie als »unsteril« gelistet werden. Sie mögen nicht steril sein, aber ihre Klingen sind genauso scharf – sehr scharf! Wenn Skalpell-Klingen stumpf werden oder abbrechen (was regelmäßig passiert), müssen sie vorsichtig aus dem Griff befreit und in einem speziellen Behälter entsorgt werden.

Auch größere Messer können nützlich sein, vor allem sogenannte Cutter oder Teppichmesser mit auswechselbaren Klingen, mit denen größere Gießäste geschnitten, Teile entgratet und sogar Kartons geöffnet werden können.

Zum Schneiden von Decal-Bögen wird eine Schere benötigt, bei der die Schneideblätter exakt ausgerichtet sind, damit die wertvollen einzelnen Decals beim Auseinanderschneiden nicht beschädigt werden.

Feilen und schmirgeln

Feilen

Für den Modellbau und ähnliche Arbeiten gibt es kleine Feilen in verschiedenen Größen – entweder einzeln oder im Set. Es gibt sie in unterschiedlichen Formen – von der traditionellen Flachfeile über halbrunde, runde, quadratische und dreieckige Ausführungen. Die kleinsten – und normalerweise in Sets verkauften – Feilen werden gewöhnlich als Nadelfeilen bezeichnet, und mindestens ein solcher Satz sollte bei jedem Modellbauer auf der Werkbank liegen.

Auch größere Feilen bis hin zu Standardgrößen können im Modellbau Verwendung finden. Besonders gut eignen sie sich für die Eingüsse von Gießharz-Kits (die deutlich größer sind als die bei Polystyrol) oder zum Anpassen zusammengehöriger Oberflächen (das Gießen von Harz kann manchmal eine deutliche Beule hinterlassen).

Schleifpapier

Ein weiteres sehr sinnvolles Modellbau-Werkzeug ist Schleifpapier (auch Sandpapier genannt, obwohl schon seit Jahrzehnten kein Sand mehr eingesetzt wird). Spezielles Modellbau-Schleifpapier kann durch feinkörniges Schleifpapier aus dem Baumarkt ersetzt werden, das in handliche Größen geschnitten wird.

Teile lassen sich mit einer Klingen-Säge aus dem Gießast befreien.

Mit einer kleinen Klingen-Säge lassen sich auch Modifikationen an der Motorabdeckung am Pfalz-Doppeldecker durchführen.

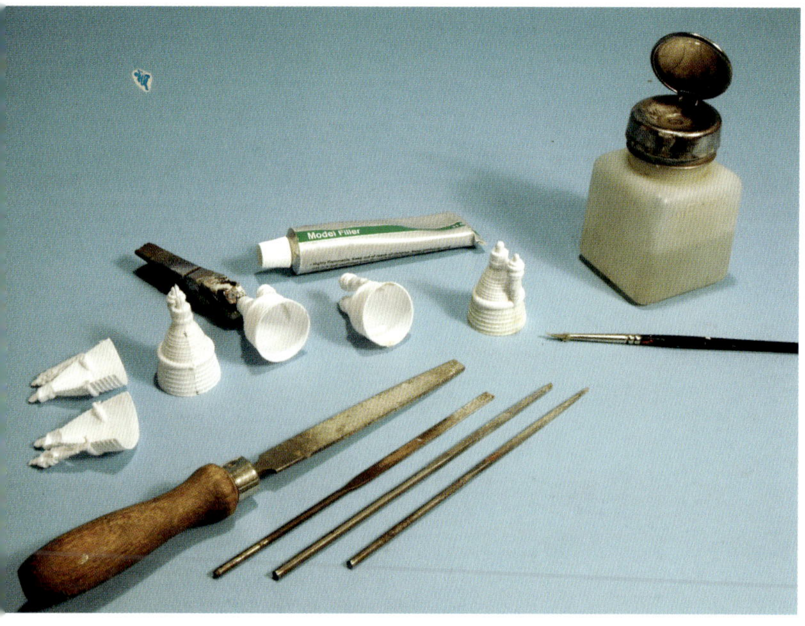

Montage-Sequenz der F-1-Triebwerke aus der Apollo Saturn V von Airfix: Nachdem die Hälften zusammengeklebt sind, müssen die Kanten gefeilt werden (Nadelfeilen sind sinnvoll), dann werden sie mit guter Modeliermasse (Filler) gespachtelt und geschliffen. Flüssigkleber hilft beim Einarbeiten des Fillers.

Während Tischler und Zimmermänner eine Packung pro Tag verbrauchen, hält diese beim Modellbauer wahrscheinlich mehrere Jahre.

Schleifpapier kann grundsätzlich in nass und trocken unterteilt werden, wobei Nass-Schleifpapier oft auch trocken verwendet werden kann und daher als »nass und trocken« bezeichnet wird. Modellbauer finden diese Variante nützlich, da Nassschleifen die

Ein Schmirgel-Set für den Modellbau enthält sehr feines Sandpapier, Politur und ein Poliertuch.

Ganz rechts: Schleifpapier-Körnungen werden durch verschiedene Farben angezeigt. Unterschieden wird es außerdem dadurch, ob es nass oder trocken verwendet werden soll (darf).

Für größere Schleifarbeiten kann eine Maschine verwendet werden (oben). Für allgemeines Schleifen wird das Papier auf ein Brett geklebt (unten).

Arbeitsfläche kühlt und das Polystyrol nicht verzieht. Die meisten Schmirgelpapiere eignen sich für diese Aufgabe gut; wasserfeste lassen sich durch ihre dunkelgraue oder schwarze Rückseite erkennen. Trockenschleifpapier (mit gelber oder grüner Rückseite) kann ebenfalls verwendet werden – das Anschleifen von Modellauto-Reifen sei hier als Beispiel genannt. Falls Trockenschleifpapier mit Wasser in Berührung kommt, zerfällt es rasch zu Matsch.

Alle Sandpapiere sind in Körnungs-Klassen eingeteilt: je höher die Zahl, desto feiner die Körnung. Grobe Körnungen werden in Zehner-Schritte eingeteilt, mittlere Körnungen in Hunderter- und feine Körnungen in Tausender-Schritte. Es gibt auch spezielle Sets für den Modellbau, die sich auf feine Körnungen konzentrieren und sich üblicherweise durch verschiedene Farben unterscheiden; sie können zusammen mit Polierpulver oder Polierflüssigkeit für sehr glatte Oberflächen eingesetzt werden.

Schleifgeräte gibt es in unterschiedlichen Formen. Es gibt Schleif-Stäbe, manchmal abgerundet, um gekrümmte Oberflächen bearbeiten zu können. Auch die für Fingernägel gedachten Schleifpapierfeilen eignen sich sehr gut.

Klemmen

Andere sehr nützliche Werkzeuge sind Klemmen, mit denen Teile bis zum Trocknen des Klebers zusammengehalten werden oder zum Lackieren gehalten werden. Es gibt eine riesiger Vielfalt von unterschiedlich großen Klammern aus Metall oder Kunststoff im Bastelladen, Modellbau-Geschäft oder Baumarkt.

Pinzetten und Klammern

Medizinische Pinzetten sind äußerst nützlich zum Zusammenklemmen, aber auch zum Halten kleiner Teile beim Lackieren. Da sie etwas nachgeben und eingekerbt sind, können sie eine ziemlich große Bandbreite an Materialstärke aufnehmen. Und dann gibt es noch die gute alte Wäscheklammer – aus Holz oder Plastik –, die in großer Stückzahl in jeden Modellbau-Werkzeugkasten gehören. Die Holz-Klammer kann sogar leicht zum Halten kleiner Teile zurechtgeschnitzt werden. Viele Kunststoff-Klammern haben im Griffbereich Löcher, die genutzt werden können, um sie mit trocknenden Teilen aufzuhängen.

Wäscheklammern, Wattestäbchen, Zahnstocher, Holzspieße, Aluschalen und Plastikbecher, Küchenrolle – im Haushalt finden sich zahlreiche »Modellbau-Spezialwerkzeuge«.

Schraubstock

Kleine Schraubstöcke sind ebenfalls sehr nützlich. Manche lassen sich mit Klemmen oder Saugfüßen befestigen, sodass sie flexibel einsetzbar sind.

Wäscheklammern und andere Klemmen eignen sich sehr gut – vor allem, wenn man sehr viele von ihnen braucht.

Klebeband

Selbst einfachstes Klebeband kann nützlich sein. Mithilfe eines Abrollers lässt es sich mit einer Hand abziehen; eventuell benötigt man mehrere Abroller mit verschiedenen Bändern – beispielsweise weißes Abdeckband in dem einen und klassischer »Tesafilm« im anderen Abroller.

Doppelseitiges Klebeband eignet sich zum Befestigen kleiner Teile an einer Wäscheklammer, um sie lackieren zu können. Es ist in Standard-Stärke und auch in beidseitig dünn mit Schaumstoff beschichtet erhältlich, sodass daran Teile mit unregelmäßigen Oberflächen besser haften. Schaumstoffband kann auch am Ende eines stabilen Drahts angebracht werden, um damit beispielsweise eine Modellauto-Karosserie während der Sprühlackierung zu halten.

Bohren

Manchmal müssen Löcher nachgebohrt werden. Hier hat man die Auswahl zwischen Handbohrern (»Stiftkloben«) und Bohrmaschinen (»Dremel«). Beide haben ihre Berechtigung.

Der Stiftkloben ist in jedem Fall präziser, besonders mit sehr kleinen Bohrern für winzige Löcher. Elektrische Bohrmaschinen sind dagegen schneller und zeitsparender – vor allem, wenn mehrere Löcher gebohrt werden müssen. Sie können auch mit anderen Werkzeugen wie Schleifern, Trennscheiben oder Poliergeräten bestückt werden.

Die elektrische Variante kann mit Netzspannung oder Niederspannung arbeiten. Eine Drehzahlregelung ist wichtig, um die Arbeitsgeschwindigkeit zu regulieren. Bei Niederspannungs-Geräten lassen sich oft andere Kleingeräte wie Stichsägen (sehr nützlich für viele Aufgaben!) an den gleichen Transformator anschließen.

Zusammenkleben

Das Heraustrennen der Teile aus dem Gießast und das Säubern sind der erste Schritt; der zweite ist das Zusammensetzen und Verkleben – und damit sind wir bei den Klebetechniken. Vorausgesetzt, es handelt sich nicht um einen Steck-Bausatz (und selbst dieser kann verklebt werden), kommt niemand um Modellbau-Kleber herum.

Elektrowerkzeuge können einzeln (rechts) oder als Set (links) angeschafft werden. Manche arbeiten direkt mit Netzstrom, andere mit transformierter Niederspannung.

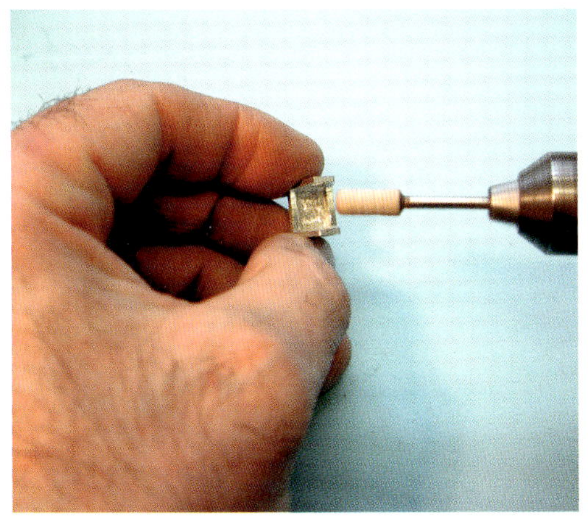

Ganz links: Bohrmaschinen eignen sich nicht nur zum Bohren, sondern wie hier auch zum Schleifen.

Links: Mithilfe eines kleinen Stabschleifers in einer Bohrmaschine werden die Kanten eines Saturn-V-Bauteils geglättet.

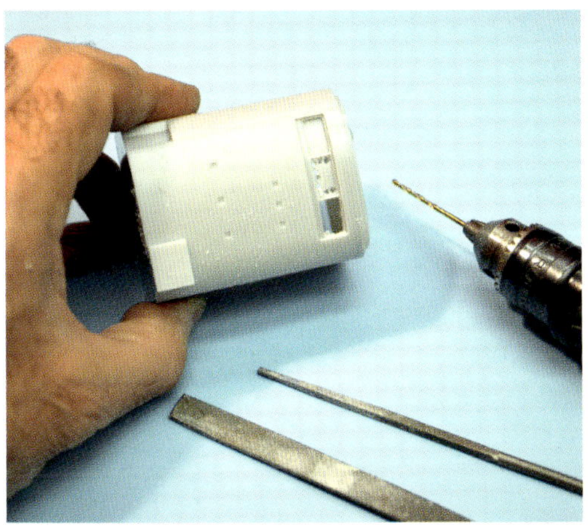

Ganz links: Mit einem elektrischen Bohrer lassen sich die Fenster in der Struktur der Mercury 7 von Pegasus öffnen.

Links: Eine Mini-Stichsäge eignet sich zum Trimmen größerer Bauteile.

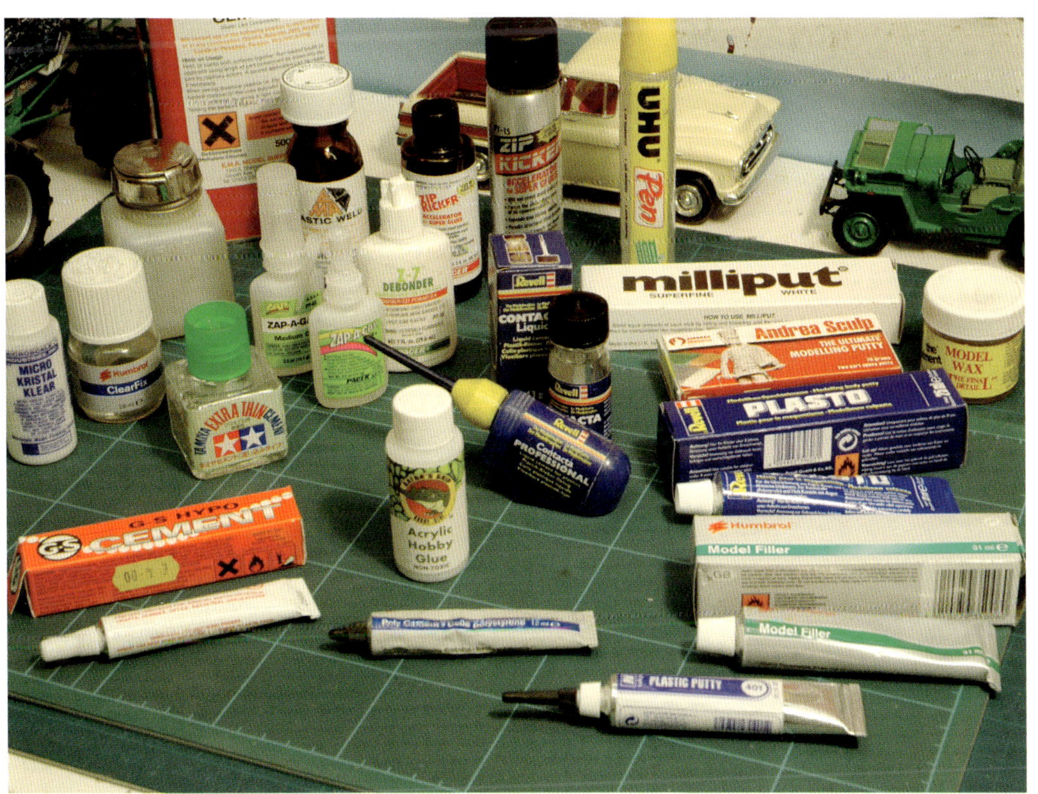

Kleber: von Flüssigklebern (links oben) über »Super-Kleber« (Mitte) bis zu Modellbau-Fillern (rechts.)

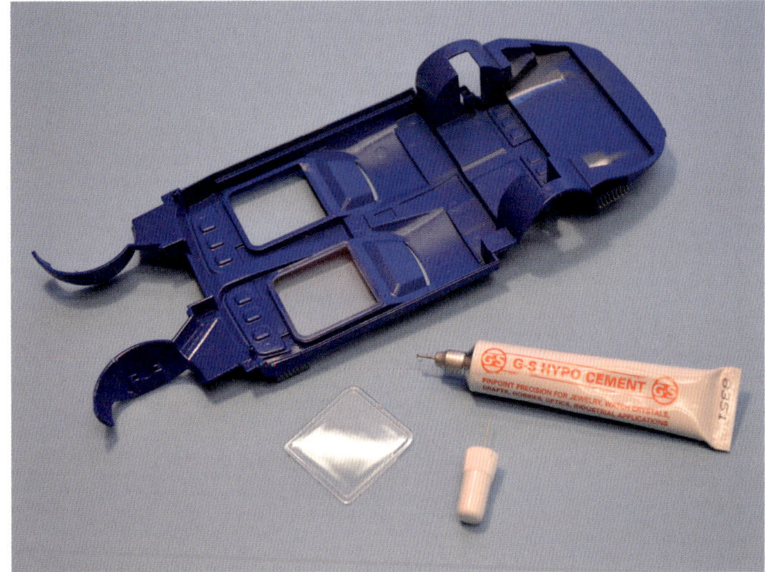

Spezialkleber wie dieser »Uhrmacher-Klebstoff« eignet sich besonders für transparente Bauteile, da deren Oberflächen nicht zu Milchglas werden.

Tuben-Kleber

Früher gab es Klebstoff ausschließlich in Tuben. Es handelte sich um Füllstoff aus Polystyrol in einer Trägerlösung (zumeist Chlorbenzol oder Aceton), und man musste buchstäblich eine Kleber-Wulst über eine Kante ziehen und diese gegen das andere Bauteil halten. Meistens hat die Technik funktioniert (es gab sowieso keine anderen Möglichkeiten), aber sie hatte zwei Nachteile: Zunächst konnte es je nach Stärke der Wulst ewig dauern, bis sie trocken war, und zweitens drückte sich überschüssiger Kleber immer wieder heraus, sodass er nach dem Trocknen abgeschnitten und die Kontaktfläche verschliffen werden musste.

Flüssigkleber

Diese beiden Probleme wurden mit Einführung des Flüssigklebers gelöst, der (wie sein Name bereits vermuten lässt) lediglich aus einer dünnen Flüssigkeit besteht, die Polystyrol anlöst und Oberflächen regelrecht »zusammenschweißen« kann. Dies geht deutlich schneller als die Arbeit mit Tuben-Kleber und hinterlässt keine Filler-Rückstände – weil kein Filler enthalten ist.

Die Zusammensetzung der Flüssigkeit kann variieren. Polystyrol lässt sich mit vielen chemischen Verbindungen auflösen, doch die meisten davon basieren auf aromatischen Kohlenwasserstoffen als Lösungsmittel – diese sind nicht nur widerwärtig, sondern oft auch giftig, sodass trotz der geringen Mengen, die beim Modellbau verwendet werden, eine gute Belüftung des Arbeitsplatzes sehr wichtig ist. Wer sehr um seine Gesundheit besorgt ist, trägt eine geeignete Filtermaske. Wer sich eine semiprofessionelle Werkstatt einrichten will, kann über eine Abzugshaube nachdenken, die jedoch ausreichend dimensioniert ist, um große Luftmengen absaugen zu können. Je nach Standort kann der Einbau einer solchen Anlage genehmigungspflichtig sein, zudem muss darauf geachtet werden, keine Nachbarn mit der Abluft zu belästigen. Beachten Sie auch die Hinweise in Kapitel 6.

Flüssigkleber gibt es in verschiedenen Varianten. Einige enthalten noch kleine Mengen

Flüssigkleber wird mit der in den Deckel integrierten Bürste aufgetragen.

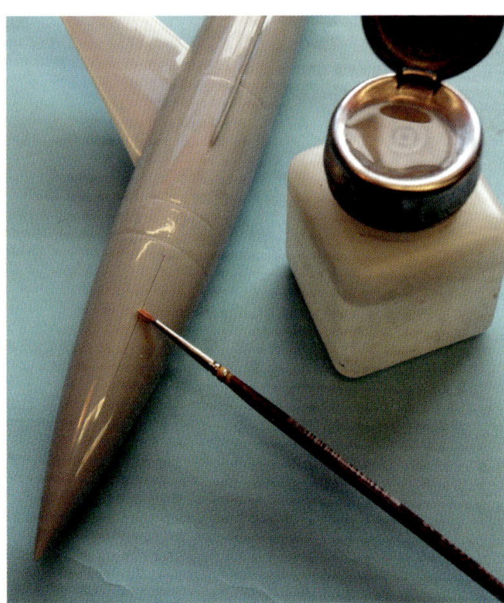

Flüssigkleber kann auch mit einem alten Pinsel aufgetragen werden.

Das Verkleben des Motors und des Cockpits am Pfalz-Doppeldecker erfordert Flüssigkleber.

Filler und sind entsprechend zäh (fließen aber deutlich besser als Tuben-Kleber), andere gehen ins andere Extrem und werden als »extradünn« angeboten.

Die Anwendung von Flüssigkleber ist etwas komplizierter als das Zusammendrücken einer Tube. Zuerst muss der Behälter immer gut verschlossen sein, da der Kleber sonst rasch verdunstet. Es gibt Spender mit Deckel und Druckfeder, damit immer nur eine kleine Menge der Flüssigkeit Kontakt zur Luft hat und damit Verdunstung minimiert wird. Zweitens benötigt man etwas, womit der Kleber aufgetragen werden kann – hierzu eignen sich alte Pinsel hervorragend. Nachdem Pinsel zum Lackieren aufgebraucht sind, kann ihr Leben zum Auftragen von Kleber noch etwas verlängert werden. Für die Verklebung größerer Teile wie Schiffs- oder Flugzeugrümpfe eignet sich auch eine Pipette oder Spritze – diese dürfen jedoch nicht aus einem Material bestehen, das durch den Kleber aufgelöst wird!

Revell-Bausätze waren in den 50er-Jahren je nach Grundmaterial mit einem »A«-Kleber (für »Acetat«) oder mit einem »S«-Kleber (für »Styrol« [Polystyrol]) ausgerüstet.

Sekundenkleber

Weil viele Bausätze heutzutage nicht nur aus Polystyrol bestehen, sondern auch Teile aus Gießharz, Weißmetall, Fotoätz-Metall oder sogar flexiblen Materialien (z. B. Anschnallgurte in Flugzeugen oder Autos) verwendet werden, müssen auch andere Klebstoffe zum Einsatz kommen. Der wichtigste ist hierbei Cyanacrylat (CA), auch bekannt als »Sekundenkleber« oder »Superkleber«. Für Kunstharzteile ist dies die einzige Möglichkeit, um die alten Zweikomponenten-Mischungen zu ersetzen. Dies ähnelt dem Ersatz von Tuben-Kleber durch Flüssigkleber, denn der alte Zweikomponenten-Kleber hatte »Masse«, die herausquoll und entfernt werden musste; bei Sekundenkleber ist dies nicht der Fall.

Als perfekte ebene Fläche für die Montage von Teilen, die absolut flächig sein müssen, eignet sich eine Glasscheibe (oder auch ein Spiegel). Dies ist die Basis für ein großes Saturn V F-1-Triebwerk von Accurate Models in 1:20.

Viele Polystyrol-Modellbausätze sind heute mit Teilen aus anderen Materialien ausgerüstet (und werden oft »multimateriell« genannt. Hier sind die inneren Gitter des Roboters aus *Lost in Space* von Moebius Models als Fotoätzteile ausgeführt, die vor dem Einsetzen mit Sekundenkleber noch in Form gebracht werden müssen.

Zweikomponenten-Kleber werden jedoch immer noch verwendet, denn manche Gießharz-Bausätze sind nicht so gut gegossen wie solche aus Polystyrol, sodass es nützlich sein kann, Teile mit etwas »Lückenfüller« zu montieren.

Sekundenkleber gibt es in verschiedenen Viskositäten: dünn, mittel und dick – je ein Fläschchen ist praktisch. Falls nur Platz für eine Flasche vorhanden ist, sollte »mittelzäher« Superkleber beschafft werden. Den Kleber gibt es in verschieden großen Gebinden, weil aber die im Modellbau verwendete Menge eher gering ist, reicht es, eine kleine Flasche zu kaufen (Sekundenkleber hat nach dem Öffnen nur eine begrenzte Haltbarkeit, sodass bei größeren Flaschen ein Großteil des Klebers eintrocknet – im Kühlschrank lässt sich der Aushärtungsprozess verlangsamen).

Bei Sekundenkleber gilt stets die Devise: »Weniger ist mehr«. Je weniger man verwendet, desto schneller härtet er aus. Das Aushärten kann mit »Aktivatoren« (zumeist in Sprühdosen erhältlich) beschleunigt werden. Während der chemischen Reaktion kann die Klebestelle warm werden – manchmal auch sehr heiß. Also heißt es: Finger weg! Aktivatoren können die Verbindung auch schwächen, was im Modellbau normalerweise keine Probleme bereitet. Apropos Finger: Sekundenkleber eignet sich hervorragend zum Verbinden von Haut (dafür wurde er ursprünglich erfunden), sodass stets Seifenwasser und eine Flasche acetonhaltiger Nagellackentferner griffbereit sein muss.

Auch Fotoätzteile und andere ungleiche Materialien lassen sich mithilfe von Sekundenkleber gut mit Polystyrol verbinden. Nicht geeignet ist er jedoch für klare Polystyrolteile wie Cockpithauben, Windschutzscheiben oder Scheinwerfergläser, da beim Aushärten Dämpfe freigesetzt werden, die klare Oberflächen eintrüben. Besser funktioniert hier sogenannter Uhrmacher-Kleber: ein dünner, klarer Kleber in der Tube, der nicht die flüchtigen Bestandteile von Flüssigkleber oder Sekundenkleber enthält. Alternativ kann für sehr kleine Teile wie Lampengläser Klebstoff auf Wasserbasis (Polyvinylacetat-Holzleim) oder sogar Klarlack verwendet werden, da diese Teile keine Zugfestigkeit erfordern, sondern nur nicht herausfallen sollen.

Für den Auftrag von Sekundenkleber gibt es spezielle Geräte, die an Griffe von Modellbau-Werkzeugen montiert werden, um den Kleber nur an der vorgegebenen Stelle anzubringen. Eine Alternative liegt darin, den bereits für Flüssigkleber benutzten Pinsel einer letzten Verwendung zuzuführen (Sekundenkleber lässt die Borsten aushärten und abbrechen). Noch billiger ist die Verwendung von Zahnstochern oder Cocktail-Spießen, um Sekundenkleber tröpfchenweise zu übertragen. Wie beim Pinsel härtet die Spitze aus, aber man kann sie so oft abbrechen, bis das Stäbchen tatsächlich fast restlos aufgebraucht ist.

Sekundenkleber eignet sich besonders gut für Vinyl-Teile wie diese Panzerketten.

Spieße

Cocktailspieße sind nützliche – und preiswerte – Werkzeuge im Modellbau-Kasten, da sie für eine Vielzahl von Aufgaben eingesetzt werden können. Sie sind praktisch zum Festhalten kleiner Teile, um sie zu bemalen. Wenn ein Loch im Teil vorhanden ist, kann dies genutzt (oder an einer unauffälligen Stelle eines gebohrt) werden. Ihre größeren Vettern, die Schaschlikspieße, eignen sich ebenfalls sehr gut zum Halten größerer Teile.

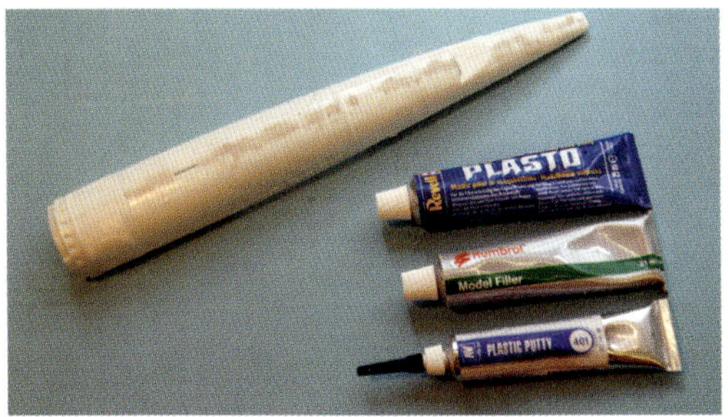

Modellbau-Filler ist sehr nützlich, um Nähte zu glätten. Man lässt ihn trocknen und schleift die Oberfläche dann glatt.

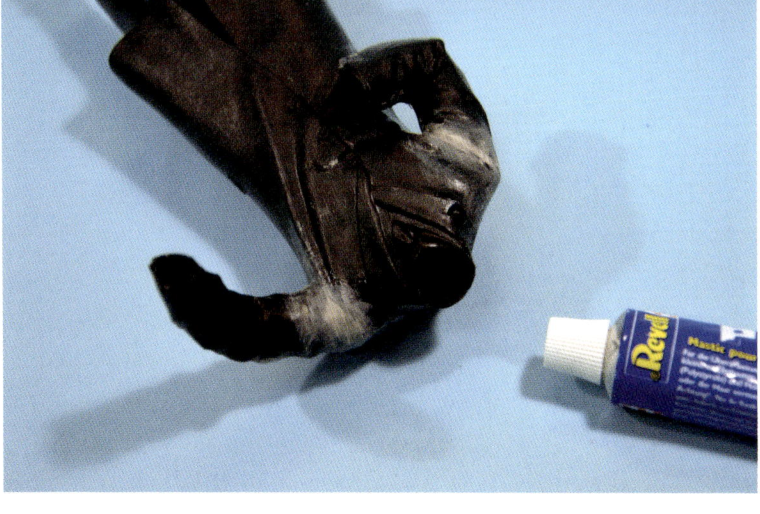

Klebepistole

Es gibt für den Modellbauer weitere Klebemethoden, die von unschätzbarem Wert sein können. Vor allem für den Bau von Dioramen sehr nützlich ist eine Heißklebepistole, die elektrisch einen Klebestift erhitzt und den Klebstoff beim Drücken des »Abzugs« aus der Düse drückt. Zum Verkleben von Modellbauteilen eignet sich diese Klebetechnik nicht, da der Kleber viel zu dick und viel zu heißt ist. Heißklebepistolen gibt es in verschiedenen Größen und bei manchen lassen sich unterschiedliche Temperaturen einstellen (für Kinder gibt es sogar Niedertemperatur-Klebepistolen). Auch die Klebstifte unterscheiden sich in den Durchmessern. Die meisten Typen sind im Künstlerbedarf oder Baumärkten erhältlich, vielleicht auch in einigen Modellbaugeschäften. Sehr große Modelle für den professionellen Einsatz können sogar mit Gas betrieben werden. Mehr zum Bau von Dioramen mit Heißklebepistolen in Kapitel 9.

Reinigen

Bei allen Modellbau-Arbeiten müssen immer wieder Reinigungsarbeiten durchgeführt werden, sodass ein Vorrat an saugfähigen Papiertüchern unerlässlich ist. Die Küchenrolle ist eine beliebte Option, und wenn Platz für einen Halter besteht, können Blätter einzeln abgezogen werden. Neben der Säuberung und dem Trocknen der Pinsel müssen auch Bauteile vor dem Lackieren gereinigt und entfettet werden (mit speziellem Reinigungsmittel oder Brennspiritus). Auch kann es passieren, dass der Pinsel-Reinigungsbehälter umkippt (ja, das passiert!) und es wird umgehend etwas benötigt, um alles aufzusaugen.

Filler

Die allermeisten heutigen Modellbausätze sind extrem gut konstruiert und die Passgenauigkeit ihrer Teile ist präzise. Dennoch wird irgendwann der Zeitpunkt kommen, an dem Filler benötigt wird. Vielleicht handelt es sich um einen älteren Bausatz, oder das Werkzeug war verschlissen, oder die Nähte sind nicht ganz so geworden, wie man es sich wünscht. Bei vielen Gießharz-Bausätzen ist die Passgenauigkeit nicht so präzise wie bei Polystyrol, sodass auch hier Filler benötigt wird. Vielleicht müssen auch bei Eigenbau-Modellen ein paar Löcher gefüllt werden.

Die meisten Modellbau-Firmen, die auch Farben und Zubehör herstellen, bieten ebenfalls modellbauspezifischen Filler an. Dieser hat eine sehr feine Textur, lässt sich gut auftragen und trocknet relativ schnell. Die meisten sind »einteilig«, müssen also nicht aus zwei Komponenten zusammengemixt werden. Nur manche bestehen aus den Komponenten Füllstoff und Härter, die in einem vorgegebenen Verhältnis

Modellbau-Filler hilft bei Figuren, ungleichmäßig geformte Teile anzugleichen und Spalten zu füllen.

Manche ältere Bausätze (und tatsächlich auch ein paar neue) erfordern an den Nähten etwas Filler. Diese DH-88 Comet stammt aus einer sehr alten Airfix-Spritzguss-Form – gebaut in den 50er-Jahren) und profitiert von Filler an den Motorgondel-Hälften und den Flügelwurzeln.

gemischt werden müssen (diese sind vergleichbar mit Karosseriespachtel, wie man ihn für die Reparatur »echter« Autos bekommt). Die Vorteile von Zweikomponenten-Filler liegen darin, dass er für große Bereiche benutzt werden kann, weil zum Aushärten keine Luft benötigt wird; dafür härtet er (je nach Mischungsverhältnis) relativ schnell aus, sodass das Verarbeitungstempo ein wichtiger Faktor wird.

Die Anfänge des Modellbau-Fillers liegen tatsächlich in den Ergänzungen zu frühen amerikanischen Auto-Bausätzen. Hier wurde er zumeist »Body Putty« (Karosserie-Kit) genannt und diente dazu, individuelle Teile an der Karosserie in Form zu bringen, um eigene Entwürfe zu erstellen. Die Idee wurde jedoch bald auf viele andere Modellbau-Bereiche übertragen und es kamen spezielle Filler-Tuben auf den Markt.

Sowohl Einkomponenten- als auch Zweikomponenten-Filler muss zum Schluss geschliffen werden – und bei beiden eignet sich Nassschleifen sehr gut, um eine möglichst glatte Oberfläche zu erhalten. Manchmal müssen beide Filler-Typen verwendet werden: Die für Autoreparaturen gedachte Zweikomponenten-Spachtelmasse wird zum Füllen großer Bereiche genutzt und erst an der Oberfläche kommt der »offizielle« Modellbau-Filler zum Einsatz, um alles mit den Bausatz-Komponenten anzugleichen, sodass geschliffen werden kann.

Kleine Schubladen eignen sich für kleine Teile – vor allem, wenn sie beschriftet sind.

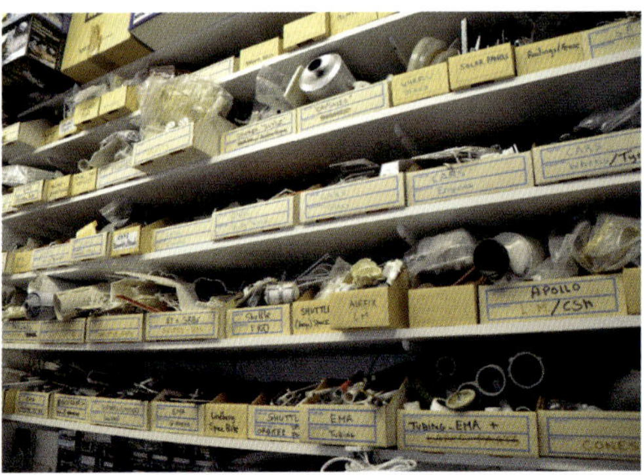

Größere Kartons für größere Teile.

Aufbewahrung

Wo die Werkzeuge und Kleber aufbewahrt werden, hängt natürlich von den Umständen ab. Falls der Arbeitsplatz nur temporär ist, wird eine praktische Box benötigt, um alles einlagern zu können. Solche Kästen werden für Angelzubehör und kleine Werkzeuge, Schrauben und Nägel in Baumärkten verkauft und können natürlich auch für »feste« Arbeitsplätze verwendet werden, um diese stets sauber und aufgeräumt zu halten. Mithilfe eines solchen Ordnungssystems lässt sich schnell erkennen, wenn Vorräte zuneige gehen, es verhindert Schäden an Werkzeugen und hat zudem mit Sicherheit eine positive psychologische Wirkung.

Kleine Schubladen-Kästen aus Kunststoff – ebenfalls im Baumarkt oder auch im Bürobedarf erhältlich – können Ersatzklingen, Bohrer und andere Utensilien aufnehmen, die sich bei jedem Modellbauer ansammeln. Plastikschalen – gekauft oder recycelt – nehmen Feilen und Messer auf. Kleine Glasgefäße oder sogar angeknackste Trinkbecher sind nützlich für Scheren, kleine Lineale und Stifte – und tragen ebenfalls zum Recycling-Ethos bei.

Bei einigen Werkzeugen ist es besonders wichtig, sie richtig zu lagern. Vor allem Pinsel müssen entweder liegend oder mit den Borsten nach oben aufbewahrt werden (das Lagern von Pinseln mit den Borsten nach unten ist einer der schnellsten Wege, sie zu zerstören!). Wieder eine gute Verwendungsmöglichkeit für alte Gläser oder Becher.

Wenn ältere Pinsel zum Auftragen von Flüssigkleber eingesetzt werden, sollten sie farblich gekennzeichnet und getrennt gelagert werden (Farb-Codierungen sind für Modellbauer mit entsprechenden Vorräten an Farben extrem einfach zu erledigen). Die Markierung sollte verbindlich mitteilen: »Ich darf nur Flüssigkleber verpinseln – keine Farbe!«

Wenn die Fähigkeiten und Kenntnisse zunehmen, wird man feststellen, dass das eine oder andere Spezialwerkzeug oder eine Ausrüstung erforderlich wird. Viele »ausgewachsene« Werkzeuge, die für Holz- oder sogar Metall-Arbeiten bestimmt sind, können für den Modellbau angepasst werden.

Eine Entlüftungsanlage kann angesichts entweichender Dämpfe durchaus nützlich sein.

Katzen sind sehr neugierige Tiere! Zum Glück waren alle lackierten Teile bereits getrocknet.

Dann gibt es noch einen weiteren Bereich, der unter »Aufbewahrung« fällt: Was ist mit all den Ersatzteilen?

Die Kleinteile-Schachtel(n)

Viele Bausätze enthalten optionale Teile, die übrig bleiben, wenn das Modell fertig ist. Manche werfen sie vielleicht einfach weg, aber die meisten Modellbauer heben sie »für alle Fälle« auf. Wer nur einen oder zwei Bausätze fertigstellt, hat entsprechend geringe Platzsorgen. Andere sind irgendwann überrascht, wie viel sich ansammeln kann. Ein eigenes Ersatzteil-Lagersystem wird benötigt.

Die »Ersatzteile« können die unterschiedlichsten Größen haben, also müssen sie kategorisiert und so gelagert werden, dass man sie bei Bedarf auch wiederfindet. Logischerweise benötigen kleine Teile auch kleine Behälter, und auch hier erfüllen Schubladen-Kästen den Zweck. Für größere Teile hat jeder Modellbauer zunächst eine Lösung: den Bausatz-Karton. Doch auf längere Sicht (und bei Massenproduktion) ist diese Idee möglicherweise unpraktisch.

Auch hier können Recycling-Boxen (Eisverpackungen, Margarinebecher) zum Einsatz kommen. Es gibt auch käufliche Aufbewahrungsboxen in allen Größen (wenn man sie in einer Größe kauft, lassen sie sich besser im Regal lagern).

Egal wie die Aufbewahrungs-Lösung aussieht – sie muss angemessen beschriftet werden. Niemand will wertvolle Zeit damit verbringen, alle Boxen zu durchsuchen, um das Teil dann in der letzten Kiste zu finden (Murphys Gesetz).

Wo wir gerade bei Ersatzteilen sind, wird eine Frage immer wieder gestellt: »Kann ich die Gießäste wiederverwenden, wenn alle Teile entfernt sind?« Die Antwort lautet leider: Nicht wirklich. Polystyrol ist zwar ein perfekt recycelbarer Kunststoff (Code #6), doch dies bedeutet nicht, dass ein lokaler Recyclinghof dies tatsächlich macht. Auch die bei Hobby-Modellbauern anfallende Menge wird wahrscheinlich nicht lohnenswert sein (siehe Kapitel 1).

Einen Nutzen können Gießäste jedoch haben: Manche Modellbauer, die selbst konstruierte Raumschiffe bauen, können sicherlich Teile der Gießäste verwenden. Wer einen Borg-Cube aus Star Trek bauen möchte (was mehrfach geschehen ist!), wird viele Gießäste benötigen!

MODELLBAU UNTERWEGS

Es gibt einige Modellbauer, die beruflich viel unterwegs sind und zum abendlichen Zeitvertreib einen portablen Arbeitsplatz dabeihaben, der im Hotelzimmer aufgebaut werden kann. Lange Zeit konnten sie wahrscheinlich jedes zu Hause verwendete Werkzeug mitnehmen, doch zumindest auf Flugreisen ist dies durch Sicherheitsvorkehrungen inzwischen stark eingeschränkt oder gar unmöglich. Sprühfarben sind definitiv sowohl im Handgepäck wie im Frachtraum verboten. In der Kabine sind heute weder Klingen oder andere scharfe Werkzeuge noch Farben und Klebstoffe erlaubt, sodass darauf geachtet werden muss, diese in den Koffer zu packen. Beim Einchecken müssen eventuell neugierige Fragen beantwortet werden.

Kapitel 6

Farbe

Bei nahezu allen Modellen muss irgendwann während des Zusammenbaus Lack aufgetragen werden. Hierfür hat sich eine ganze Industrie entwickelt, die geeignete Farben und Zubehör anbietet. Weltweit bekannt sind Testors in den USA, Humbrol im Vereinigten Königreich und GSI Creos in Japan – Letztere unter dem Firmennamen Gunze Sangyo oder, was heutzutage häufiger vorkommt, Mr. Hobby.

Farbdosen können nach »Themen« in beschrifteten Fächern gelagert werden.

Andere Modellbau-Firmen führen Lacke unter eigenem Namen, darunter sind Revell Deutschland, Heller, Italeri und vor allem Tamiya. Airfix bot vor langer Zeit Lack in Fläschchen an, doch da sie seit Jahrzehnten mit Humbrol zusammengehören, trägt das Farbangebot deren Namen.

Dann gibt es noch die Unternehmen, die spezialisiertere Modellfarben herstellen. Hannants, der wichtigste britische Vertrieb für Flugzeuge und Militärfahrzeuge, stellt sein eigenes Xtracolor her, während in Spanien Vallejo, AK Interactive und Mig-Ammo Lacke produzieren.

Was den Modellbau betrifft, wird Farbe grundsätzlich in zwei Kategorien unterteilt: Sie wird entweder aufgepinselt oder aufgesprüht. Pinsel-Lacke sind folglich in kleinen Dosen und Flaschen erhältlich und Sprühfarben in Spraydosen. Natürlich gibt es auch hier Variationen. In letzter Zeit kommt immer häufiger das ursprünglich »Spritzpistole« genannte Gerät zum Einsatz – heute in der Design- und Kunst-Welt zum »Airbrush« weiterentwickelt. Zu diesem Zweck sind im Fachhandel zunehmend vorverdünnte Farben erhältlich, die direkt versprüht werden können, ohne zuvor vom Benutzer gemischt oder verdünnt werden zu müssen. Außerdem gibt es eine zunehmende Anzahl von »Plakatfarben«, die zur »Verwitterung« von Modellen eingesetzt werden – Details dazu später.

Auch der Typ der zum Pinseln oder Sprühen verwendeten Farben variiert. Die bekannteste und seit der Frühzeit des Modellbaus immer noch verwendete Art ist »Email«. Es sind aber auch Farben auf Acryl-, Öl- und sogar Cellulose-Basis erhältlich (Letztere wird vor allem beim Flugmodellbau verwendet, um Oberflächen zu stärken. Im Plastik-Modellbau kommt er eher selten zum Einsatz, weil er Polystyrol angreift.

Pinsel

In Fläschchen oder Dosen gefüllte Farbe muss zunächst einmal gründlich gemischt werden. Zuerst wird gut geschüttelt (hier muss nicht extra erwähnt werden, dass der Deckel festzusitzen hat, oder?). Dann wird mit einem Cocktailspieß oder Ähnlichem gut umgerührt. Wenn nichts anderes zur Verfügung steht, darf auch das unbehaarte Ende des Pinsels verwendet werden (danach gut abwischen!). Farbe darf niemals mit den Borsten oder Haaren des Pinsels umgerührt werden – dies schadet ihnen.

Jede Pinsel-Lackierung ist immer nur so gut wie der Pinsel, mit dem sie aufgetragen wurde. Es gibt eine Vielzahl von Pinseln für den Modellbau – und wenn man die Kunstmaler-Pinsel dazurechnet, noch viel mehr. Ein genereller Ratschlag lautet, sich immer für die beste Qualität zu entscheiden, die man sich leisten kann. Man will keine ausgefallenen Haare im Hochglanz-Finish wiederfinden, das gerade in stundenlanger Arbeit erzielt worden ist. Die Bezeichnungen variieren je nach Hersteller, aber benötigt werden sie von den feinsten (oft »Stärke 0« genannt) bis zu mittleren Größen (3, 4, 5 oder 6) – manchmal auch größer. Dann gibt es einen extra breiten Pinsel, der niemals Farbe verteilt, sondern nur zum Abstauben verwendet wird. Auch die besten Pinsel halten nicht ewig, aber wenn man sie gut pflegt, kommt dies ihrer Lebensdauer garantiert zugute.

Nach Gebrauch müssen Pinsel abgewischt (hier macht sich der Küchenrollen-Halter bezahlt!) und dann mit gutem Reinigungsmittel wie Waschbenzin oder Terpentinersatz von überschüssiger Farbe befreit werden. Bewahren Sie diese Mittel in einem Glas mit Deckel auf, damit sie nicht verdampfen und krank machen. Dank Deckel besteht auch die Chance, nicht die gesamte Küchenrolle für das Aufwischen verschütteter Reinigungsmittel verwenden zu müssen. Die Flüssigkeit wird irgendwann zu trüb für die Pinselreinigung, sodass sie nur noch für einfache Reinigungsmaßnahmen wie das Entfetten von (ausgewachsenen) Motorteilen verwendet.

Farbdosen und Flaschen verschiedener Hersteller sowie recycelte Marmeladen- und Konservengläser für Terpentinersatz zum Reinigen. Dazu eine Auswahl an Pinseln und die extrem wichtige Küchenrolle.

Eine Auswahl an Modellbau-Farbsprühdosen – darunter einige von Spezialanbietern.

werden kann oder fachgerecht entsorgt werden muss.

Was auf keinen Fall getan werden darf, ist, die Pinsel mit den Borsten nach unten im Reiniger aufzubewahren – dies würde die Naturhaare rasch zerstören. Ein Pinsel muss gut getrocknet und liegend oder mit den Borsten nach oben in einem Behälter gelagert werden. Allerdings hat auch der sorgfältigst gelagerte Pinsel eine begrenzte Lebensdauer, doch wenn seine besten Lackier-Tage vorüber sind, kann er immer noch zum Auftragen von Flüssigkleber genutzt werden.

Sprühdosen

Farbsprühdosen für den Modellbau waren in den USA seit den frühen 60er-Jahren erhältlich. Ursprünglich waren sie vor allem für Modellautos gedacht und Firmen wie AMT und Pactra stellten eine breite Palette von Standardfarben, aber auch Metallic-Lacke, Metal-Flakes und halbtransparente Farbtöne bereit. Diese waren sowohl auf Email- als auch auf Öl-Basis erhältlich.

Gesetzliche Vorschriften haben in den letzten Jahren dafür gesorgt, dass sich die Inhalte von Farbdosen fast vollständig verändert haben. Zwar gibt es immer noch Sprühfarbe auf Email- als auch auf Öl-Basis, doch die überwiegende Mehrheit enthält heute Farben auf Acrylbasis.

Acrylfarbe auf Wasserbasis war anfangs schwierig zu versprühen, doch dank diverser Verfeinerungen ist Acryl heute die Norm. Es lässt sich selbst von Anfängern leicht versprühen, ist weniger giftig als Email- oder Lackfarben (trotzdem sollte für ausreichende Belüftung gesorgt werden) und es trocknet in der Regel sehr schnell. Acryl reagiert außerdem weniger mit anderen Farben, sodass das Aufsprühen einer Farbschicht auf eine andere seltener zu Blasenbildung oder dem Anheben der darunterliegenden Farbe führt, wie es bei Email- oder Ölfarben der Falls sein kann. Es ist aber immer ratsam, jede Farbe auf allen Oberflächen zu testen, bevor sie aufgetragen wird – vor allem, wenn ein neuer Farbtyp oder eine neue Marke verwendet wird. Tragen Sie dazu etwas Farbe auf einer gut versteckten Stelle (die Innenseite des Rumpfes oder der Karosserie oder einem nicht verwendeten Ersatzteil) auf.

Farbsprühdosen können schon sehr lange stehen, sodass sich ihr Inhalt entmischt und sich die schwereren und dichteren Bestandteile am Boden absetzen. Daher befindet sich in den Dosen eine Metallkugel, die das Mischen unterstützt und durch rasselnde Geräusche anzeigt, dass sich die Farbe gelockert hat. Beim Schütteln einer lange nicht bewegten Farbsprühdose wird die Kugel zunächst im Bodensatz kleben bleiben und sich erst nach einiger Zeit lockern. Manche ältere Klarlack-Dosen hatten keine Kugel, aber aktuelle Sprühdosen müssen generell klappern.

Außer gründlichem Schütteln – was zumeist länger dauern muss, als man denkt – finden Farbsprühdosen auch behutsames Erwärmen sehr gut. Legen Sie die Dose für einige Minuten in warmes Wasser und schütteln Sie sie dann.

»Bitte sorgfältig schütteln« gilt auch für fertig abgepackte Airbrush-Farbe, da sich die Lack-Partikel auch hier unter dem Verdünner absetzen. Wird dies vergessen, verstopft die Farbe mit Sicherheit die Airbrush-Düse – und das Zerlegen und Reinigen dauert deutlich länger als sorgfältiges Schütteln.

Nicht aufhören!

Unabhängig vom Grundmaterial der Farbe oder dem Auftrag (Sprühdose oder Airbrush) gilt beim Lackieren die Goldene Regel: Niemals den Sprühvorgang auf dem Modell stoppen! Beginnen Sie mit dem Sprühvorgang vor dem Modell, führen Sie den Sprühstrahl über seine Oberfläche und hören Sie erst auf, wenn Sie das Modell passiert haben. Die genaue Geschwindigkeit, mit der Sie die Dose oder Spritzpistole bewegen, sowie die Menge an Farbe, die versprüht wird, ist eine Frage der Übung und Erfahrung. Generell sollten jedoch immer mehrere dünne Sprühschichten aufgetragen werden, statt nur eine dicke Schicht. Wie immer gibt es Ausnahmen: Beim Sprühen einer Hochglanz-Oberfläche (Modellautos sind die besten Beispiele) ist es üblich, die ersten Schichten als Nebel aufzutragen und die letzte Schicht so »nass« wie möglich (ohne dass die Farbe verläuft), um ein möglichst glänzendes Ergebnis zu erzielen.

Sobald man mit einer Sprühdose zu Ende gesprüht hat, wird sie umgedreht und noch einige Sekunden der Knopf gedrückt, um die Düse zu reinigen. Falls die Düse verstopft – was manchmal passiert –, wird sie abgezogen und in Farbreiniger getaucht. In der Tat ist es nützlich, ein paar Ersatzdüsen vorrätig zu haben – heben Sie einfach die Düsen leerer Dosen auf, legen Sie sie in ein mit Reinigungsmittel gefülltes Glas und schütteln Sie dies gelegentlich, damit sich die Farbe in der Düse löst. Falls eine Ersatzdüse benötigt wird, nimmt man sie aus dem Glas, wäscht sie unter Wasser aus und steckt sie auf die Dose. Es muss immer etwas Farbe versprüht werden, bevor versucht wird, ein Modell zu lackieren; erstens muss geprüft werden, ob die Düse frei ist, und zweitens soll kein Reiniger oder Wasser auf das Plastik gesprüht werden.

Die Düsen alter Farbsprühdosen warten in einem Glas mit Pinselreiniger auf ihre Wiederverwendung.

Airbrush

Die Arbeit mit der Spritzpistole ist ein eigenes umfangreiches Thema, über das es viele Bücher gibt. Im Folgenden werden daher nur die Grundlagen behandelt. Airbrush wurde nicht speziell für den Modellbau entwickelt, sondern wird allgemein in der Kunst und dem Design verwendet und funktioniert mehr oder weniger immer nach dem gleichen Prinzip: Ein präziser Luftstahl wird mit Farbe vermischt und strömt aus einer Düse auf die zu lackierende Oberfläche. Spritzpistolen bestehen aus zwei Haupt-Komponenten: dem Farbbehälter und dem Gehäuse, das man in der Hand hält und durch das die Farbe über den Abzug eintritt. Der Farbbehälter kann an verschiedenen Stellen positioniert werden – entweder als Becher über dem Griff, sodass die Farbe hauptsächlich durch Schwerkraft eintritt, oder unter dem Griff, sodass die Farbe vom Luftstrom angesaugt wird.

Airbrush wird generell in »einfach« oder »doppelt beweglich« unterschieden. Bei einfach

Eine ganze Reihe von Spritzpistolen samt Kompressoren (dahinter) – ausgerüstet mit Reglern und Manometern.

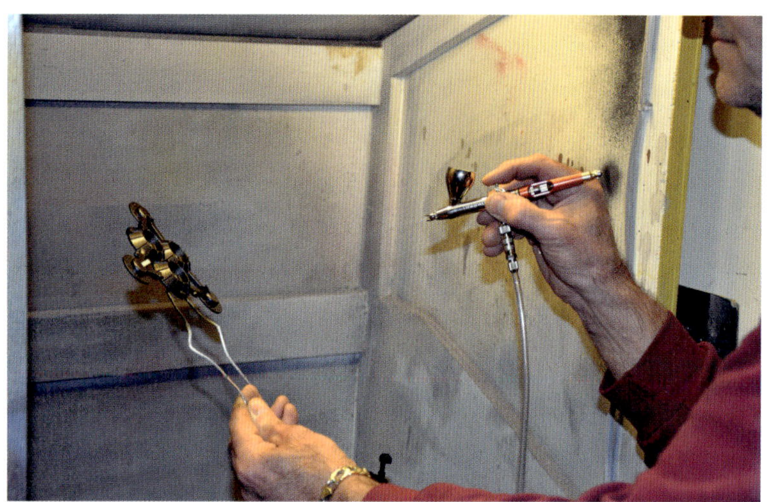

Eine Airbrush-Kabine für den Hobbyraum – ausgerüstet mit Beleuchtung und Absauggebläse. Für Öfen konstruierte Filter fangen den Farbnebel auf.

beweglichen Spritzpistolen wird lediglich der Luftstrom auf einen vorgegebenen Farb-Zufluss reguliert; bei doppelt beweglichen Pistolen werden durch die Position des Auslösers sowohl der Luftstrom als auch der Farbzufluss gesteuert. Bei beiden Methoden sorgt stets eine Gesamteinstellung dafür, wie die Anteile von Luft und Farbe aufeinander abgestimmt werden.

Unter Druck

Die Luft muss irgendwo herkommen. Meistens ist die Quelle ein kleiner netzbetriebener Kompressor mit Pumpe und Druckbehälter. Dieser kann so eingestellt werden, dass er exakt den benötigten Luftdruck liefert. Der Druck kann je nach persönlichen Vorlieben variieren und hat mit Erfahrungen zu tun. Durch Experimentieren zeigt sich, welcher Druck benötigt wird, um eine spezielle Farbe zu versprühen. Manche Modellbauer arbeiten mit lediglich 0,35 bar, andere gehen bis 2,8 bar. Generell sollte man zwischen 1,4 und 2 bar beginnen und dann je nach Situation variieren. Viele Kompressoren sind mit Filtern und Wasser- sowie Ölabscheidern ausgerüstet, um möglichst reine Luft zu liefern. Die Luft muss so trocken wie möglich sein, da Wasserdampf die Lackoberfläche beeinträchtigt. Wer nur sehr wenig Druckluft benötigt, kann spezielle Druckluft-Flaschen an die Spritzpistole anschließen, doch diese Methode ist auf Dauer sehr teuer.

Die meisten Spritzpistolen können mit jeder Farbe umgehen, vorausgesetzt, sie ist ausreichend verdünnt. Niemals darf versucht werden, Farbe direkt aus der Standard-Modellfarbendose oder -flasche zu versprühen, da hierdurch die Spritzpistole umgehend verstopft. Um auf der sicheren Seite zu sein, sollte stets der jeweilige vom Farben-Hersteller empfohlene Verdünner verwendet werden. Moderne Acrylfarben können etwas knifflig sein, da jeder Hersteller mit einer eigenen Rezeptur arbeitet – und daher sollte möglichst auch dessen Verdünner verwendet werden. Klassische Email-Lacke können mit gutem Waschbenzin oder Terpentinersatz verdünnt werden.

Das richtige Mischungsverhältnis zu finden, kann anfangs etwas schwierig sein. Wer noch wenig Erfahrung hat, wird die Farbe wahrscheinlich für eine Spritzpistole noch zu dick anmischen. Ein allgemeiner Rat beim Verdünnen von Farbe lautet: So dick wie Milch. (Leider wurde nie genau angegeben, welche Art von Milch – tatsächlich geht es um teilentrahmte Milch oder Ähnliches.)

Als Nächstes muss an Plastikresten oder einem Ersatzteil geübt werden, ob die Farbe die richtige Konsistenz hat. Wer noch wenig Erfahrung mit Airbrush hat, sollte auch testen, ob die Spritzpistole mit der richtigen Geschwindigkeit bewegt wird. Wie bei der Sprühdose gilt auch hier: Niemals auf dem Modell starten oder stoppen! Die Bewegung muss so gleichmäßig wie möglich sein und der Finger darf erst vom Abzug genommen werden, wenn der Sprühstrahl das Modell passiert hat, da andernfalls mit großer Sicherheit Schlieren entstehen. Wie fast immer gilt auch beim Airbrush die alte Maxime: Übung macht den Meister.

Spezialfarben

Eine Airbrush-Ausrüstung war anfangs teuer (manche ist es immer noch), doch die Preise

Vorgemischte Spezialfarben für die Sprühpistole müssen vor Gebrauch nur noch gut geschüttelt werden.

sind insgesamt gesunken, sodass die Technik im Modellbau-Arsenal zu einem wichtigen Werkzeug geworden ist. Daher haben viele Hersteller damit begonnen, spezielle Airbrush-Farben herzustellen, die auch nur in der Spritzpistole funktionieren – für den Pinsel also viel zu dünn sind.

Zu den ersten und bekannten Unternehmen, die ausschließlich Airbrush-Farben (vor allem Metallic-Farben und Ähnliches für Flugzeuge) herstellten, gehörte Alclad II; deren Katalog enthält allerdings auch »Chrom«, was sich jedoch kaum zufriedenstellend reproduzieren lässt (im Gegensatz zur Vakuum-Beschichtung der »Chrom«-Gießäste, die tatsächlich mit Aluminiumpulver überzogen werden). Das Alclad-Verfahren funktioniert ganz gut, wenn man den »Chrom« auf einer glänzend schwarzen Oberfläche aufträgt.

Auch große Hersteller wie Testors und Humbrol produzieren Airbrush-Farben. Kleine Unternehmen wie MMP oder Zero stellen Speziallacke her – Letzterer vor allem für Rennwagen, bei denen mit Standard-Farbtönen kaum die Originalfarbe getroffen werden kann.

Spritzkabinen

Wer vorhat, viel Farbe zu versprühen – ob mit Sprühdosen oder per Spritzpistole –, sollte darüber nachdenken, wie und wo dies geschehen soll.

Hierbei geht es um zwei grundlegende Elemente: das Auffangen des Farbnebels und die Beseitigung der mit Farbe und Lösungsmittel getränkten Luft. Die allereinfachste Form kann für den ersten Teil ein großer Karton sein; der zweite Teil lässt sich durch Sprühen im Freien bewerkstelligen. Abgesehen von Umweltschutz-Bedenken muss im Freien auch das Wetter berücksichtigt werden. Farbe mag weder Regen noch hohe Luftfeuchtigkeit. Sie mag aber auch keine große Hitze oder Kälte – selbst wenn es trocken ist, denn sie darf natürlich nicht bereits getrocknet sein, bevor sie auf der Oberfläche auftrifft.

Wir sind also wieder am Modellbau-Arbeitsplatz angekommen – und der Tatsache, dass die »Lackiererei« nicht den Montagebereich beeinträchtigen darf. Die ideale Lösung ist eine Spritzkabine mit Filtern für den Farbnebel und einer Absauganlage nach außen. Kommerzielle Modellbau-Spritzkabinen gibt es in vielen Größen und zu unterschiedlichen Preisen. Wer nicht allzu viel sprühen möchte, braucht wahrscheinlich nur eine Kabine der unteren Preisklasse. Wer viel mit einer Spritzpistole (oder Spraydose) lackieren will, sollte in ein anspruchsvolles Gerät investieren oder vielleicht seine eigene Kabine bauen.

Es würde den Rahmen dieses Buchs sprengen, auf Details zum Bau einer solchen Kabine einzugehen, doch muss bedacht werden, dass ein Abluft-Ventilator stark genug sein muss, eine größere Luftmenge zu bewegen (was Badezimmer-Entlüfter oder umgebaute Computer-Lüfter ausschließt) – es muss also etwas »Industrielles« her. Außerdem muss sichergestellt sein, dass der Lüfter Sprühnebel verträgt (es hat sich gezeigt, dass einige billige Spritzkabinen hierfür nicht geeignet waren und dies die Frage aufwirft, wofür sie überhaupt gedacht waren). Es kann auch hilfreich sein, sich über gesetzliche Vorschriften zur Abluft (auch ausreichend gefiltert) schlau zu machen.

Eine kleine kommerzielle Spritzkabine mit Abluft-Schlauch, der durch ein Fenster geführt werden kann.

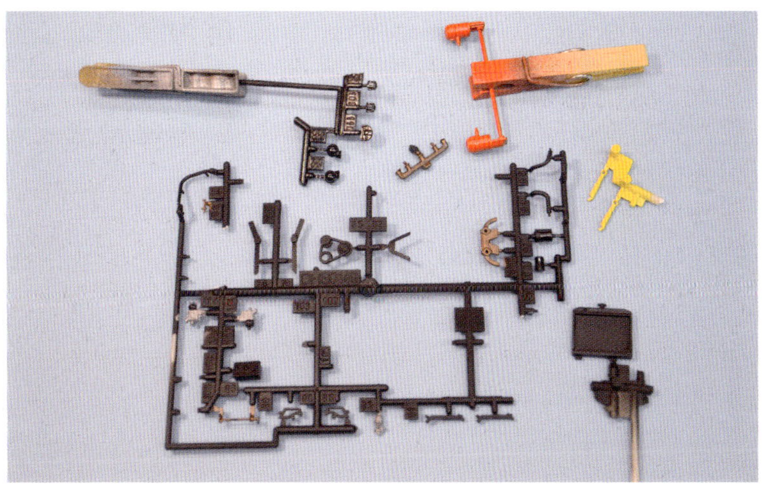

Kleinteile lassen sich gut am Gießast lackieren.

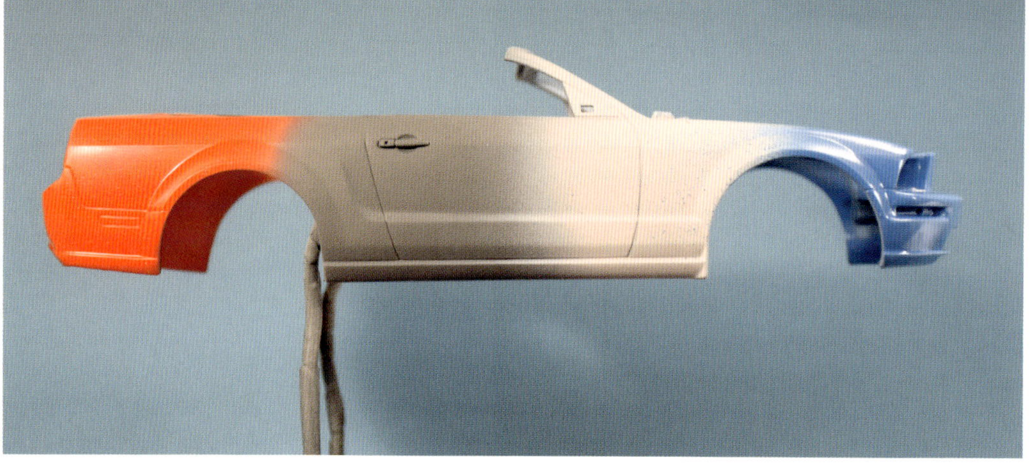

Das Problemen beim Übermalen von Rot (oder Gelb) – von links nach rechts: der Bausatz besteht aus rotem Plastik, dieser wird zuerst mit grauem Primer, dann mit weißem Primer gespritzt und schließlich in Hellblau lackiert.

Primer

Eine Bemerkung zu Primer (Grundierung): Manche halten sie für Zeit- und Geldverschwendung. Aber sie dienen einem wirklich wichtigen Zweck. Viele Modelle können heute aus verschiedenen Materialien wie Polystyrol, Gießharz oder Fotoätzteilen zusammengesetzt werden – und eine Primer-Behandlung sorgt auf all diesen Untergründen für eine einheitliche Oberfläche. Selbst wenn das Modell nur aus Polystyrol besteht, hilft die Grundierung beim korrekten Haften der Lackschicht. Dezidierter Primer »ätzt« sich leicht in die Oberfläche des Kunststoffs ein – manche werden daher sogar als »selbstätzende Primer« bezeichnet – und hilft dadurch den nachfolgenden Schichten, am Kunststoff zu haften.

Alle Modellbau-Firmen bieten Primer an – in der Regel in Grau, Weiß und Schwarz, aber auch anderen Farbtönen. Der Farbton des Primers sollte zur Deckschicht passen – wenn ein Modell mit dunklem Lack oder auch mit Metallic-Farbe lackiert werden soll, sieht dies am besten auf schwarzer Grundierung aus.

Auch wenn die meisten Bausätze heutzutage in Weiß oder hellem Grau gegossen werden, gibt es noch einige aus eingefärbtem Polystyrol. Dies kann zu Problemen führen – vor allem, wenn die Decklackierung diametral zum Untergrund steht. Die meisten eingefärbten Modellbausätze sind heutzutage für den »Junior-Bereich« des Marktes gedacht, aber es gibt auch Fälle, in denen diese Bausätze von erfahrenen Modellbauern zusammengesetzt werden, weil genau dies Fahrzeug, Flugzeug oder Schiff in keiner anderen Form erhältlich ist.

Aber was passiert, wenn der Bausatz in Rot gegossen ist und man ihn in Weiß haben will? Selbst mit weißem Primer sieht man nach dem Auftragen weißen Lacks das durchscheinende rote Plastik, sodass am Ende ein etwas surreales Pink entsteht. Das Gleiche kann auch mit gelbem Plastik geschehen. Dies ist auf die Farbstoffe zurückzuführen, die dem Polystyrol bei der Herstellung zugefügt werden, und Rot- sowie Gelbtöne neigen besonders dazu, selbst durch Primer zu dringen. In manchen Fällen muss man gegen den natürlichen Instinkt handeln und vor einer weißen Lackierung grauen oder sogar schwarzen Primer auftragen, dann weißen Primer und erst danach den weißen Lack; nur so lässt sich verhindern, dass es rot oder gelb durchscheint.

Reinigung

Unabhängig von der Lackiermethode – aber vor allem beim Sprühlackieren – muss sichergestellt werden, dass die zu behandelnde Oberfläche nicht nur staubfrei ist (eigentlich eine Selbstverständlichkeit), sondern auch – weniger offensichtlich – frei von Verunreinigungen sein sollte. Damit die Teile gut aus der Spritzguss-Maschine kommen, wird ein Trennmittel verwendet. Dies sollte nicht großflächig auf den Teilen vorhanden sein, kann aber in Spuren vorkommen. Gießharz-Teile kleiner Hersteller sind häufig mit mehr Restbeständen kontaminiert, da hier das Trennmittel in der Regel nicht entfernt wird. Das Waschen mit warmem Seifenwasser und anschließendes Trocknen ist eine Möglichkeit, der Einsatz von Brennspritus hilft ebenfalls, zudem gibt es immer mehr spezielle Reiniger für Plastikteile. Alle Reinigungsmethoden verringern die statische Aufladung des Kunststoffs, sodass er weniger Staub anzieht.

Festhalten

Beim Lackieren muss natürlich bedacht werden, wie die Teile zu halten sind. Da die meisten Bausatzteile noch am Gießast ausgeliefert werden, können diese bequem als Griff genutzt werden. Der übliche Prozess ist, zunächst alle Teile, die mit der gleichen Farbe lackiert werden, zu versammeln und zu lackieren (siehe Kapitel 7). Andere Teile müssen einzeln lackiert werden. Die meisten Teile hängen an mehr als einem Einguss, sodass einer oder mehrere getrennt werden können, aber immer noch ein fester Halt sichergestellt ist. Alternativ werden die Teile vollständig befreit und anderweitig gesichert (beispielsweise an einem Loch, in das ein Draht oder Cocktailspieß gesteckt werden kann – nötigenfalls darf dafür an einer versteckten Stelle eine Bohrung gesetzt werden).

Falls an einem Gießast viele Teile in der gleichen Farbe lackiert werden müssen, werden alle nicht notwendigen Eingüsse getrennt und wird der gesamte mit einer großen Wäscheklammer gehaltene Gießast besprüht.

Größere Teile wie Auto-Karosserien können mit einem stabilen Drahtbügel gehalten werden, der darin »einrastet« und mit doppelseitigem Klebeband in Position gehalten wird. So hat man nicht nur einen praktischen Griff, sondern auch eine nützliche Aufhängung zum Trocknen.

Hier stellt sich die Frage: »Wohin mit den Teilen zum Trocknen?« Beim Trocknen sind die Teile genauso staubempfindlich wie beim Lackieren – oder sogar noch mehr, weil es länger dauert.

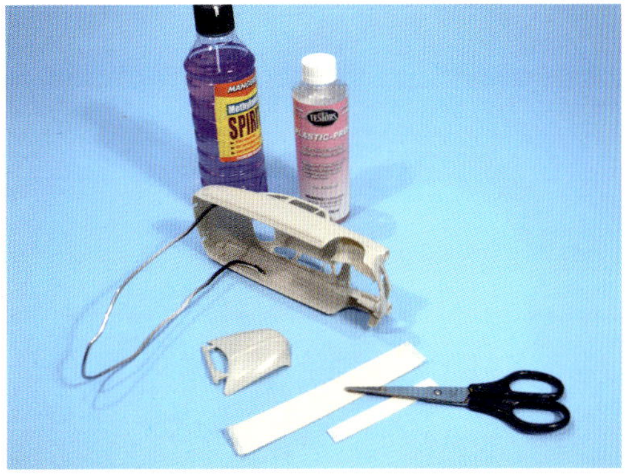

Ein Kleiderbügel-Draht kann so gebogen werden, dass er die Auto-Karosserie beim Besprühen hält. Die Flüssigkeiten dienen zum Reinigen und Entfetten des Bauteils vor dem Lackieren.

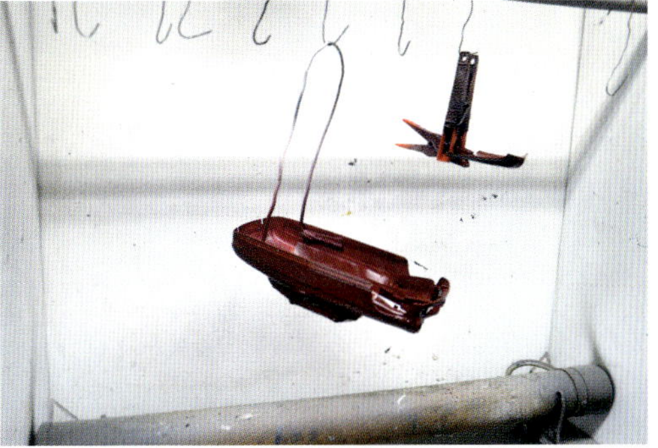

Mit dem Kleiderbügel können die Teile über Kopf zum Trocknen aufgehängt werden – dies schützt auch davor, dass sich Staub darauf absetzt.

Originale Farbtabellen für das »echte« Auto können bei der Auswahl der Lackierung helfen – hier bei einem Hudson Hornet von Moebius.

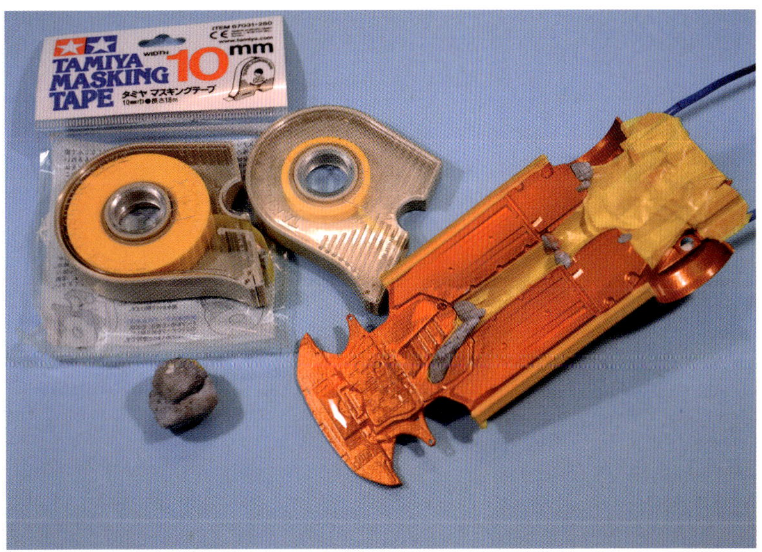

Verwenden Sie Abdeckband oder Knetgummi, um einzelne Teile beim Sprühen abzudecken.

Verschiedene Methoden zum Halten von Teilen, die lackiert werden sollen – darunter ein gebogener Drahtbügel und Wäscheklammern.

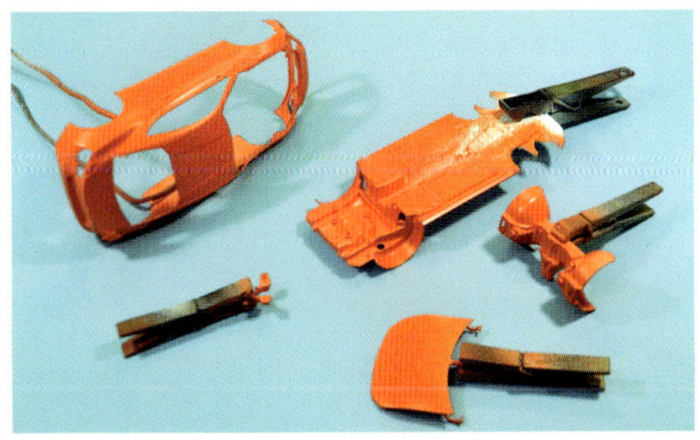

Ein selbstgebauter Trockenschrank über einem Heizungsrohr. Die aufsteigende warme Luft trocknet die Teile auf mehreren Ebenen.

Wie bei der Lackierkabine liegt die ideale Lösung zum Trocknen in einem speziellen Trocknungsbereich, doch dieser hängt wieder von den individuellen Bedingungen ab. Im Gegensatz zu Spritzkabinen sind Trockenbereiche nicht fertig erhältlich – sie müssen also selbst gebaut werden.

Der hier gezeigte Eigenbau-Trockenschrank hat eine einfache Kastenstruktur. Er hat aus dünnen Rohren angefertigte Schienen zum Aufhängen der Bügel oder Wäscheklammern. Am Boden befindet sich entweder eine spezielle Heizung oder es wird ein vorhandenes Heizungsrohr integriert, von dem die warme Luft nach oben aufsteigt. Viele zu trocknende Teile können über Kopf aufgehängt werden, damit sich möglicherweise absinkende Partikel auf der Innenseite ansammeln.

Falls ein solcher Trockenschrank nicht möglich ist, müssen trocknende Teile auf jeden Fall abseits des Arbeitsplatzes gelagert werden, da durch jede Luftbewegung Staubpartikel daraufwehen kann.

Selbst wenn »Teile« auf das trocknende Bauteil fallen, ist noch nichts verloren. Kleine Härchen und Ähnliches können vorsichtig mit einer Pinzette entfernt werden. Falls die Farbe noch »sehr nass« ist, wird sie wahrscheinlich entstandene Lücken wieder schließen und niemand wird das Malheur bemerken. Andere Partikel lassen sich möglicherweise mit einem kleinen Skalpell und einer Pinzette entfernen. Falls dies nicht möglich ist, muss gewartet werden, bis die Farbe vollständig getrocknet ist, dann wird die betroffene Stelle geschliffen und neu lackiert.

Abkleben

Viele Modell-Bauteile sind einfarbig, doch manche haben zwei oder mehrere Farben: Auto-Karosserien, Tarnfarben auf Flugzeugen und Panzern, bunte Verkehrsflugzeuge. Hier kommt Abkleben ins Spiel. Im Grunde läuft das Verfahren wie folgt ab:

1) Die erste Farbe wird aufgetragen.
2) Alles wird gut getrocknet.
3) Die lackierte Fläche wird abgeklebt.
4) Die zweite Farbe wird aufgetragen.
5) Die Abdeckung wird entfernt.

Eigentlich war es das – aber natürlich gibt es ein paar Dinge zu beachten.

Abkleben ist in vielerlei Hinsicht eine Kunst für sich. Das Klebeband muss so gut haften, dass keine Farbe darunterkriecht, darf aber nicht so gut kleben, dass es beim Abziehen die Farbe mitreißt. Aus diesem Grund sind die meisten für Innendekoration oder Autolackierereien konzipierten »allgemeinen« Abdeck-Klebebänder für den Modellbau nicht geeignet. Zum Glück es gibt eine ganze Reihe spezieller Modellbau-Abdeckbänder, die genau diese Anforderung erfüllen.

Es gibt sie in verschiedenen Breiten, allerdings sind sie nicht gerade billig. Falls größere Bereiche abgeklebt werden sollen, kann es daher besser sein, Modellbau-Abdeckband für die eigentlichen Ränder zu verwenden und den Rest mit billigem Standard-Klebeband zu bedecken. Große Flächen können auch mit Polyethylen-Folie abgedeckt werden, die mit billigem Klebeband fixiert werden. (Viele Gießäste sind in entsprechenden Beuteln verpackt, diese haben aber oft Löcher, die zugeklebt werden müssen!)

Falls die Abdecklinie gekrümmt ist, gibt es zwei Möglichkeiten: Entweder wird das Klebeband »gerade« verlegt und vorsichtig mit einem Skalpell zurechtgeschnitten, oder man kauft Spezialklebeband, das auch Kurven abdecken kann – dies erfordert etwas Übung, das Band korrekt zu positionieren, aber es bleibt vielleicht die einzige Möglichkeit.

Bevor mit dem Sprühen begonnen wird, ist es ratsam, ALLE abgeklebten Stellen noch einmal zu kontrollieren. Sprühfarbe ist extrem hinterlistig und findet die kleinsten Lücken und Öffnungen.

Nach dem Sprühen muss das Abdeckband so rasch wie möglich abgezogen werden, damit die noch nicht getrocknete obere Schicht noch etwas »fließen« kann und in der Oberfläche keine »Stufe« entsteht.

Falls sich doch Farbe unter das Klebeband geschlichen hat, ist noch nicht alles verloren. Soweit es nur sehr wenig Farbe ist, besteht die Chance, diese mit einem sauberen und mit Verdünner angefeuchteten Pinsel in die richtige Position zu bringen.

Bei größeren Mengen fehlgeleiteter Farbe kann diese ebenfalls mit der Kombination aus Pinsel und Verdünner vorsichtig von der Modell-Oberfläche gewischt werden – hierzu sind oft mehrere Durchgänge nötig und der Pinsel muss nach jeder Anwendung gereinigt werden. Auch Wattestäbchen eigenen sich hierfür sehr gut. Getrocknete Farbe lässt sich möglicherweise mit einem Skalpell entfernen. Eine dünne Schicht komplett durchgetrockneter Farbe kann auch mit Politur beseitigt werden.

Zweifarbig

Wenn auf ein Bauteil mehrere Farben aufgetragen werden sollen, ist es immer am besten, mit der helleren zu beginnen. Wenn beispielsweise die kurzzeitig von Revell angebotene »Reichsflugscheibe Haunebu II« (die natürlich nur als Nazi-Mythos existierte, aber dennoch als »echtes« Modell verkauft wurde) die typischen Wehrmachts-Tarnfarben Grün, Lila und Schwarz mit harten geraden Abgrenzungen erhalten soll, muss diese nach dem Auftragen des Primers zunächst grün lackiert werden. Nachdem die Farbe getrocknet ist, wird Abdeckband angebracht und die lila Farbe aufgetragen. Schließlich wird weiteres Abdeckband auf dem getrockneten Lila aufgetragen (das alte Band bleibt, schließlich soll das Grün nicht verschwinden!) und die schwarze Farbe aufgesprüht.

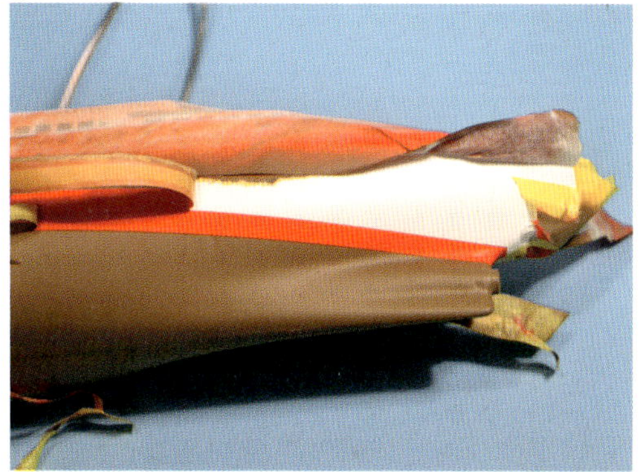

Hier muss der Schiffsrumpf mehrfarbig lackiert werden. Zuerst wurde weiße Farbe aufgesprüht, dann der obere Bereich abgeklebt und die rote Linie aufgetragen. Schließlich wurde auch diese abgeklebt und der »Unterwasserbereich« braun lackiert.

Durch den geschickten Einsatz von Abdeckband auf dem Northrop-Nurflügler lassen sich unterschiedliche Aluminium-Schattierungen aufsprühen, um einzelne Bleche anzudeuten.

Für den Rumpf des Moebius-Ranger aus dem Film *Interstellar* waren zahlreiche Abdeckungen nötig.

Die Abdeckung des Rangers kann jetzt entfernt werden.

Abdeckungen für die Dreifarb-Lackierung der spekulativen Wehrmachts-»Flugscheibe«: Zuerst wurde das Modell grün gesprüht, dann abgeklebt und die lila Farbe aufgepinselt.

Die fertige »Haunebu II« mit Schwarz als weitere Farbe ist startklar zur Eroberung der Mond-Rückseite.

Hierfür gibt es zwei Möglichkeiten: Falls die Farbe mit dem Pinsel verteilt wird, müssen die Abdecklinien nur auf den tatsächlichen Abgrenzungen aufgetragen werden, denn es kann ja kein Sprühnebel entstehen. Das Gleiche gilt für den Auftrag der dritten Farbe. Soll das Modell jedoch gesprüht werden, muss die gesamte Fläche der jeweiligen Farbe abgedeckt werden.

Spezielle Abdeckungen

Was immer schwierig abzukleben und richtig zu bemalen ist, sind die Cockpit-Hauben von Flugzeugen. Der Maßstab ist klein und die Linien der Fensterrahmen sind dünn, also sind Firmen auf die Idee gekommen, vorgestanzte Abdeckungen anzubieten, die auf den klaren Bereichen (den Cockpit-Fenstern) angebracht werden, um präzise Linien ziehen zu können. Dies gilt auch für moderne Automobile, bei denen das Fensterglas aufgeklebt ist und normalerweise ein schwarzer Rand verbleibt. Auch hier gibt es Abdeckungen, um das Linieren zu erleichtern, und einige Hersteller wie Tamiya legen sie sogar den Bausätzen bei.

Selbstverständlich müssen diese Abdeckungen sehr präzise ausgerichtet werden, damit das Farbmuster passt. Manchmal ist das Polystyrolteil mit einer schwachen Linie vorgeätzt, um anzuzeigen, wo die Farbe – und damit auch die Abdeckung – hinkommt. Die Abdeckungen werden in der Regel auf einer Trägerfolie

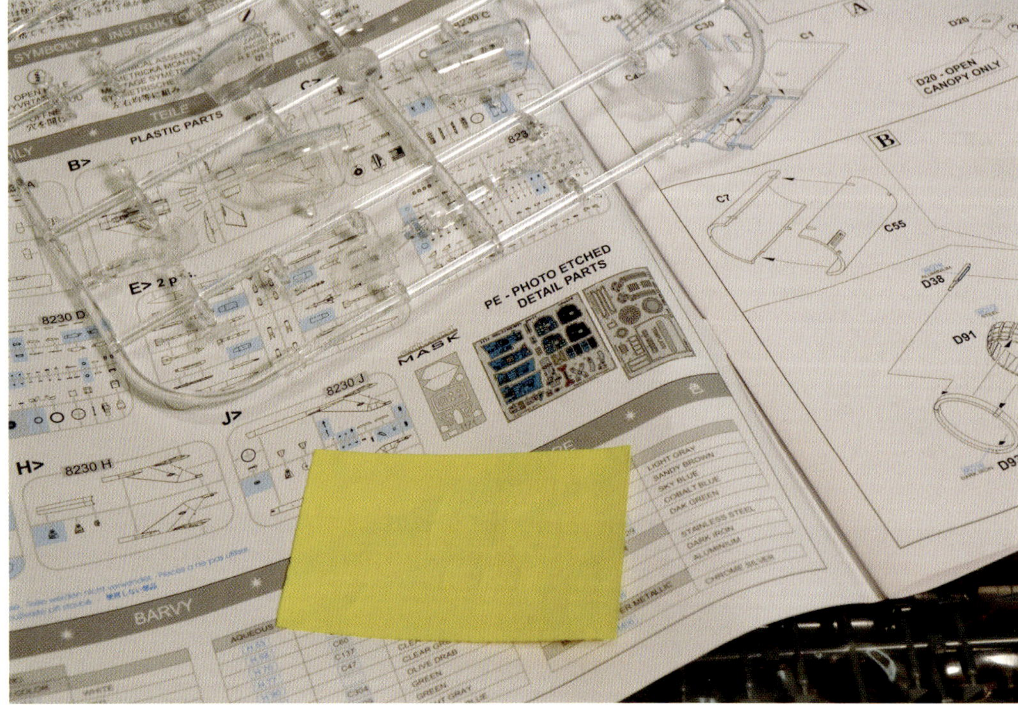

Dieser Bausatz ist mit gelben Farbmasken für die Cockpit-Haube (oben) ausgerüstet, damit der Rahmen lackiert werden kann.

vorgestanzt, damit man sie einfach abziehen und aufkleben kann. Kleine Abdeckungen können mit der Pinzette gehalten, an einer Ecke ausgerichtet und dann wie gewünscht platziert werden. Am besten legt man die Abdeckung sanft ab, sodass sie zwar ihre Position behält, aber noch geprüft werden kann, ob sie tatsächlich richtig liegt; wenn sie zu fest sitzt, muss sie komplett abgezogen werden und man kann von vorn beginnen. Erst wenn feststeht, dass die Abdeckung korrekt sitzt, wird sie angedrückt, um die Ränder abzudichten.

Wenn etwas falsch gemacht wurde, können Abdeckungen normalerweise ein paar Mal abgezogen und neu ausgerichtet werden. Schieben Sie ein Skalpell unter den Rand der Abdeckung, um sie abzuheben, aber achten Sie darauf, den Rand nicht zu beschädigen, da er sonst nicht richtig abdichtet. Zu häufiges Abziehen sollte unterlassen werden, da die Klebefähigkeit und damit die Abdichtung nachlässt. Genau deshalb darf die Abdeckung erst fest angedrückt werden, wenn sie korrekt ausgerichtet ist.

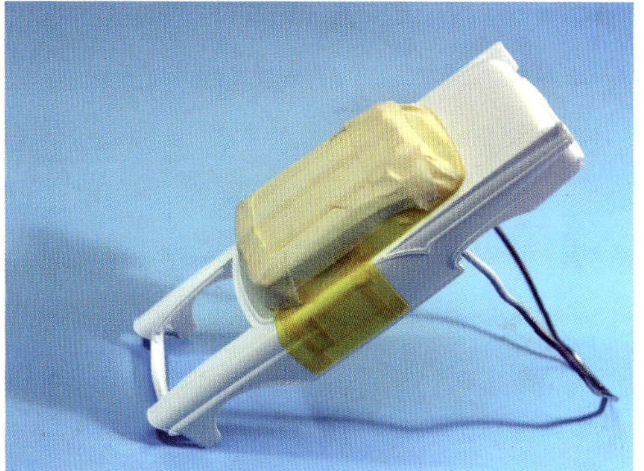

Die Türen und das Dach des 1957er Police-Fords von Revell müssen nach dem Auftragen der weißen Farbschicht abgeklebt werden, damit der Rest schwarz werden kann.

Nach dem Entfernen des Abdeckbands zeigt sich das Auto in der typischen Schwarz-weiß-Lackierung.

Finish

Erstaunlicherweise können auch Lackierungen »maßstabsgetreu« gemacht werden. Als Faustregel gibt: Je kleiner der Maßstab, desto blasser das Aussehen. Dies gilt vor allem für Schiffe, die in der Realität zu den größten Objekten gehören und entsprechend in den kleinsten Maßstäben als Modell gebaut werden. Es hängt auch davon ab, wie nah man sie betrachtet. Bei einem im Hafen liegenden Kriegsschiff werden die Farben stärker und lebendiger, auch wenn es nur »Kriegsschiff-Grau« ist. Auf hoher See jedoch werden die Farben immer gedeckter: Aus Dunkelgrau wird Mittelgrau, während aus Mittelgrau Hellgrau wird. Bei der Fertigstellung muss daher beachtet werden, dass die Farbbalance zur Größe des Objekts passt.

Alles glänzt und leuchtet

Manche Modelle benötigen ein besonders glänzendes Finish, sodass die Lackoberfläche von einer Politur profilieren kann. Dies gilt für Verkehrsflugzeuge und vor allem Autos, Militärgeräte aller Gattungen sind hiervon eher ausgeschlossen. Beim Polieren wird die obere Lackschicht hauchdünn abgetragen und alles ausgeglichen – und dadurch entsteht der gewünschte Glanz.

Damit dies klappt, ist es äußerst wichtig, dass die Farbe absolut trocken ist. Modellfarben-Rezepte sorgen dafür, dass die Lacke in der Regel schneller als andere Lacke trocknen, aber auch hier ist es ratsam, alles mindestens eine Woche – besser länger – trocknen zu lassen, bevor mit dem Polieren begonnen wird.

Speziell für den Modellbau ist Flüssigpolitur erhältlich. Alternativ gibt es auch größere Gebinde zum Polieren »echter« Autos. Geben Sie eine kleine Menge Politur auf einen fusselfreien Lappen und verreiben Sie sie in sanften kreisenden Bewegungen. Sehr schnell lässt sich erkennen, wie das Tuch die Farbe des abgeriebenen Lacks annimmt, daher der Rat: Niemals zu stark reiben!

Es gibt unterschiedliche Auffassungen darüber, wie glänzend der Glanz sein darf. Glanz ist skalierbar, und es gibt Argumente dafür, dass ein allzu glänzendes Modell unrealistisch wirken kann. Zu viel Glanz auf einem Modellauto kann es eher wie ein hochglanzpoliertes Druckguss-Modell als die Wiedergabe eines echten Autos wirken lassen.

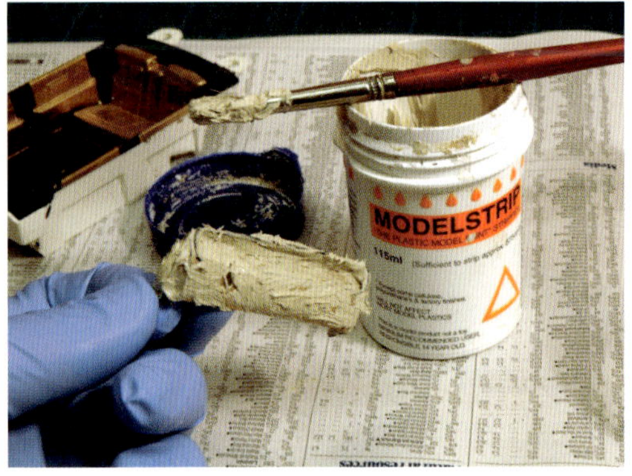

Farbe lässt sich gut mit alter Bremsflüssigkeit entfernen. Das Tragen von Handschuhen ist obligatorisch!

Es gibt speziellen Modellbau-Abbeizer auf Alkalibasis. Das Tragen von Handschuhen ist hierbei erst recht obligatorisch!

Wenn alles schiefgeht

Selbst bei größter Sorgfalt können Lackierungen schiefgehen. Es entstehen Läufer, die Oberfläche kräuselt sich oder es fallen viele Schwebstoffe auf den noch nassen Lack. Nichts ist verloren, denn in der Regel lässt sich alles reparieren.

Wenn die Oberfläche erst kürzlich lackiert wurde und noch feucht oder zumindest klebrig ist, kann die Farbe mit entsprechendem Verdünner entfernt werden – bei Email kommt Terpentinersatz oder Waschbenzin zum Einsatz und bei Acryl ist es Wasser oder Brennspiritus (Hinweise zu Acrylfarben auf anderen Grundlagen finden sich am Anfang dieses Kapitels). Die Angelegenheit wird schmutzig, also muss sie über einem Spülbecken oder einer Einweg-Oberfläche durchgeführt werden, Handschuhe müssen ebenfalls getragen werden.

Bei kleinen Teilen und einer ausreichenden Menge Reinigungsmittel können sie darin eingetaucht und mit einer alten Bürste (eine Zahnbürste ist ideal) von der Farbe befreit werden; direkt nach der Lackierung löst sich die Farbe von ganz allein und es muss nur in Ecken und Ritzen nachgearbeitet werden. In der Regel wird die Oberfläche wieder in einen tadellosen Zustand versetzt. Dann muss nur noch alles mit Seifenwasser gesäubert und gut getrocknet werden. Das Teil steht nun für einen zweiten Versuch bereit.

Bei bereits getrockneter Farbe muss wahrscheinlich eine andere Technik eingesetzt werden. Soweit der Schaden nur auf einer kleinen Fläche auftritt, kann die Farbe abgeschliffen und alles geglättet werden – verwenden Sie dazu Schleifpapier mit unterschiedlichen Körnungen und der feinsten zum Schluss. Säubern und trocknen Sie das Modell sorgfältig und führen Sie eine Neulackierung durch.

Nur wenn eine große Oberfläche betroffen ist, wird eine etwas drastischere Lösung erforderlich: Es werden verschiedene Abbeizmittel angeboten, mit denen sich Farbe sehr gut entfernen lässt, die meisten davon auf Alkalibasis. Die Oberfläche unter der Farbe ist natürlich Polystyrol, das relativ unempfindlich auf Lösungsmittel und dergleichen reagiert – aber nicht auf alle von ihnen. Manche Mittel, die Farbe ablösen, greifen auch Polystyrol-Oberflächen an!

Das Entfernen von Farbe von Modellen ist keine neue Idee. Diese geht auf die Anfangszeit des Modellbaus in den 60er-Jahren zurück, wenn Modellbauern vor allem beim Versuch, ihren Modellautos eine makellose Showroom-Lackierung zu verpassen, etwas schiefgegangen war.

Damals traten zwei Methoden in den Vordergrund, und beide werden heute noch angewendet. Eine war die Verwendung des bei Modell-Motoren eingesetzten Methanol/Nitromethan-Gemischs. Dies war schon damals nicht billig und enthält eine Menge Öl, das eine sorgfältige Entfettung nötig macht, wenn die nächste Lackierung besser werden soll. Dieser Kraftstoff war zudem sehr flüchtig, sodass neben dem Hinweis, bitte nicht in der Nähe zu rauchen (das war in den 60er-Jahren!) ständig der Behälter nachgefüllt werden musste, weil es so schnell verdampfte.

Eine billigere Methode war die Verwendung von Bremsflüssigkeit – vor allem, wenn man gebrauchte benutzte. Wer selbst am Auto oder Motorrad schraubt und gelegentlich die Bremsflüssigkeit wechselt, sammelt einfach die alte in einem abgedichteten Behälter (sie ist hydrophil und nimmt Luftfeuchtigkeit auf). Die zu entlackenden Teile werden in die Flüssigkeit gelegt, bis sich die Farbe löst. Auf jeder Bremsflüssigkeits-Dose steht die Warnung, sie nicht auf Lackteile zu verspritzen – und genau dies nutzen wir aus!

Bremsflüssigkeit ist relativ aggressiv, so dass man beim Entlacken ständig aufpassen muss, da sie irgendwann auch das Polystyrol angreift. Mit etwas Sorgfalt kann diese Methode aber auch heute noch eingesetzt werden – natürlich stets mit Handschuhen.

In den letzten Jahren sind Pasten auf Alkalibasis auf den Markt gekommen, die über die entsprechenden Oberflächen geschmiert werden, bevor das Teil in eine Plastiktüte gepackt, verschlossen und über Nacht an einem warmen Ort gelagert wird. Die Paste wird dann unter fließendem Wasser abgewaschen und nimmt die Farbe mit. Die Oberfläche des ursprünglichen weißen oder hellgrauen Plastiks wird dabei hellbraun, was aber problemlos überlackiert werden kann. Die Paste selbst ist ätzend, also wird empfohlen, die Arbeit in einem gut belüfteten Bereich über einer Einweg-Unterlage (alte Zeitungen) durchzuführen und dabei Latexhandschuhe und nötigenfalls eine Maske zu tragen. Weil es sich um ein Alkali handelt, kann die Paste möglicherweise nicht per Post verschickt werden – muss also direkt im Modellbau-Geschäft abgeholt werden.

Verwitterung

Ein relativ junges Phänomen bei Modellen und Modellbauern ist die Frage, ob man Modelle regelrecht »verwittern« sollte. Man kann es auch verschmutzen oder »patinieren« nennen. Seinen Ursprung hatte es mit Sicherheit bei den Spezialeffekten in der TV- und Filmindustrie (SFX), wo Modelle gewöhnlich als Miniaturen bezeichnet werden, da sie wirklich kleiner als das Original sind und regelmäßig auf »verschmutzt« getrimmt werden mussten. Dies geschieht, um sie möglichst echt aussehen zu lassen, denn nichts ist im echten Leben wirklich sauber. Bei einem nagelneuen Auto beginnen die Reifen auf der ersten Fahrt zu verschleißen und nehmen Straßenschmutz auf. Dieser überträgt sich zusammen mit Insekten auf die Karosserie, und schon sieht das Auto nicht mehr aus wie »ladenneu«. Flugzeuge nehmen Schmutz von den Start- und Ladebahnen auf, Eisenbahnen verdrecken durch Bremsen-Abrieb und ggf. den Ruß der Dampfloks und Schiffe werden durch Treibgut und Seewasser angegriffen. Natürlich gilt dies auch bei Militärfahrzeugen, die ständig durch staubige oder schlammige Landschaft gefahren werden müssen.

Mit dieser allgemeinen Idee, dass im Alltagsgebrauch einfach alles eine Patina ansetzt, begann die FX-Industrie, ihre Miniaturen »verwittern« zu lassen. Obwohl viele der Modellbau-Techniken hier denen im Hobby-Modellbau ähneln, lag der endgültige Sinn natürlich nicht darin, sie stolz auf dem Kaminsims

»UN-SPEZIAL-EFFEKTE«

Es gibt bei den Spezialeffekten im Film und Fernsehen das faszinierende Argument, wonach bei korrekt ausgeführter Arbeit durch das Effekt-Team der Zuschauer nicht bemerken soll, dass es sich um einen Effekt gehandelt hat. Erwiesenermaßen ist es in SF- und Fantasyfilmen ziemlich offensichtlich, was Effekte sind, doch Spezialeffekte werden nicht nur bei den neuesten Fantasy-Blockbustern eingesetzt. Praktisch in allen Filmen – ob sie in der Zukunft spielen oder nicht – und vielen TV-Serien werden Spezialeffekte im weitesten Sinne eingesetzt, um die Szene zu verändern, ein Merkmal hinzuzufügen oder einfach etwas »Ungewöhnliches« zu machen. Und sie bleiben unbemerkt, da sie nicht laut schreien: »Dies ist ein Spezialeffekt!« In diesem Falle hat die Spezialeffekte-Abteilung alles richtig gemacht.

Eine Auswahl an Verwitterungs-Materialien – manche speziell hergestellt, andere sind Künstler-Acrylfarben in Tuben und Dosen (hinten rechts).

Eine interessante Anwendung der Verwitterung auf Zugwagons: Sie werden durch die Waschanlage gefahren, daher ist der Wagen rechts »bereits« sauber.

zu präsentieren, sondern sie möglichst nahtlos in einen übergeordneten Handlungsbogen zu integrieren.

Diese Verschmutzung von Film-Miniaturen begann in den frühen 60er-Jahren bei Science-Fiction-Produktionen von Gerry Anderson. Davor waren die Miniaturen von SF-Filmen – vor allem die Raumschiffe in vielen amerikanischen B-Movies der 40er- und 50er-Jahre – hell und glänzend und zeigten keine Anzeichen von Verwitterung.

Der mit Schlamm und Rost überzogene 1948er Chevy Galaxie hat offensichtlich schon viele Runden auf der Rennstrecke gedreht.

Auf diesem Aston Martin DBS von Tamiya wurde eine sehr dünne Schicht »Dreck« von Pro-Modeller aufgetragen, damit er dem James-Bond-Wagen in *Ein Quantum Trost* entspricht.

In den verschiedenen Serien von Anderson waren die Minaturen ausnahmslos reichlich verwittert, und obwohl es sich bei den Charakteren um Puppen handelte, die nur bedingt realistisch erschienen, entsprachen ihre Fahrzeuge weitaus mehr dem »wahren Leben«. Hier waren Stellen, an denen Öl austreten könnte, tatsächlich mit Öl verschmiert, Räder waren verschlissen, Windschutzscheiben mit Schmutz und Staub verdreckt und Auspuffrohre durch große Hitze und Ruß gezeichnet.

Von den vielen Modellbausätzen der Anderson-Kreationen, wo Verschmutzungen eine Grundbedingung waren, ging es weiter zu Modellflugzeugen, die so aussahen, wie sie in echt auf der Rollbahn stehen würden. Neben herunterhängenden Klappen (durch fehlenden hydraulischen Druck) zeigten sie an allen Ecken und Kanten Abnutzungserscheinungen, die auch ein perfekt gewartetes Flugzeug aufweist. Vorderseiten wurden mit Aluminiumfarbe trocken gepinselt, so wie es im Flug mit mehreren Hundert Kilometern pro Stunde ebenfalls geschieht. Fahrwerksklappen, Bremsklappen und Lufteinlässe erhielten die gleiche Behandlung, während bei Tankklappen und Inspektionsdeckeln an Triebwerken Schmutz in die Ritzen gebürstet wurde.

Jedes Modell, das patiniert werden soll, beginnt im »Neuzustand«. Es gibt nur wenige Ausnahmen, aber mit Sicherheit sind die große Mehrheit aller Modelle sauber, bevor sie verwittert werden sollen. In den frühen Tagen des Modellbaus und der Verwitterung musste genommen werden, was im Farbenschrank vorhanden war. Obwohl hierzu auch »Schwarz« gehörte, war dies eine der am wenigsten nützlichen Farben. Nichts außer Ruß ist wirklich schwarz, vor allem Dreck, also muss es mit anderen Farbtönen gemischt werden: Braun, Grün und natürlich Grau, um ein realistischeres Aussehen zu erzeugen. In verdünnter Form wird es auf einer Ritze aufgetragen, wo es durch die Kapillarwirkung verläuft und der Prozess beginnt.

Per Trockenpinsel aufgetragenes Aluminium an der ersten Stufe einer Saturn V F1 – hier im riesigen Maßstab 1:20.

Trockenpinseln

Eine sehr nützliche Verwitterungstechnik ist das bereits kurz erwähnte »Trockenpinseln« – und der Name sagt bereits, um was es im Grunde geht: Man nimmt einen Pinsel und taucht ihn in eine Farbe. Nehmen wir beispielsweise Aluminium, da dies ein verbreiteter Farbton für viele Bereiche ist. Zuerst wird die meiste Farbe wieder abgewischt, damit der Pinsel fast trocken ist (daher der Begriff). Dann wird vorsichtig – z. B. über die Vorderseite der Tragfläche – gepinselt, sodass ein kleiner Teil der Farbe daran verbleibt – wirklich nur ein kleiner Teil. Dadurch sieht die Kante der Tragfläche »verschlissen« aus (im Sinne von entlackt). Die Technik kann auf viele andere Bereiche ausgedehnt werden, und wenn es um eine mechanische Struktur – z. B. ein Flugzeug-Triebwerk – geht, kann sie auf der Oberfläche angewendet werden, wo es Vertiefungen und Erhöhungen gibt, oder wo Rohre verlaufen (und die meisten Triebwerke haben eine Menge außenliegende Rohre!). Natürlich muss es nicht immer Aluminium sein. Die meisten Farbenhersteller bieten eine breite Palette von Metallic-Farbtönen an, sodass auch Bronze, Stahl, Kupfer und andere Metalle für verschiedene Effekte genutzt werden können.

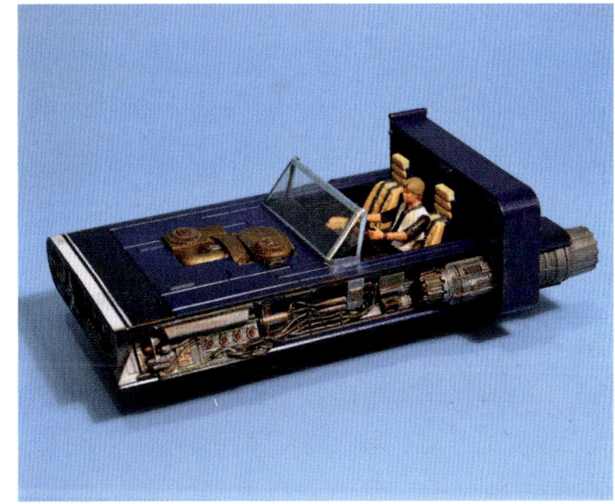

Trockenpinsel-Auftrag verschiedener Farbtöne auf den »mechanischen« Teilen von Han Solos Land Speeders aus dem Film Solo: *A Star Wars Story* von Revell. Gezielter Einsatz von Farbe kann auch einen Anfänger Bausatz aufwerten.

Mehr Dreck und Staub

Und dann ist da noch Schmutz und Staub. Weil im Diorama-Kapitel 9 große staubige und verdreckte Flächen vorhanden sind, können einzelne Modelle mehr als nur mit der Trockenpinsel-Technik behandelt werden. Neben den etablierten Modellbaufarben-Anbietern gibt es zahlreiche kleine Firmen, die ausschließlich Verwitterungs-Material anbieten. AK Interactive aus Spanien stellt eine breite Palette von Schlämmen und Pulvern her, mit de Modellbausätze verdreckt werden können.

Bei manchen Flaschen weiß man nicht genau was man bekommt. Die Flasche enthält eine blasse Mischung und auf dem Etikett steht »schlammbraun«. Nun fragt man sich vielleicht, wie es verwendet wird. Tatsächlich kann es per Airbrush über »Schmutz und Staub« aufgetragen oder per Pinsel in Ritzen und Spalten gebürstet werden, wo sich derselbe Schmutz und Staub in Wirklichkeit ansammelt. Die meisten dieser Materialien sind auf Wasserbasis hergestellt, sodass sie bei übermäßiger Verwitterung abgewaschen werden können – fast wie in Wirklichkeit.

Kapitel 7

Der Zusammenbau

Es mag überflüssig klingen, aber das Erste, was man beim Modellbau tun sollte, ist den Karton zu öffnen und nachzuschauen, ob alles vorhanden ist. Bei älteren Bausätzen lagen die Gießäste in der Regel lose in der Packung und andere Teile wie Reifen oder Ketten mittendrin. Durch Bewegung können Teile von den Gießästen abreißen und wenn der Karton geöffnet wurde (die meisten waren damals nicht eingeschweißt), konnten Teile unbemerkt herausfallen. Ihr Fehlen wurde erst entdeckt, wenn das Teil montiert werden sollte.

Vor dem Zusammenbau müssen alle Werkzeuge bereitliegen.

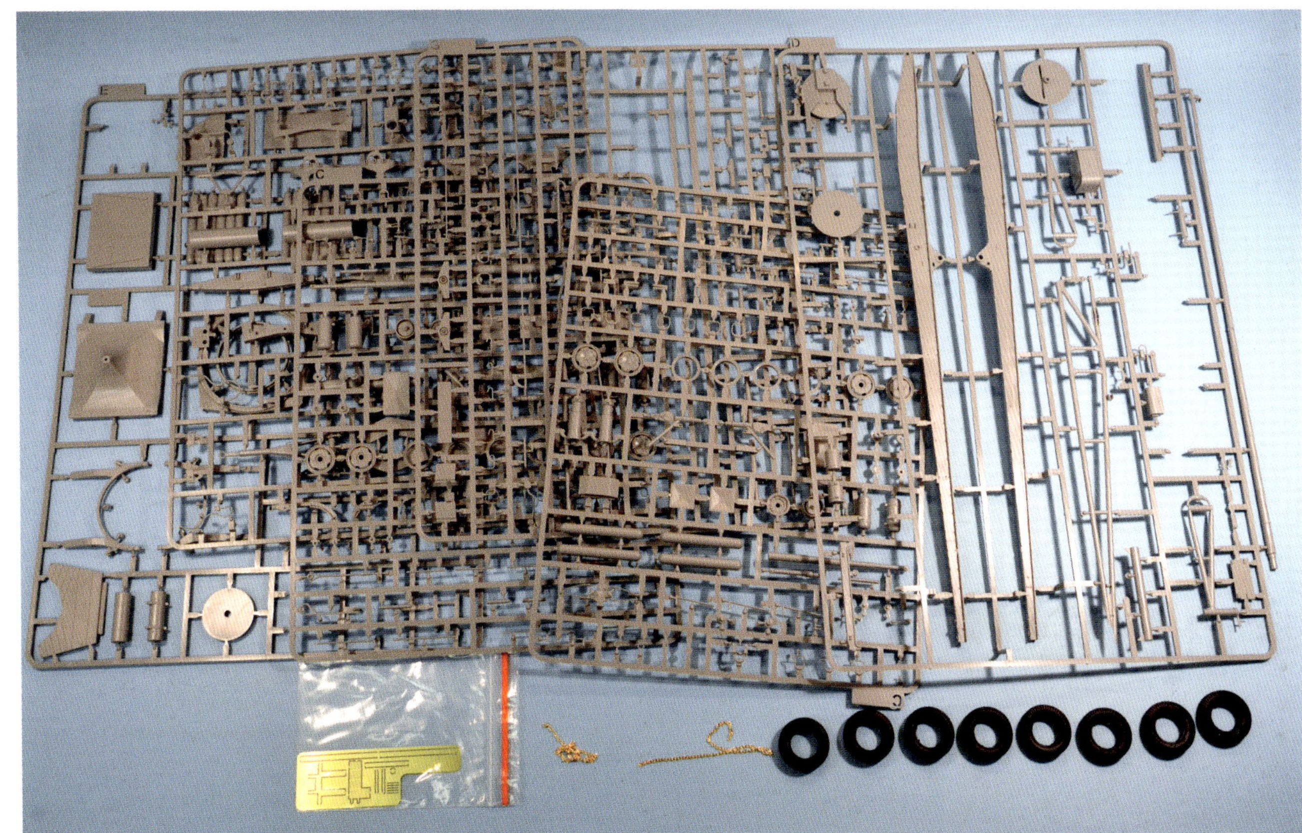

Der Inhalt eines Takom-Bausatzes: Neben zahlreichen Gießästen gibt es noch Vinyl-Reifen, Fotoätzteile und echte Metall-Ketten. Dies wird der Meillerwagen für den Transport der V2-Rakete.

Heutzutage ist die Qualitätskontrolle bei Bausätzen sehr gut. Vor allem hilft die Tatsache, dass die meisten Gießäste in Tüten und der gesamte Karton in Folie verschweißt ist. Allerdings muss dies gegen die Tatsache abgewogen werden, dass viele Bausätze heute deutlich mehr Teile als früher enthalten, sodass eine Überprüfung der Vollständigkeit nicht sehr einfach ist. Eine offensichtliche Lücke in einem Gießast kann das Fehlen eines Teils bedeuten, doch viele Bausätze haben oft sehr kleine Teile und diese Methode ist daher nicht sehr zuverlässig.

Außerdem muss geprüft werden, ob alle Zusatzteile vorhanden sind. Sicherlich gibt es einen Decal-Bogen und bei vielen modernen Militärflugzeug-Kits vielleicht auch einen Fotoätz-Bogen. Dann gibt es kleine Gießäste mit farbigen, verchromten oder transparenten Teilen, Metall-Achsen und vielleicht eine Packung mit Federn oder Halterungen. Das Vorhandensein all dieser Teile muss geprüft werden. Viele Bauanleitungen haben am Anfang ein hilfreiches Teileverzeichnis, aus dem auch hervorgehen sollte, wenn bestimmte Teile für diese Version nicht benötigt werden (viele Bausätze sind heute separat in verschiedenen Varianten erhältlich). Hinzu kommt vor allem bei Panzern die Verwendung von Mehrfach-Gießästen: Wenn z. B. drei identische Teile für den Bau benötigt werden, und dies bei vielen Teilen der Fall ist, hängen diese alle am gleichen Gießast und im Bausatz sind drei identische Gießäste enthalten.

Als Nächstes wird die Bauanleitung durch gelesen. Erfahrene Modellbauer sind immer wieder stolz darauf, dass sie einen Bausatz montieren können, ohne dafür die Anleitung studieren zu müssen, aber auch sie sind schon mal an dem Punkt gescheitert, wo man sich wirklich mit den Teilen 1 und 2 beschäftigen muss, bevor versucht werden darf, die Teile 3 und 4 anzubringen.

Das Wichtigste vorweg

Es lohnt sich, schon sehr früh darüber nachzudenken, wie das Modell bemalt werden soll. In den meisten Fällen können eine Menge »Sub-Komponenten« zusammengebaut werden, bevor Farbe aufgetragen wird.

AUFPASSEN

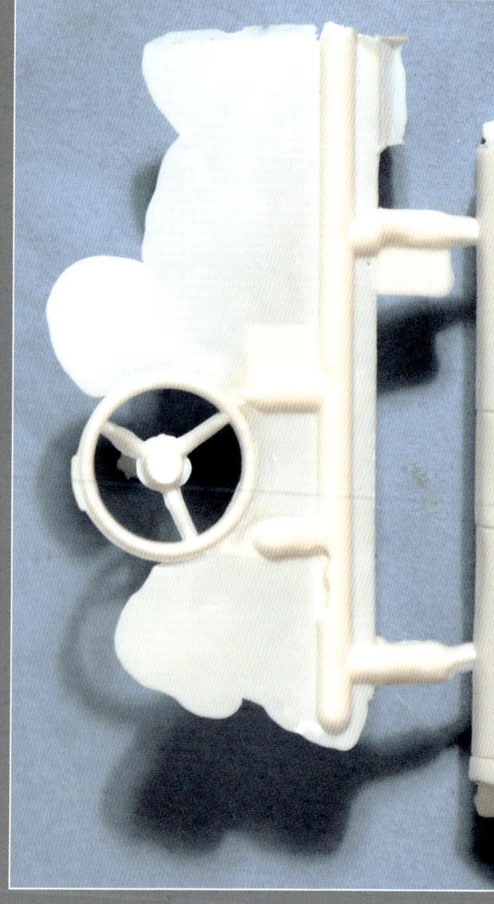

Bei verschlissenen älteren Spritzguss-Werkzeugen bilden sich Grate, die aber relativ leicht mit einem scharfen Messer entfernt werden können.

Wenn das Formteil relativ dick ist, können Sinkstellen entstehen, die sich mit etwas Filler leicht beseitigen lassen.

Vor allem bei den zahlreichen Neuauflagen alter Bausätze – teilweise aus jahrzehntealten Werkzeugen – gibt es einige Dinge, auf die man achten sollte.

Grate

Grate entstehen, weil Spritzguss-Formen mit der Zeit verschleißen und sich zwischen den nicht mehr korrekt abdichtenden Kontaktflächen eine dünne Schicht Polystyrol ausbreitet. Auch wenn sie etwas irritieren, können sie leicht mit den üblichen Modellbau-Werkzeugen – Skalpellen und Feilen – beseitigt werden. Das Grundproblem lässt sich nicht wirklich beheben: Das Werkzeug ist verschlissen. Doch wenn Modellbauer alte Bausätze in Neu haben wollen, muss die Original-Spritzguss-Form verwendet werden, da es nicht kosteneffektiv ist, eine neue herzustellen. Und dann entstehen eben Grate.

Sinkstellen

Zu den weiteren oft auftretenden Fehlern gehören Sinkstellen. Diese treten zumeist dort auf, wo Teile dicker sind als andere. Ein gutes Beispiel sind Figuren, die Modellen im Maßstab 1:35 oder kleiner beigefügt sind. Weil sie relativ klein sind, werden sie normalerweise in einem Stück gegossen und das Plastik braucht bei diesen massiveren Teilen etwas länger zum Abkühlen. Dies kann manchmal dazu führen, dass an den dicksten Stellen Vertiefungen entstehen – bei Figuren üblicherweise (wenn auch nicht immer) an der Rückseite. Dies ist zwar ärgerlich, kann aber mit etwas Filler behoben werden.

Oberflächen-Irritationen

Sehr selten kommt es an einigen Teilen zu unregelmäßigen Oberflächen. Dies liegt wahrscheinlich daran, dass die Werkzeuge nicht richtig eingemottet wurden. Wenn kein Konservierungsmittel verwendet wird, können die aus Stahl bestehenden Spritzguss-Formen korrodieren und es entstehen Rostflecken. An der Form kann dann kaum etwas geändert werden. Beim Modell hilft nur Abschleifen und Filler auftragen.

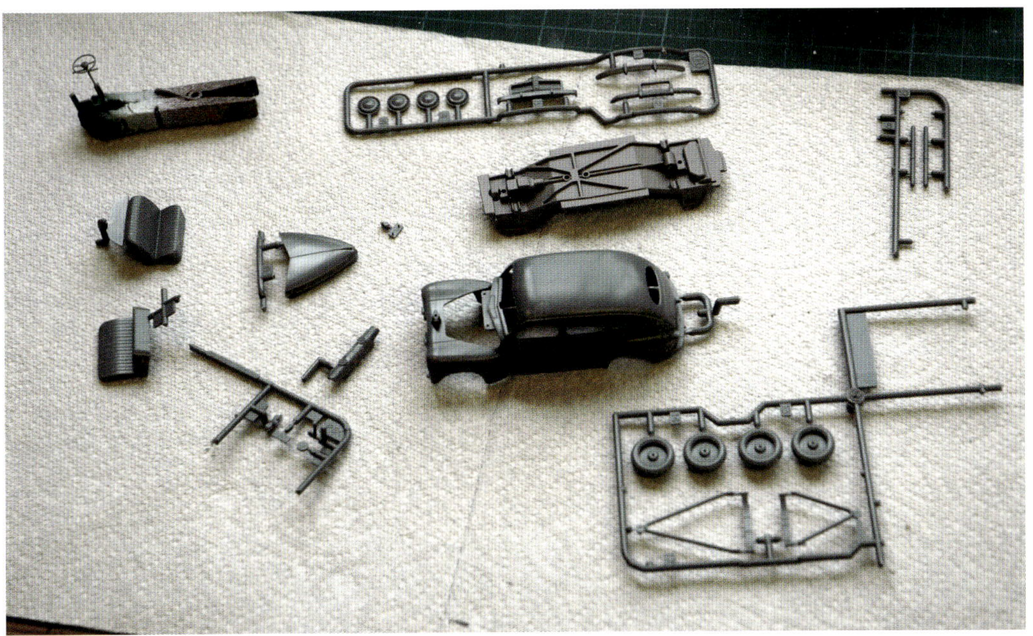

Legen Sie Teile, die in einer Farbe lackiert werden sollen, zusammen. Dies ist ein Ford von Tamiya in 1:48.

Autos, Lastwagen, Panzer und sogar manche Flugzeuge haben Motoren, die wahrscheinlich mindestens in zwei Hälften geteilt sind, aber auch mit Nebenaggregaten bestückt werden müssen. Diese können normalerweise zuerst zusammengesetzt und dann zum Bemalen beiseitegelegt werden. Das Gleiche gilt für Rumpfhälften, Karosserien mit Motorhauben oder ganze Figuren-Sektionen.

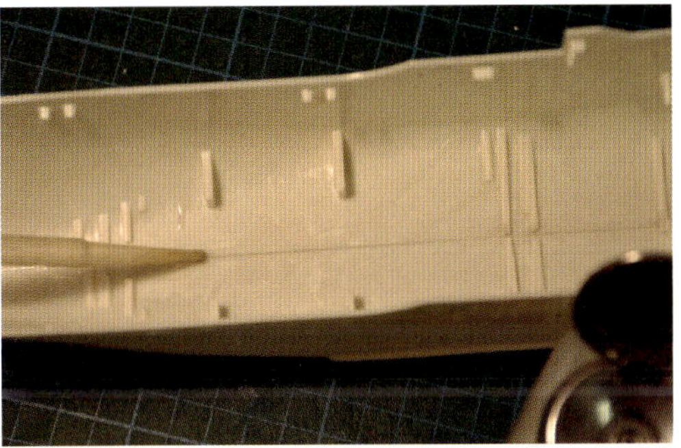

Große oder lange Hälften werden mit Flüssigkleber zusammengesetzt. Dies ist der Rumpf des mit Atomkraft betriebenen Handelsschiffs NS Savannah von Glencoe (ehemals ITC). Bei Flugzeugrümpfen ist die Prozedur ähnlich.

Manchmal müssen die Teile verschiedener Gießäste zu einer Baugruppe zusammengefügt werden – hier das Fahrgestell des Trägerraketen-Transporters Topol im Maßstab 1:72 von Zvezda.

Bei vielen Bausätzen wie dem Lacrosse-Raketenwerfer von Renwal können viele Teile zusammengebaut werden, um gemeinsam lackiert zu werden.

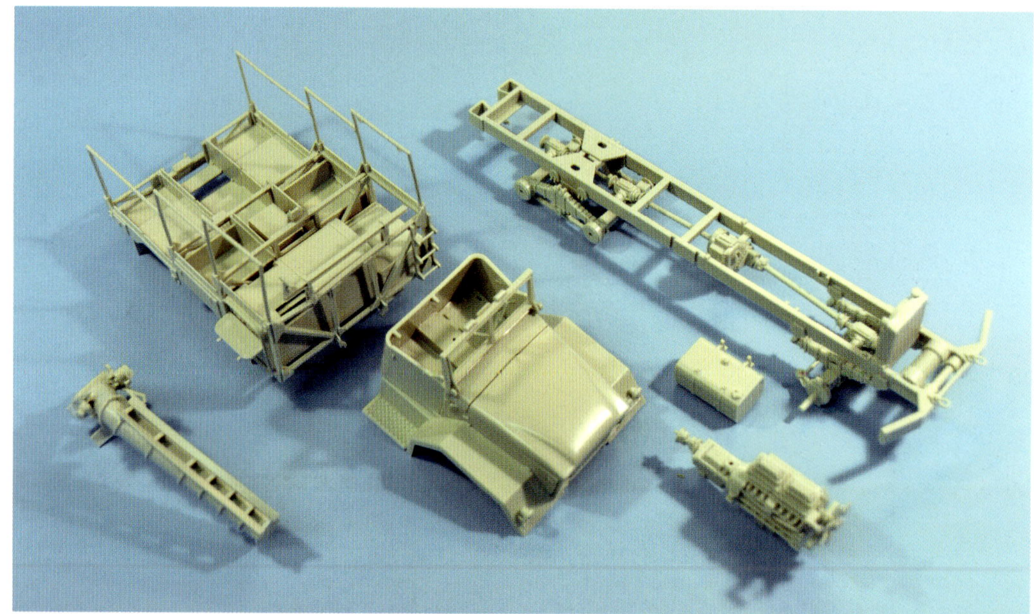

Bei sehr dünnen Teilen wie den Zierleisten eines 58er-Chevy Impala von Revell sollte zum Trennen keine Schere, sondern eine scharfe Klinge verwendet werden, damit sie nicht brechen.

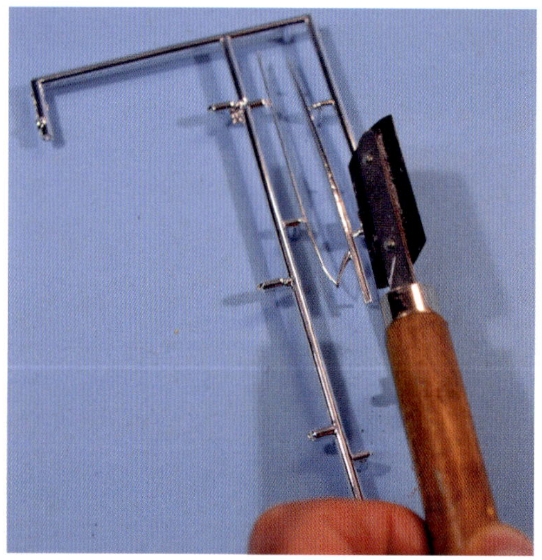

Auch die Spitze von Jonny Quests Raumschiff Dragenfly (von Moebius) sollte mit einer Klinge aus dem Gießast befreit werden.

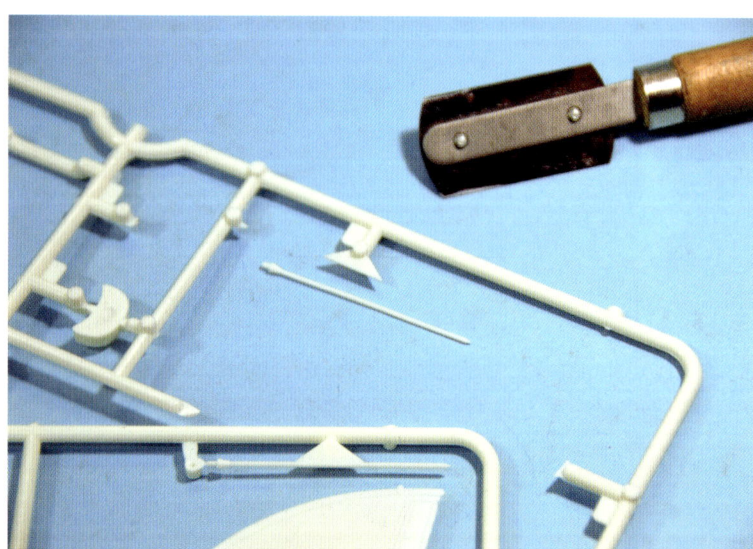

Es kann durchaus sein, dass viele Teile eines Gießasts in der gleichen Farbe lackiert werden, aber nicht unbedingt miteinander verklebt werden müssen. Hier lässt sich Zeit, Mühe und Farbe sparen, wenn alles zusammen angesprüht wird. Es wird übersichtlicher, wenn die Anzahl der Gießäste auf ein Minimum – möglichst auf einen einzelnen – reduziert werden kann, da dann weniger Nachbesserungen erforderlich werden. Es kann auch von Vorteil sein, Gießäste mit ähnlichen Farben zu kombinieren. Schneiden Sie die Gießäste von einer Sektion ab und kleben Sie sie aneinander. Dies hält den Sprüh-Bereich so klein und kompakt wie möglich und erneut lässt sich Farbe sparen.

Wenn der Primer und die Vorstreichfarbe den gleichen Farbton haben, der Decklack aber anders ist, lässt sich der Farbverlust mit etwas Finesse minimieren. Kombinieren Sie Gießäste und Teile für das Grundieren und trennen Sie sie dann entsprechend der Lackfarbe.

Beachten Sie die Hinweise zu Werkzeugen in Kapitel 5 und schneiden Sie die entsprechenden Teile mit einer Schere oder Klinge aus dem Gießast und beseitigen Sie Einguss-Reste mit einem Skalpell, einer Feile oder Schleifpapier.

Kleben Sie die Teile mit der bevorzugten Methode zusammen. Viele Modellbauer verwenden heute Flüssigkleber, aber manche bevorzugen immer noch traditionellen Kleber in der Tube. Achten Sie auf lackierte Teile: Kleber haftet nicht auf Lack, sondern verwandelt ihn in klebrigen Schleim. Bei manchen Teilen lässt sich

Einer der größten Modellbausätze ist der B1-Bomber in 1:48 von Revell – hier im Prototypen-Farbschema.

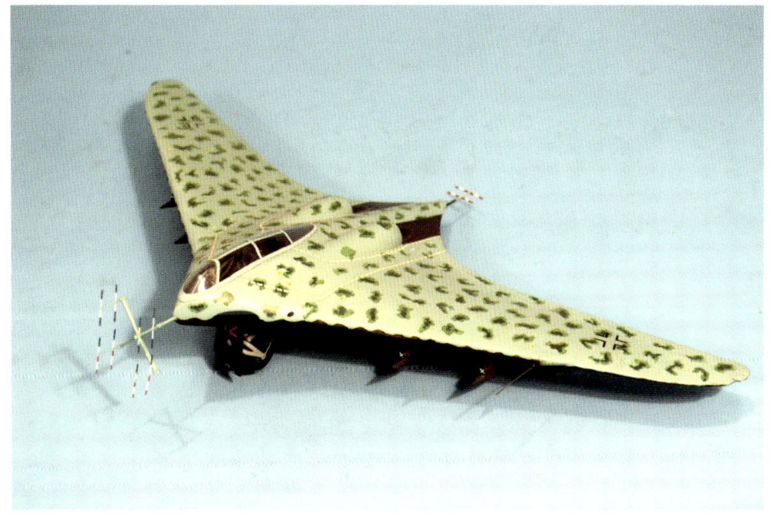

Tarnfarben auf dem Nurflügler Horten H IX im Maßstab 1:48.

dies vielleicht verstecken, wenn die Klebestelle innen oder an der Unterseite liegt, doch generell sollte die Klebestelle zunächst abgekratzt oder geschliffen werden, bevor Klebstoff aufgetragen wird. Falls Chromteile vorhanden sind (vor allem bei Autos und Motorrädern), muss der »Chrom« an der Klebestelle ebenfalls beseitigt werden, da Polystyrol-Klebstoff sonst nicht hält. Sekundenkleber kann hier nützlich sein, da sich verchromte Kleinteile wie Rückspiegel oder Plaketten mit Plastikkleber nur schwierig befestigen lassen.

Die Bauanleitung zeigt die beste Zusammenbau-Reihenfolge. Sie wurde vorher getestet, sodass es wirklich klug ist, ihr zu folgen. Eigene Erfahrung ermöglicht jedoch kleine Abweichungen – je nach Geschick und Arbeitsweise.

Es ist nicht die Aufgabe dieses Buchs, den kompletten Zusammenbau eines Modells zu begleiten, doch es werden viele allgemeine Punkte zu bestimmten Themen angesprochen.

Flugzeuge

Ältere Flugzeugmodelle, vor allem Militärmaschinen, wiesen im Innern nur wenige Details auf – mit etwas Glück einen Piloten mit Sitz, Steuerknüppel und Instrumententafel. Moderne Bausätze bieten dagegen eine Fülle von Details, von denen die meisten in den Rumpf eingepasst werden

Boot oder Flugzeug? Von beidem etwas: Das Bodeneffektfahrzeug (Russisch: Ekranoplan) A-90 Orljonok von Revell.

müssen, bevor dessen Hälften zusammengefügt werden.

Dies kann bezüglich der Montage zu Alternativen führen und auch dazu, sich auf reine Äußerlichkeiten zu konzentrieren. Die Innenbauteile müssen natürlich zuerst fertiggestellt werden, bevor sie eingebaut werden, doch dies erfordert auch reichlich Abkleben – vor allem bei einer Spritzlackierung. Folglich kann geprüft werden, ob manche Teile auch nach dem Lackieren eingebaut werden können. Vielleicht passen die Cockpit-Details durch die Kanzel-Öffnung oder das komplette Triebwerk kann von außen eingesetzt werden. Möglicherweise können die Klappen der unteren Rumpfhälfte übergangsweise und ohne kleben angebracht, lackiert und dann wieder entfernt werden, um Innereien zu montieren. Dies können nur allgemeine Hinweise sein, da alle Bausätze verschieden sind und sich in der Bauweise unterscheiden.

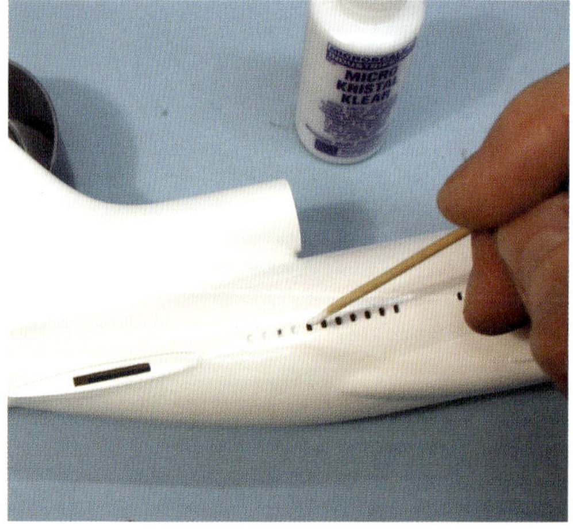

Ein Lösungsweg für Kabinenfenster ist »Krystal Clear« von Microscale – hier im Einsatz an einer Lockheed Tristar von Airfix.

Das Lackieren ziviler Flugzeuge kann eine sehr komplexe Aufgabe werden, da die Rümpfe von Verkehrsflugzeugen fast immer in linke und rechte Hälften geteilt sind. Das Dilemma dabei ist, dass die zwei Hälften zusammengeklebt und möglicherweise gespachtelt und geschliffen werden müssen, bevor sie lackiert werden können. Da aber die Kabinenfenster vor dem Zusammenbau einzubauen sind, müssen sie jetzt einzeln abgeklebt werden, bevor der Rumpf lackiert wird.

Glücklicherweise haben viele Fluggesellschaften die Fensterlinie mit anderen Farben lackiert, und diese sind vielleicht sogar als Streifen den Decals beigefügt, sodass in diesem Fall der Rumpf mit eingebauten Fenstern verklebt und an der Fugenlinie gespachtelt und geschliffen werden kann. Dann müssen diese nur noch innerhalb der Decal-Linie abgeklebt werrden und der gesamte Rumpf kann lackiert werden. Anschließend wird das Abklebeband entfernt und die Decals werden aufgelegt. Bei manchen Bausätzen hat man sogar dies umgangen, indem die Fenster in die Decals integriert wurden, sodass überhaupt nichts abgeklebt werden muss.

Der Umgang mit Fenstern

Ein etwas größeres Problem ergibt sich, wenn der Rumpf in einer einzigen Farbe lackiert werden soll. Vielleicht können hier die Fenster-Bänder durch den Cockpitbereich eingeschoben werden (falls irgendwelche Schotten im Weg sind, wird dies schwierig bis unmöglich. Falls das Flugzeug einen kleinen Maßstab hat (z. B. den klassischen Flugzeug-Maßstab 1:144), sind

Manchmal werden die Fenster wie bei dieser Boeing 575 der NASA mit Decals aufgetragen.

auch die Fensteröffnungen entsprechend klein, sodass statt der transparenten Bauteile einer der sogenannten »Glasmacher« wie »Krystal Clear« von Microscale verwendet wird. Krystal Clear hat die gleiche Basis wie PVA-Kleber, es ist zunächst weiß, doch wenn mit einem Zahnstocher ein Tropfen in die Fensteröffnung verbracht wird, breitet es sich aus, füllt den Raum und wird beim Trocknen klar (naja, mehr oder weniger).

Größere Fensteröffnungen bei Maßstäben ab 1:72 werden problematisch. Wenn der Rumpf hier einfarbig ist, kann dies individuelles Abkleben bedeuten. Allerdings stehen auch Flüssigkeiten auf Latexbasis wie Maskol zur Verfügung, die aufgepinselt, nach dem Trocknen überlackiert und anschließend abgezogen werden können. Diese Methode ist etwas zeitaufwendig, aber möglicherweise alternativlos. Wenn der Fensterbereich eine bestimmte Farbe bekommt (aber kein Abzieh-Streifen), wird dieser zuerst lackiert, dann kommen die Fenster rein und der Rumpf wird verklebt, gespachtelt und geschliffen. Kleben Sie den Fenster-Streifen ab und tragen Sie die Haupt-Lackierung auf.

Militärflugzeuge haben sich im Laufe eines Jahrhunderts, also seit dem Aufstieg der ersten Jäger im Ersten Weltkrieg, beträchtlich verändert. Anfangs schien man so stolz auf die neue Technik zu sein, dass man sie bunt und sogar so grell wie möglich gestaltete – hier sei an den roten Fokker-Dreidecker von Manfred von Richthofen oder zahlreiche rautenförmige Bemalungen anderer Maschinen erinnert. Während des Zweiten Weltkriegs ging es vor allem um Tarnung und so entstand der klassische grün/braune Anstrich, der später zu anderen Farbkombinationen erweitert wurde: Zweifarbiges Grün, Grau-Tönungen, Sandfarbe für den Wüsteneinsatz und sogar komplett schwarz für Nachtjäger. Moderne Kampfflugzeuge sind vorwiegend in Grautönen lackiert, ganzflächig oder gemustert, manchmal überblendet, manchmal scharfkantig.

Militärhubschrauber tragen weitgehend die gleichen Muster. Zwar gab es die ersten Helikopter bereits im Zweiten Weltkrieg, doch die allermeisten entstanden erst danach und sind entsprechend grau oder zweifarbig lackiert. Zivile Hubschrauber folgen den Flugzeugen und die Bausätze sind mit zahlreichen Decals ausgerüstet. Alle Hubschrauber haben jedoch eines gemeinsam: die Rotorblätter. Diese werden

Ein ganz besonderer Modellbausatz: Der Wright Cyclone 9-Sternmotor im Maßstab 1:12 von Monogram konnte elektrisch gedreht werden.

Beim von Luigi Colani gestalteten MBB BK-117 im Maßstab 1:12 von Revell ist die Farbgebung zum Glück komplett als Decal beigefügt.

Der alte ITC-Bausatz des US-Navy-Blimps wurde von Glencoe neu aufgelegt und mit einer kleinen Diorama-Basis ausgeliefert.

Viele Militärfahrzeuge – Panzer wie ungepanzerte Fahrzeuge – können komplett zusammengebaut und dann lackiert werden.

im Idealfall erst ganz zum Schluss montiert. Sie sehen zumeist authentischer aus, wenn sie etwas herunterhängen. Die meisten Polystyrol-Rotorblätter sind jedoch zu starr, sodass etwas nachgeholfen werden muss. Man kann sie in heißes Wasser tauchen und versuchen sie zu biegen. Polystyrol kann jedoch überraschend hartnäckig sein, wenn es ums Biegen geht (der Kunststoff ist nicht zum Biegen gedacht!). Folglich ist eine gewisse Ausdauer erforderlich. Es darf nur geringe Wärme angewendet werden – und man muss sehr vorsichtig sein: Ein zu weit gebogenes Rotorblatt lässt sich nur schwer wieder in seine Ursprungsform bringen.

Das Renwal-Modell des Panzerabwehrgeschützes M50 Ontos – eines der seltsamsten Panzer der Welt – wird mit Drei-Mann-Besatzung geliefert, der Rest wurde hinzugefügt.

Militärfahrzeuge und Panzer

Der Bau militärischer Landfahrzeuge geht hinsichtlich der Farbe mit Sicherheit einfacher als dies bei Verkehrsflugzeugen oder zivilen Hubschraubern der Fall ist, da die überwiegende Mehrheit dieser Geräte mit nur einer Farbe lackiert ist. Dies bedeutet, dass ein Großteil des Bausatzes vor dem Bemalen komplett montiert werden kann.

Ja, es gibt Panzer und andere Geräte, die in zwei oder mehr Farben getarnt sind, sodass Abklebetechniken relevant werden können. Bei kleineren Maßstäben wie 1:72 oder 1:76 wird die zweite Tarnfarbe sehr wahrscheinlich von Hand aufgepinselt, sodass kein Abkleben nötig ist. Versuchen Sie, die erste (hellere) Farbe aufzusprühen und pinseln Sie die zweite. Das fertige Modell kann dann mit Mattlack übersprüht werden, um das Finish zusammenzufügen.

Einige Details können aus Metall sein und bei ungepanzerten Fahrzeugen können Sitze und Verdecke andere Farben aufweisen. Militärfahrzeuge sind natürlich die wichtigsten Modellbau-Objekte für Dioramen. Also können solche Modelle auch in einem »verwitterten« Zustand oder bei fehlenden bzw. durch Beschuss beschädigten Teilen gebaut werden.

Fahrzeuge

Der Bau eines Autos im Showroom-Zustand ist das diametrale Gegenteil eines Militärfahrzeugs. Hier wird eine Hochglanz-Karosserie, eine kontrastreiche Gestaltung des

Interieurs, der Sitze und des Armaturenbretts und in vielen Fällen auch ein detaillierter Motor und ein entsprechendes Fahrgestell erwartet.

Die meisten Modellbausätze für Autos, aber auch Lastwagen, bestehen grundsätzlich aus drei Teilen: der Karosserie, dem Innenraum und dem Fahrgestell samt Motor. In den meisten Fällen können diese Baugruppen separat behandelt werden. Bei sogenannten »Curbside«-(Bordstein-)Modellen wurden der Motor und andere Komponenten weggelassen, die man vom Bordstein aus sowieso nicht sieht.

Motorblöcke werden normalerweise zuerst zusammengebaut und dann komplett lackiert. Manche Autohersteller hatten ihre Standardfarben für Motorblöcke: Die alte British Motor Corporation lackierte ihre Triebwerke schwarz oder dunkelgrün, Ford verwendete Blau, Chevrolet Orangerot und Chrysler ein leuchtendes Rot – aber das war nicht in Stein gemeißelt. Viele moderne Motoren aus Aluminium sind überhaupt nicht lackiert.

Fahrwerkskomponenten sind immer schwarz – und wenn das Modell nicht umgedreht und genau überprüft werden soll, reicht dies auch aus. Oft finden sich aber auch Details wie speziell lackierte Differenzialgehäuse, blaue oder gelbe Stoßdämpfer oder auch metallisch-blanke Antriebswellen. Auspuffanlagen sind in der Regel silberfarben (oder rostbraun). Auch wer keine »Super-Detailtreue« anstrebt, sollte die Laufflächen von Reifen leicht anschleifen, da sie »gebraucht« deutlich echter aussehen als neu.

Ein Ferrari – diesmal nicht in Rot, sondern in Metallic-Grau. Dies ist der Revell-Bausatz des in der Filmversion von *Miami Vice* verwendeten 430 Spyder.

Wenn es nicht um neuwertige Serienautos, sondern um individuelle Hot-Rods geht, ist alles erlaubt, sodass auch Metall-Flakes und Bonbon-Farben ins Spiel kommen.

Fenstereinfassungen können in Chrom ausgeführt werden; hierfür eignet sich selbstklebende Alufolie von Bare-Metal Foil (BMF) am besten. Moderne Autos haben fast immer schwarze Fensterrahmen, sodass entweder schwarze BMF-Folie verwendet oder sorgfältig von Hand gepinselt werden muss – nötigenfalls mit Abkleben.

Die traditionelle Aufteilung eines Modellauto-Bausatzes: Karosserie, Innenausstattung und Fahrgestell samt Motor – gezeigt beim Revell-Bausatz des klassischen Monte-Carlo-Mini in 1:24.

Die Lackierung des Schiffsdecks kann normalerweise vor dem Verbinden mit dem Rumpf erfolgen – hier beim ITC-Bausatz der NS Savannah mit interessanter grüner Deck-Farbe.

Lastwagen können mit Firmen-Logos oder speziellen Lackierungen individualisiert werden – Bausätze sind mit entsprechenden Decal-Bögen ausgerüstet. Das Gleiche gilt für Rennwagen und Rallye-Autos mir ihren spezifischen Werbe-Beschriftungen. Vor allem für Rennwagen hält der Zubehör-Markt ein großes Angebot an Decals bereit.

Motorräder ähneln Autos und Lastwagen. Ihre Reifen dürfen ebenfalls angeschliffen werden. Weil sie normalerweise in einem größeren Maßstab hergestellt werden, können zusätzliche Details wie Rohrleitungen, Bowdenzüge und Ähnliches vorhanden sein. Sekundenkleber ist hier sehr hilfreich, denn Vinylschläuche zu kleben, wird sonst schwierig.

Eine Gemeinsamkeit bei allen Fahrzeug-Bausätzen sind die Reifen. Sie bestehen meistens aus Vinyl und lassen sich manchmal nicht ganz einfach auf die Felgen ziehen. Legen Sie widerspenstige Reifen für eine Minute in heißes Wasser, so werden sie weicher und lassen sich leichter montieren.

Schiffe

Bei Schiffsmodellen kann eine harte Linie zwischen solchen mit Wind-Antrieb und jenen gezogen werden, die sich mit Schiffsschrauben fortbewegen. Erstere müssen dem Wind Angriffsfläche bieten, was das gesamte Thema Segel und Takelage zur Folge hat. Motorschiffe sind mit Ausnahme von Antennenmasten und Ähnlichem völlig frei von Takelage. Es gibt nur wenige Segelschiffs-Modelle, die auch Motoren haben.

Eine Gemeinsamkeit aller Schiffe ist der Rumpf. Ob es sich um eine Galeone aus dem 17. Jahrhundert oder einen modernen Flugzeugträger handelt – die meisten Rümpfe bestehen aus zwei Hälften und eine der ersten Aufgaben beim Bau ist das Zusammenkleben dieser Hälften. Hier kommt per Pipette aufgetragener Flüssigkleber zum Einsatz, denn bei Versuchen, dies mit einem Pinsel zu

Das erste Modellbau-Schiff von Airfix (und der zweite Bausatz nach dem Ferguson-Traktor) stellt die SS Southern Cross von 1955 dar.

erledigen, sorgt dafür, dass der Kleber am Bug bereits durchgetrocknet ist, bevor man am Heck angekommen ist. Schiffsmodelle können über einen Meter lang sein!

Danach gilt es, alle Teile entsprechend der Anleitung zusammenzusetzen. Decks – ob bei der Galeone oder beim Flugzeugträger – werden entweder zuerst mit dem Rumpf verbunden oder erst fertiggestellt und in der Endmontage als Baugruppe installiert. Moderne Kriegsschiffe sind durch detaillierte Aufbauten, Geschütztürme, Flugzeuge und Raketen stark zerklüftet. Bei Segelschiffen können es Kanonen, Beschläge und das riesige Steuerrad sein. Für beide Typen gibt es reichlich Zubehör – selbst die Besatzung kann in den kleinsten Maßstäben als Fotoätzteile angeheuert werden.

Zivile Passagierschiffe waren Kriegsschiffen schon immer zahlenmäßig unterlegen – dennoch gab es eine beachtliche Flotte. Das erste Airfix-Schiff war immerhin die SS Southern Cross. Die Unterschiede liegen ähnlich wie bei Militärflugzeugen zu Zivilflugzeugen. Auch zivile Schiffe sind deutlich farbenfroher und für viele gibt es spezifische Decals.

Die Segel von Segelschiffen werden entweder als Vakuumformteile (wahrscheinlich einmalig in Mainstream-Bausätzen) oder »gerafft« als Polystyrol-Spritzguss-Teile beigefügt. Erstere sehen realistischer aus, Letztere sind einfacher zu handhaben. Und dann ist da noch die Takelage, aber das ist wirklich ein völlig anderes Thema.

Die Saturn V von Airfix in 1:144 kann ähnlich wie ein Schiff gebaut werden, da die Raketenstruktur in Hälften gegossen wird, die zusammengeklebt werden müssen.

Raumschiffe

Der Bau von Raumschiffen – zumindest irdischer – folgt weitgehend dem von Flugzeugen. Das Space Shuttle war bei der Rückkehr ein mit Kacheln verkleidetes Segelflugzeug – mit Tragflächen, Leitwerk und relativ konventionellem Fahrwerk. Der Zusammenbau eines seiner zahlreichen Bausätze in verschiedenen Maßstäben folgt weitgehend dem von Flugzeugen. Größere Bausätze haben ein detailliertes Cockpit, das in diesem Fall durch die großen Laderaum-Türen eingebaut werden kann.

Raketen werden in der Regel direkt in der Mitte der einzelnen Antriebsstufen geteilt. Vor dem Verkleben muss darauf geachtet werden, dass diese Hälften präzise zueinander ausgerichtet sind. Oft helfen Zapfen oder

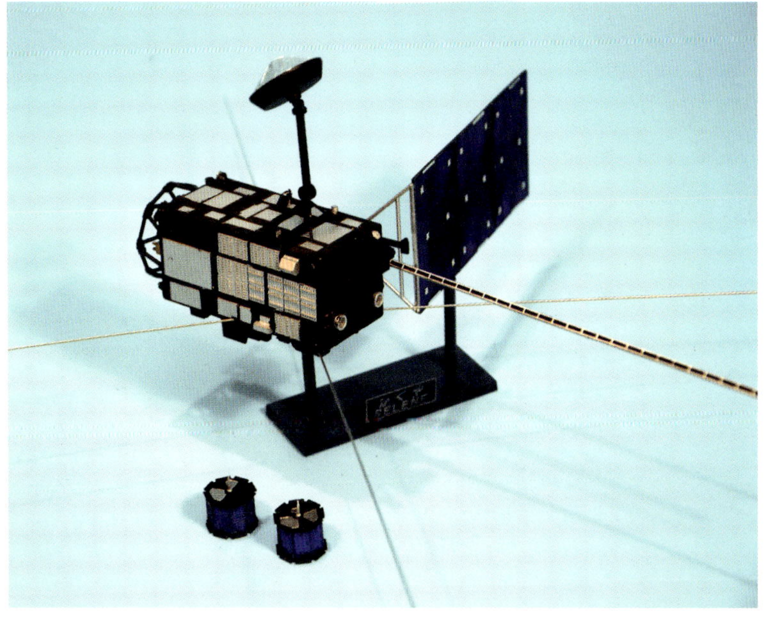

Eine interessante Ergänzung zur Raumfahrzeug-Modellbau-Sammlung ist die in den letzten Jahren gewachsene Anzahl von Satelliten – produziert von Aoshima in Japan. Dies ist Kaguya, ein japanischer Mond-Orbiter im Maßstab 1:72 mit seinen zwei Subsatelliten im Vordergrund.

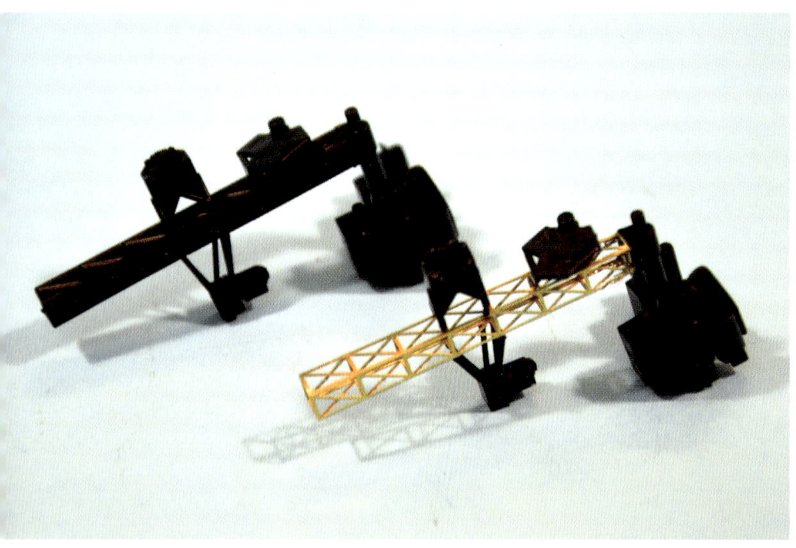

Beim Plattform-Ausleger der Voyager-Planetensonde von Hasegawa wurden Polystyrol-Teile durch Fotoätzteile von LVM-Studios ersetzt.

Markierungen bei der Positionierung, aber es sollte dennoch geprüft werden, ob sie beim Auftragen des Klebers fluchten, sonst erhält man Raketenstufen-Stufen. Diese können zwar mit Filler gespachtelt oder geschliffen werden, aber eine exakte Ausrichtung spart Zeit und Mühe. Im Grunde ist dies nichts anderes als das Ausrichten anderer großer Bausatz-Hälften wie Schiffs- oder Flugzeugrümpfe. Raketenstufen sind allerdings länger und gradlinig, sodass sich Ungenauigkeiten deutlicher zeigen.

Bis vor kurzem gab es nicht viele Modelle von unbemannten Raumfahrzeugen, Satelliten und Sonden. Zumindest bis in die 90er-Jahre konnte man diese an den Fingern einer Hand abzählen – präzise gesagt gab es genau drei Modellbausätze. Heutzutage stellen japanische Firmen ganze Baureihen von – vorwiegend japanischen – Raumflugkörpern her. Hasegawa überraschte alle mit einem Bausatz der Voyager-Sonden. Viele dieser Bausätze tendieren mit ihren vielen Instrumenten und Sensoren zu einem »zusammengebastelten« Ansatz, weil ihre Originale außerhalb der Atmosphäre nicht den windschlüpfigen Formen von Flugzeugen folgen müssen. Diese Geräte können von Thermo-Schutzabdeckungen – natürlich als klassische Goldfolie – profitieren.

Aus dem fahrbaren Batmobil von Polar Lights mit klassischem V8-Motor (links) wird das »echte« Batmobil mit fiktivem Düsentriebwerk.

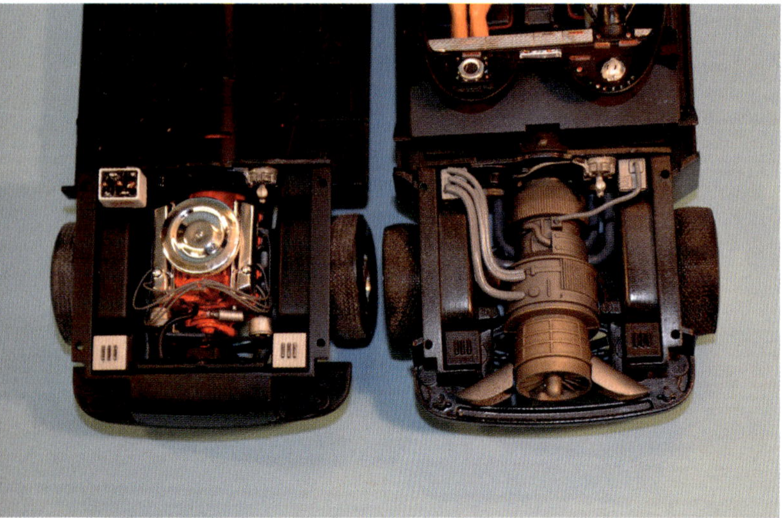

Science-Fiction und Fantasy

Bei diesem von Garagenfirmen dominierten Thema geht es von Fahrzeugen aller Art bis hin zu Figuren. Meistens sind es Raumfahrzeuge, aber es gibt auch eine große Anzahl japanischer Roboter, die irgendwo zwischen Figur und Fahrzeug fallen. Es gibt im Science-Fiction U-Boote (Seaview, Nautilus, Proteus und Stingray) und nahezu konventionelle Fahrzeuge.

Ist das Batmobil nun ein »echtes Auto« oder Science Fiction? Offensichtlich ist es beides, denn die Film-Fahrzeuge waren »real« und (bis zu einem gewissen Grad) fahrbar, sie wurden allerdings von einem klassischen V8-Kolbenmotor angetrieben – nicht von einem Düsentriebwerk. Das Auto ist also »echt« im Sinne eines »echten fahrbaren Vehikels«. Der Bausatz von Polar Lights kann sogar mit dem »echten« V8-Motor oder dem »im Film echten« Düsentriebwerk gebaut werden. Insgesamt – und was den Modellbau betrifft – ist das Modell ein Auto, sodass es wie ein Modellauto gebaut werden kann.

Viele Science-Fiction-Fahrzeuge – die Raumschiffe – befinden sich am anderen Ende der Skala. Obwohl Skalen (Maßstäbe) hier ein kleines Problem haben, da sie nie wirklich für die SFX-Miniaturen festgelegt wurden und Maßstäbe für Modellbausätze erst erfunden werden mussten (siehe Kapitel 3 – Nicht von dieser Welt).

In vielerlei Hinsicht sind die nächsten Fahrzeuge, mit denen SF-Raumschiffe verglichen werden können, nicht irdische Flugzeuge, sondern Hochseeschiffe – vor allem, wenn die Größe und der zugewiesene Maßstab berücksichtigt werden. Folglich basieren viele Modellbau-Techniken auf der Art und Weise, wie sie bei Schiffsmodellen eingesetzt werden. Rümpfe müssen zusammengeklebt werden und das Bemalen kleinster Details spielt in der gleichen

Modellbahn-Zubehör mit leicht voneinander abweichenden Airfix-Fahrzeugen: der dreirädrige Scammell Scarab einmal in British-Railwas-Lackierung (rechts) und einmal als Fahrzeug der Watney-Brauerei (links).

Liga wie das Lackieren von Vorrichtungen und Installationen auf Schlachtschiffen.

Für Raumschiffe mit noch größeren Dimensionen – hier denkt man gleich an den Sternen-Zerstörer und den Todesstern aus Star Wars – wird es noch schwieriger, ein Gefühl für den Maßstab zu erhalten. Erstaunlicherweise sind die Bausätze in der Regel einfacher (der originale AMT-Bausatz des Todessterns besteht insgesamt aus acht Teilen), sodass viel mehr Arbeit ins Finish gesteckt werden muss. Dennoch sind wir über die Seltsamkeit erstaunt, dass das Hobby-Modell ein Modell des Spezialeffekt-Modells – und nicht des realen Objekts – ist. Hinzu kommt, dass die SFX-Miniatur wahrscheinlich in vielen verschiedenen Maßstäben für unterschiedliche Aufgaben gebaut wurde. Diese unterschiedlichen Größen und folglich auch Details werden sich höchstwahrscheinlich stark voneinander unterscheiden. Beispielsweise wurde der Millennium-Falke in vielen Größen gebaut. Der kleinste war so groß wie eine Münze, der größte hatte Originalmaße (knapp 35 Meter lang und acht Meter hoch) – und es gab einige weitere Größen dazwischen.

Eisenbahn

Die meisten Modelleisenbahnen sind funktionsfähige Anlagen, bei denen erstaunlicherweise das rollende Material bereits montiert gekauft wird und der modellbauerische Aufwand in Zubehör, Gebäude, Kulissen und dergleichen gesteckt werden muss. Aber auch nicht fahrbare Bausätze von Lokomotiven und Wagons von Monogram und Kitmaster sind nicht unbekannt. Letztere Firma wurde erst von Airfix übernommen, dann von Dapol. Es gibt auch ungewöhnliche Bausätze, wie die holzbefeuerte Wild-West-Dampflokomotive »The General« in 1:25 von MPC.

Hier steht man vor der Wahl, das Modell komplett sauber zu bauen oder zumindest den rollenden Teil der Struktur, der auf der Strecke niemals lange im makellosen Zustand verbleibt, verwittert darzustellen. Lange Zeit stellten sowohl Humbrol als auch Testors spezielle »Eisenbahnfarben« her, und obwohl Humbrol sein Sortiment zusammengefasst hat, bietet Testors weiterhin solche Farbtöne an – zum Pinseln und zum Sprühen.

Weil zumindest für viele Modellbauer der größte Teil der Anlage die Umgebung ist, kommen hier

Mels Diner von Moebius ist kein amerikanisches Eisenbahnzubehör an sich, wird aber im H0-Maßstab 1:87 angeboten (hier mit abgenommenem Dach, um die Ausstattung zu zeigen).

alle anderen Themen des Modellbaus ins Spiel. Gebäude gibt es von vielen Firmen – für den in Festland-Europa beliebten Maßstab H0 bietet Faller eine sehr breite Palette an. Viele Bausätze sind vorgefärbt, was das Bemalen erspart (manche sind sogar schon zusammengebaut). Auch amerikanische Firmen (Walther ist die größte) bieten ein umfangreiches Sortiment an.

Weil die meisten Gebäude aus flachen Segmenten zusammengesetzt werden, ähnelt sich ihr Zusammenbau und unterscheidet sich nur die Anzahl der Stockwerke, Fenster und Türen – Letztere sind zumeist separat gegossen, sodass sie zuerst lackiert und dann montiert werden können. Gebäude auf möglichst echt wirkenden Modelleisenbahn-Anlagen sollen verwittert oder gar »verwohnt« aussehen, sodass entsprechende Lackiertechniken ins Spiel kommen (Kapitel 6 – Verwitterung). Permanent aufgebaute Modellbahnen beinhalten (anders als temporäre Anlagen) auch Landschaften und Szenarien – dazu mehr in Kapitel 9.

Figuren

»Figuren« sind Modelle, die sich durch den gesamten Modellbau ziehen. Unabhängig vom Thema können die meisten auf dieselbe Weise gebaut werden. Anders als bei den meisten bisherigen Themen, wo es darum geht, einzelne Teile oder Unterbaugruppen vor der Endmontage zu lackieren, ist es bei Figuren eher umgekehrt: erst wird alles zusammengebaut und dann bemalt. Natürlich ist dies eine grobe Verallgemeinerung, denn es gibt viele Beispiele, wo einzelne Elemente der Figur bis zum endgültigen Zusammenbau getrennt bleiben – beispielsweise Dinge, die sie halten oder auf denen sie sitzen. Ganz allgemein ergibt es Sinn, da Figuren in der Regel von Hand bemalt werden und verschiedene Farben in manchen Bereichen ineinander übergehen.

Dies gilt in der Regel für einzelne Figuren, aber das Thema schließt auch Figuren-Sets – beispielsweise für militärische Dioramen oder Tabletop-Wargaming – ein. Nur wenige der kleineren Figuren müssen zusammengebaut werden – anders als zum Diorama gehörende Fahrzeuge, Waffen oder auch Zugtiere samt Wagen.

Ein Problem mit diesen Sets (vor allem den originalen Airfix-Sets) ist die Tatsache, dass sie nicht aus Polystyrol gegossen sind. Die Figuren sind einteilig und müssen sauber aus der Form herauskommen. Die bei Figuren üblichen Unterhöhlungen würden dies bei Standard-Gießformen verhindern. Daher wurden viele dieser Sets aus Vinyl hergestellt, sodass sie etwas flexibel sind und aus der Form gezogen werden können. Dies hat auch den Vorteil, dass dünne Teile nicht so leicht abbrechen, wie dies bei Polystyrol der Fall wäre. Vinyl kann allerdings weder mit normalem Modellbau-Kleber geklebt noch mit Email-Lack bemalt werden.

Seit Sekundenkleber und Acrylfarbe in Mode kamen, konnten diese Probleme gelöst werden. Einige Figuren-Sets wurden auch aus Polyurethan gegossen, das weniger flexibel ist als Vinyl, aber genauso hart wie Polystyrol – und Email-Farbe annimmt. Heutzutage werden viele Figuren auch aus Polystyrol gegossen – trotz Sekundenkleber und Acryllack.

Viele Fantasy-Figuren stammen von Garagen-Firmen und werden in Kunstharz gegossen. Dies macht sie sehr solide, sodass die Bereiche, in die das Harz eingegossen wurde, stets etwas überstehen. Dies bedeutet, dass sie geschliffen werden müssen, um zusammengeklebt werden zu können.

Die gesamte Außenseite einer Gießharz-Figur muss auf Luftblasen überprüft werden – diese

Nicht bei allen Bausätzen geht es um motorisierte Vehikel. Adams produzierte eine ganze Wild-West-Serie im Maßstab 1:48 – hier eine Wüstenkulisse. Dieser Bausatz wurde von Glencoe neu aufgelegt.

In Anlehnung an die Idee der »berühmten Figuren« von Aurora setzte Polar Lights die Tradition mit »The Three Stooges« in einer Szene aus dem Kurzfilm *We Want Our Mummy* von 1939 fort.

befinden sich ggf. direkt am Einguss unter der Oberfläche und sind zumeist so klein, dass sie mit normalem Modellbau-Filler verschlossen werden können. Da Kunstharz immun gegen Flüssigkleber ist, kann die Filler-Oberfläche hiermit geglättet werden, ohne dass die Gefahr besteht, das Harz anzugreifen. Sobald der Filler getrocknet ist, kann er geschliffen werden. Manche Verbindungen an Gießharz-Figuren, wie Arme oder Beine, sind vielleicht nicht so präzise wie bei Polystyrol-Spritzguss gemacht, sodass auch hier mögliche Lücken und Spalte mit Filler gefüllt werden müssen.

Tiere

Neben dem Homo sapiens sind bei Modellbau-Firmen auch andere Tiere beliebt – häufig prähistorische Kreaturen. Mehrere Firmen haben sich darauf spezialisiert, in erster Linie Airfix, Pyro (später Life-Like, dann Lindberg), Aurora (später Monogram, dann Revell) und Tamiya. Der Zusammenbau unterscheidet sich nicht von anderen Figuren, die Lackierung folgt zum Schluss.

Tierfiguren: Die Neuschöpfung des »Aurora American Bison« von Atlantis – einschließlich zwei kleiner Präriehunde.

Mit Ausnahme des Mammuts (das nicht wirklich »prähistorisch« ist, aber meistens in diese Kategorie geworfen wird) und anderer im ewigen Eis konservierter Tiere weiß niemand, wie prähistorische Tiere wirklich aussahen. Es gibt keine »kompletten« Dinosaurier, sondern nur Skelette, an denen wir uns orientieren können. Die Färbung ihrer Haut wird vielleicht immer ein Rätsel bleiben. Generell werden sie mit »echsenartigen« Farben angemalt, doch neuere Theorien gehen dahin, dass die Tiere weitaus heller gewesen sein könnten, was die Bemalung interessant machen kann. Wer sagt, dass es keinen knallroten Tyrannosaurus Rex gegeben haben soll?

Welche Farbe soll der T-Rex bekommen? Dieser aus dem Revell-Bausatz zum Film *Jurassic Park* trägt seine Haut in konventionellen Farben, aber könnte er nicht auch viel heller sein?

Kapitel 8

Decals

Nahezu alle Modellbausätze enthalten einen Bogen mit »Nassschiebebildern«. Je nach Bausatz können sich auf diesen Bögen Hoheitsabzeichen, Markierungslinien, Einstiegsluken-Markierungen, Nummernschilder, Instrumententafeln, Schraffierungen, Fluglinien-Logos, Werbeaufkleber und manchmal sogar einfarbige Bereiche befinden.

Revell legt manchen Bausätzen sowohl Nassschiebebilder als auch Trocken-Abziehbilder bei.

Das Decal-Set der Neuauflage einer Vought Cutlass von Revell wurde mit zusätzlichen Markierungen neu gestaltet.

Abziehbilder bestehen aus dem auf einer sehr dünnen transparenten Folie gedruckten Bild, das auf Trägerpapier geklebt ist. Der Druck erfolgt üblicherweise im Siebdruckverfahren. Das gewünschte Bild wird grob ausgeschnitten, zum Lösen des Klebers für zehn bis 15 Sekunden in warmes Wasser gelegt und dann auf die Oberfläche des Modells geschoben. Der auch im Deutschen verwendete Begriff »Decal« ist die Kurzform des französischen Worts décalquer, was »übertragen« bedeutet; früher hießen sie in Englisch »Transfers«, doch der Begriff »Decal« hat sich inzwischen weltweit durchgesetzt. Decals gibt es, seit es Modellbausätze gibt.

Abziehbilder es gibt keineswegs nur für Modellbausätze. Vermutlich wurde die Idee vom französischen Graveur Simon Ravenet im 19. Jahrhundert umgesetzt, indem er verschiebbare Bilder erfand, die sich rasch verbreiteten.

»Abziehbilder« können auf verschiedene Arten angebracht werden. Sie dienen als Warnhinweise (»Drücken« oder »Ziehen«), Verzierungen, politische

Die auf vielen Flugzeugen des Ersten Weltkriegs verbreiteten grellen Markierungen (hier auf einer Pfalz im Maßstab 1:32) sind als einteilige Decals ausgeführt, die eine sorgfältige Handhabung erfordern.

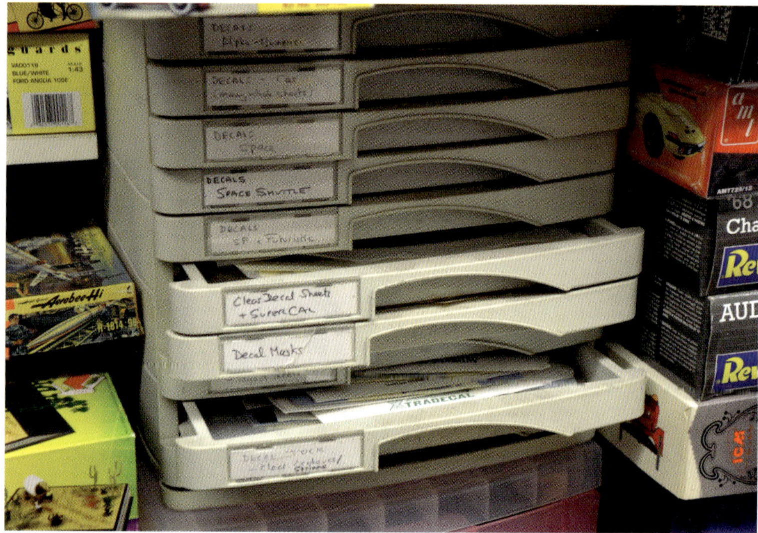

Zum Lagern von Decals eignen sich Papierablagen mit Schubladen aus dem Bürobedarf.

Statements oder Werbemittel. Oft handelt es sich um abziehbare Vinyl-Aufkleber, doch das Verfahren ihrer Herstellung ähnelt sich stark. Auch bei Modellbau-Abziehbildern gibt es Variationen.

Anwendung

Für die meisten Decal-Anwendungen benötigt man:

- einen kleinen Behälter mit Wasser
- eine saubere flache Oberfläche – eine Polystyrol-Platte ist ideal
- eine kleine Schere zum Ausschneiden des Decals
- eine kleine Pinzette für die Übertragung
- einen kleinen Pinsel zum »Rangieren« des Decals
- einen fusselfreien Lappen oder ein Blatt Küchenpapier zum Abtupfen überschüssigen Wassers

Das Verfahren ist weitgehend selbsterklärend. Die meisten Decals sind auf einer Unterlage gedruckt, die zum Ausgleich möglicher Fehlausrichtungen etwas größer ist als der Druck selbst. Normalerweise müssen die Decals einfach ausgeschnitten werden. Gelegentlich (vor allem bei Zubehör-Decals) werden die Decals ohne Abstand gedruckt – vor allem deshalb, weil Profi-Modellbauer auch beim Anbringen von Decals erfahrener sind und näher am Rand des Drucks schneiden, um einen umlaufenden »Decal-Rand« zu verhindern.

Es sollte immer nur ein Decal bearbeitet werden, höchstens ein paar, wenn sie alle in ähnlichen Bereichen platziert werden. Halten Sie den Decal in warmes Wasser (nicht darin liegen lassen!) und legen Sie ihn dann auf die Kunststoffplatte, damit der Kleber erweicht. Dies dauert normalerweise nur einige Sekunden, aber es gibt Ausnahmen. Ältere Decals brauchen hierfür eventuell etwas länger (was durch Experimente geklärt werden muss, denn es gibt keine festen Regeln).

Wenn der Decal locker auf seinem Trägerpapier liegt, wird er entweder vorsichtig mit einem Finger auf das Modell geschoben oder mit einer Pinzette angehoben, über dem Modell positioniert und ggf. mit einem nassen Pinsel ausgerichtet. Sobald der Decal korrekt sitzt, wird überschüssiges Wasser mit einem Lappen oder Tuch abgetupft. Mögliche Luftblasen müssen mit dem Pinsel zum Rand »geschoben« und herausgedrückt werden. Tupfen Sie zum Schluss die Oberfläche trocken und lassen Sie alles vollständig trocknen.

Fehlverhalten

Gelegentlich neigen Decals dazu, sich beim Anbringen aufzurollen. Die wichtigste Reaktion hierbei lautet: Keine Panik! Versuchen Sie, den Decal wieder vom Modell herunter ins Wasser zu schieben, wo er sich normalerweise wieder entrollt. Platzieren Sie dann das originale Trägerpapier darunter und

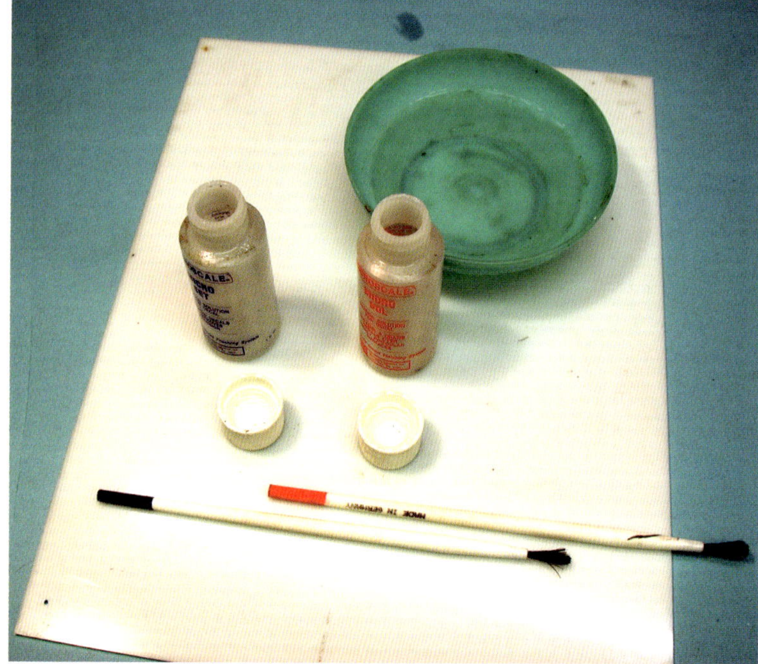

Zum Aufbringen von Decals werden eine Schale mit warmem Wasser, eine Polystyrol-Platte, Decal-Weichmacher und -Fixierer sowie Pinsel benötigt.

schieben Sie ihn wieder aufs Modell. (Dies kann etwas Beharrlichkeit erfordern, da die Oberflächenspannung ins Spiel kommt und der Decal vom Papier herunterschwimmen will.) Bringen Sie den Decal wieder auf dem Modell an und sorgen Sie – ggf. mit einer Pinzette – dafür, dass er sich diesmal nicht einrollt. Sollte dies dennoch erneut der Fall sein, muss der eingerollte Bereich mit einer kleinen Pinzette oder einem Pinsel korrekt ausgerichtet werden.

Zusätzliche Techniken

Vorbereitung der lackierten Fläche

Decals werden fast immer auf lackierten Flächen angebracht. Zunächst muss die Farbe vollständig getrocknet sein. Prüfen Sie anschließend, ob die Fläche frei von Verunreinigungen ist – dies betrifft Staub sowie Fingerabdrücke und Fettflecken. Reinigen Sie die Fläche nötigenfalls mit Wasser – vielleicht sogar mit einem Tropfen Spülmittel.

Decals halten am besten auf Glanzlack. Dies ist gut bei einem Hochglanz-Auto, bei einem getarnten Kampfflugzeug jedoch weniger zielführend. Allerdings kann hier zunächst transparenter Glanzlack aufgesprüht und nach dem Trocknen der Decal aufgebracht

HINDERLICHE GRAVUREN

Die Positionen der US-Hoheitsabzeichen sind auf der Tragfläche des Wasserflugzeugs Convair Tradewind von Revell deutlich eingraviert. Der Bausatz stammt aus den 50er-Jahren.

Bei vielen Flugzeug-Modellbausätzen amerikanischer Unternehmen waren die Positionen der Decals – manchmal sogar ihre Muster – in die Oberfläche eingraviert. Dies sollte dem Modellbauer helfen, seine Decals korrekt zu positionieren, aber unter ihnen blieben natürlich merkwürdige Muster bestehen. Erst nach einigen Jahren hörte diese Unsitte auf und ist heute bei keinem Hersteller mehr üblich. Alte Bausätze mit diesen Gravuren werden jedoch von Zeit zu Zeit neu aufgelegt, sodass es ratsam ist, sie zunächst abzuschleifen.

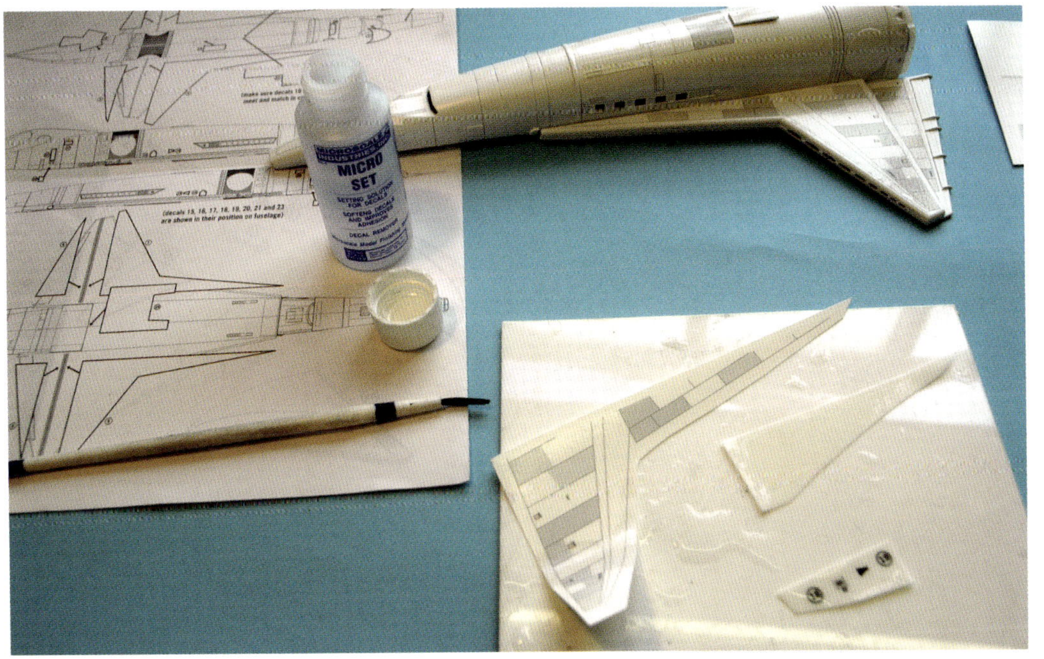

Decals lassen sich am besten auf Hochglanzflächen anbringen, andernfalls droht eine »Versilberung« – besonders gut zu sehen am Orion III Space Clipper aus dem Film *2001 – Odyssee im Weltraum,* dessen Rumpf und Tragflächen weitgehend »gedecalt« sind.

Die Decals beim Aston-Martin-Rennwagen von Airfix liegen mithilfe von Benetzungsmittel von Microscale (»Micro Set«) besser an; »Micro Sol« (rechts) macht Decals weich, damit sie sich besser dreidimensionalen Formen anpassen können.

werden. Nachdem auch dieser getrocknet ist, wird schließlich je nach gewünschtem Finish transparenter Mattlack oder Seidenmatt aufgesprüht.

Versilberung – und wie sie sich vermeiden lässt

Wenn Decals direkt auf einer matten Oberfläche aufgebracht werden, kann ein seltsamer Effekt entstehen, der »Versilberung« genannt wird, da durch die in der rauen Oberfläche der matten Farbe eingeschlossene winzige Menge Luft das Licht gebrochen wird und so ein silberfarbenes Aussehen hervorgerufen wird. Daher gilt der Rat, Decals stets auf glänzender Farbe anzubringen, deren Oberfläche deutlich glatter ist.

Es gibt Möglichkeiten, dies mit sogenannten »Benetzungsmitteln« zu umgehen – Flüssigkeiten, die in erster Linie dazu dienen, die Oberfächenspannung des Wassers unter den Decals (das die Luft einschließt) zu verringern, sodass sich der Decal besser an die Oberfläche anschmiegt und eine Versilberung vermieden wird. Die meisten Modellbau-Firmen bieten solche Mittel an – das vielleicht berühmteste stammt von Microscale, deren Micro Set (im blauen Fläschchen) Decals sowohl besser anliegen lassen soll als auch deren einfacheres Entfernen ermöglicht.

Überlagernde Decals

In älteren Bausätzen finden sich oft nur

Manche Decals werden übereinandergelegt. Bei diesem Rennsport-BMW liegen sie an manchen Stellen vierfach übereinander!

wenige Decals. Bei Flugzeugen sind dies grundsätzliche Dinge wie Hoheitszeichen, Registrierungsnummern und vielleicht noch die üblichen Warnhinweise und Ähnliches. Heutzutage ist die Anzahl der Decals angewachsen – manchmal um das Zehnfache. Dies kann dazu führen, dass Decals überlagernd angebracht werden müssen. Die unteren Decals werden natürlich zuerst aufgebracht, und erst wenn diese vollkommen trocken sind, darf die nächste Lage aufgelegt werden. Es gibt Rennwagen-Bausätze, bei denen Decals in vier Schichten übereinanderliegen!

Decal-Weichmacher

Viele Decals müssen heute hochkomplexe Abbildungen wiedergeben, manche von ihnen müssen auf Oberflächen angebracht werden, die nicht vollständig flach oder nur in einer Richtung gekrümmt sind – dreidimensionale Oberflächen also. Hier kann ein Decal nicht flach aufliegen, sondern muss »gestreckt« werden. Hierbei helfen Flüssigkeiten, die den Decal tatsächlich teilweise auflösen – das passende Produkt von Microscale heißt Micro Sol (im roten Fläschchen).

Das Verfahren ist einfach, für Uneingeweihte allerdings etwas irritierend. Zuerst wird der Decal normal aufgelegt und ggf. mithilfe von Micro Set in Position gebracht (im nächsten Schritt lässt er sich kaum noch verändern und es gibt kein Zurück mehr!). Tragen Sie einen Tropfen Weichmacher auf und lassen Sie ihn einwirken. Hierbei beginnt sich der Decal aufzufalten (und die unmittelbare Reaktion, dies zu korrigieren, würde ihn zerstören!). Warten Sie einfach ab, denn das Problem löst sich von allein: Der Decal wird sich dehnen, um sich Wölbungen anzupassen, und nötigenfalls schrumpfen, um Vertiefungen auszufüllen (oder beides) und an der richtigen Stelle trocknen. Nur wenn sich der Decal an der falschen Stelle absetzt, darf er mit einem feinen Pinsel und reichlich Wasser vorsichtig bewegt werden.

Manche Hersteller bieten Decal-Weichmacher in unterschiedlichen Stärken an. Wenn die Oberfläche besonders unregelmäßig ist oder der Decal auf dickerer Folie gedruckt zu sein scheint, kann es nützlich sein, einen höher konzentrierten Weichmacher zur Hand zu haben. Der erste Versuch sollte stets mit Standard-Weichmacher durchgeführt werden, und erst wenn dieser nicht funktioniert, darf mit Vorsicht ein Tropfen des »Heavy-Duty«-Stoffs hinzugefügt werden.

Rettungsmaßnahmen

Decal-Benetzungsmittel wie Micro Set (aber nicht Lösungsmittel wie Micro Sol) haben einen weiteren Nutzen. Falls nach dem Auftragen und Trocknen des Decals festgestellt wird, dass er an der falschen Stelle sitzt, kann er mit Benetzungsmittel eingeweicht werden, was den Kleber normalerweise so weit löst, dass er (vielleicht mit einem Skalpell am Rand angehoben und) wieder abgezogen werden kann, um entweder an der richtigen Stelle angebracht oder vorübergehend auf das Trägerpapier übertragen zu werden. Dies ist allerdings nur eine provisorische Maßnahme, die mit Sicherheit nicht funktioniert, wenn Weichmacher eingesetzt wurde und der Decal nicht mehr flach ist.

Lassen Sie Decals niemals längere Zeit in Micro Set oder ähnlichen Flüssigkeiten liegen, da sie sich mit Sicherheit auflösen werden. Falls längere Wartezeiten überbrückt werden müssen, wird der Decal in klarem Wasser eingeweicht und wieder auf das Trägerpapier geschoben. So wird er wahrscheinlich ein zweites Mal funktionieren – eine Garantie gibt es allerdings nicht!

Einige Firmen weisen in den Bauanleitungen inzwischen darauf hin, dass ihre Decals »nicht lösungsmittelkompatibel« sind. Hiermit schützen sie sich für den Fall, dass jemand mit solchen Flüssigkeiten einen Fehler macht und den Hersteller beschuldigt. Normalerweise funktionieren alle Decals mit dafür vorgesehenen Mitteln hervorragend, aber wie üblich lautet der Ratschlag: Im Zweifelsfall zuerst testen. Meistens

Beim Midget-Rennwagen von Revell kommt Micro Sol zum Einsatz, um den Decal korrekt über den Lüftungsschlitzen der Motorhaube anliegen zu lassen. Hier ist er noch nicht ganz trocken, hat sich aber bereits weitgehend in Position gezogen.

Um die Vergilbung eines alten Decals auszubleichen, wird er an ein von der Sonne beschienenes Fenster geklebt.

Ein original ungebleichter Decal-Bogen (links) und der gleiche Bogen, nachdem er eine Zeit lang in der Sonne verbracht hat (rechts). Die Vergilbung ist nicht völlig verschwunden, doch die Decals sehen deutlich besser aus.

finden sich auf dem Bogen alternative Decals oder findet sich auch der als Decal ausgeführte Name des Bausatzes, mit denen herumprobiert werden kann.

Alte Decals

Es gibt immer wieder alte Bausätze zu entdecken – ob auf Tauschbörsen, in aufgelösten Sammlungen, in geschlossenen Modellbau-Läden oder auf Online-Auktionsseiten, aber auch auf dem eigenen Dachboden. Nachdem die Frage geklärt wurde, ob der Bausatz zusammengesetzt werden darf oder weiterhin im Karton auf Wertsteigerung warten soll (siehe Kapitel 11) und die Antwort »Bauen!« lautet, sollte es mit den Plastikteilen keine Probleme geben, denn Polystyrol ist ein sehr stabiler Kunststoff, der lediglich durch extreme Hitze angegriffen wird (weil er dann schmilzt).

Selbst wenn der Bausatz Wasser abbekommen hat (der viel zitierte »überflutete Keller«), werden der Karton, der Bauplan und die Decals hinüber sein, aber das Plastik selbst bleibt unversehrt. Es gibt einige Lösungsmittel auf Ölbasis, die Polystyrol angreifen, aber ein solches Szenario Ist unüblich.

Vergilbung

Bei alten Bausätzen können die Bauanleitungen (selbst nach dem Durchnässen) wahrscheinlich wiederhergestellt werden oder sind leicht ersetzbar, da viele Firmen inzwischen PDFs ihrer Baupläne online gestellt haben. Weitaus schwieriger zu retten sind allerdings Decals. Bei einem Wasserschaden sind sie generell zerstört, doch es gibt noch zwei weitere Faktoren, die ältere Decals beeinträchtigen. Erstens können sie vergilbt sein (was nicht wirklich überraschend vor allem transparente Decals betrifft). Dieses Problem lässt sich mit Sonnenlicht beheben – und der alte Trick funktioniert tatsächlich. Befestigen Sie den Decal-Bogen mit Klebeband an ein von der Sonne beschienenes Fenster und belassen Sie ihn dort einige Zeit. Beobachten Sie ihn regelmäßig, denn das Sonnenlicht bleicht nicht nur den Gelbstich aus, sondern lässt auch die anderen Farben verblassen, sodass der richtige Zeitpunkt zum Abnehmen gefunden werden muss.

Risse

Das zweite Problem ist möglicherweise nicht sofort sichtbar: Die obere Schicht des Decals kann mit der Zeit rissig werden. Sofort deutlich wird dies, wenn man versucht, den Decal in Wasser anzulösen und er buchstäblich auseinanderfällt. Reparaturversuche müssen natürlich vor dem Einweichen durchgeführt werden – danach ist es zu spät.

Untersuchen Sie zunächst die Oberfläche des Decals – eventuell unter Schräglicht – , um zu sehen, ob sich Risse gebildet haben. Falls ja, muss sichergestellt werden, dass die Oberfläche des Decals sauber ist, dann wird Klarlack aufgesprüht – auch zweimal oder öfter. Microscale bietet hierfür sogar ein spezielles

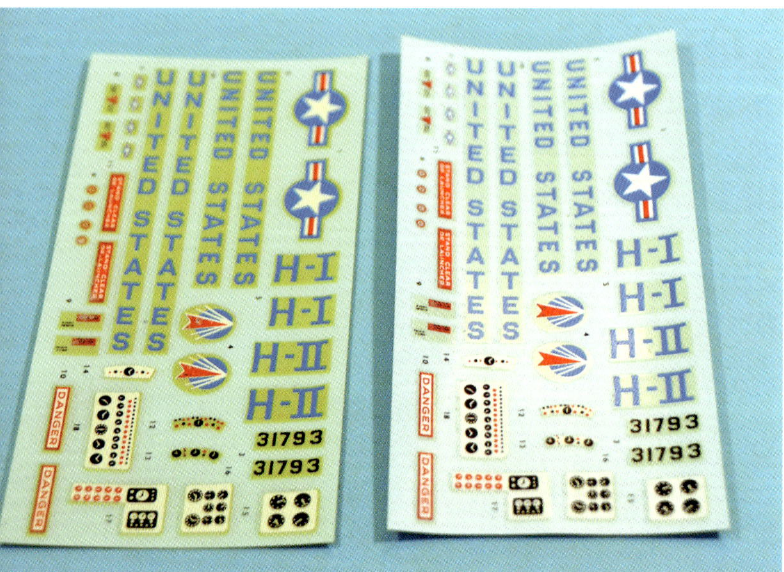

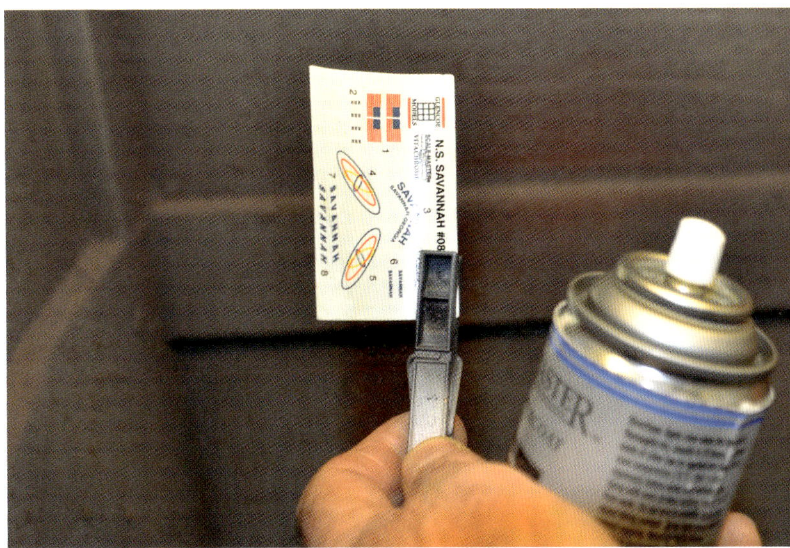

Falls Decals Risse zeigen oder Unsicherheit darüber besteht, kann der Decal-Bogen mit Klarlack besprüht werden.

Produkt an. Unabhängig von der eingesetzten Methode ist es auf jeden Fall ein guter Schritt, da manche Risse und Schäden mikroskopisch klein sein können.

Sobald der Klarlack getrocknet ist, müssen die Decals korrekt ausgeschnitten werden, da die ursprüngliche Trennung durch den Klarlack verloren gegangen ist. Sie sollten jetzt »wie üblich« funktionieren. Eine Garantie dafür gibt es nicht, aber die Technik hat sich in der Regel gut bewährt.

Auch wenn der Decal-Bogen mit den oben genannten Methoden nicht zu retten ist, gibt es vielleicht doch eine Lösung. Der originale Bausatz-Hersteller wird sehr wahrscheinlich nicht in der Lage sein, einen neuen Bogen zu liefern (vielleicht ist der Bausatz so alt, dass es die Firma längst nicht mehr gibt), und selbst wenn, wird sich ihre möglicherweise vorhandene Decal-Sammlung in einem ähnlichen Zustand befinden wie Ihr Bogen. Auf Online-Auktionsseiten werden jedoch immer wieder alte Decal-Bögen und auch komplette Bausätze angeboten. Vielleicht haben Sie Glück und finden einen Bogen.

Neue Decals lassen sich sogar als Fotokopie herstellen.

Kopien

Es gibt auch eine Technik, mit der Decals neu gestaltet werden können. Dies erfordert einige Computerkenntnisse und die richtigen Programme sowie einen geeigneten Scanner und Drucker.

Zuerst wird der Decal-Bogen eingescannt. Verwenden Sie eine hohe Auflösung – mindestens 300 dpi. Eventuell muss mit den Einstellungen experimentiert werden, z. B., ob die Entrasterung ein- oder ausgeschaltet werden muss. Der Scann kann ein PDF, ein JPEG oder eine andere Bilddatei sein – auch hier muss eventuell experimentiert werden, um das beste Ergebnis zu erzielen.

Nachdem einige Experimente mit Schriftarten durchgeführt wurden, wird zur Gestaltung des AMT Dodge Deora ein individueller Decal-Bogen mithilfe eines modernen Farblaserdruckers hergestellt.

Beim nun als digitale Datei vorliegenden Decal können Korrekturen und Ausbesserungen vorgenommen werden. Vergrößern Sie das Bild, damit kleine Korrekturen leichter durchgeführt werden können. Auch eine mögliche Vergilbung kann mit einem Bildbearbeitungs-Programm und dem Befehl »Farbe ersetzen« entfernt werden. Falls irgendwelche Änderungen vorgenommen werden, ist es ratsam, sie unter einem anderen Dateinamen zu speichern, damit das Original erhalten bleibt und man nötigenfalls dahin zurückkehren kann.

Sobald der Decal-Bogen wie gewünscht restauriert/repariert wurde, kann er auf geeignetes Abziehbild-Papier gedruckt werden. Mit dem Aufkommen moderner Computersysteme kamen auch Papierbögen zum Herstellen von Abziehbildern für den Hausgebrauch auf den Markt (davor war dies nur mit sehr teuren Druckern möglich).

Decal-Papier ist hauptsächlich in zwei Farben erhältlich: weiß und transparent. Das weiße Papier ist dichter und Farben lassen sich besser darauf drucken. Doch weil der Untergrund weiß ist, eignet es sich nur für weiße Modelle – oder der Decal muss exakt ausgeschnitten werden. Meistens ist daher transparentes Decal-Papier die bessere Wahl, doch hierauf können helle Farben zu »dünn« erscheinen, wenn sie auf einem dunklen Untergrund angebracht werden.

Die meisten privat verwendeten Drucker sind entweder Tintenstrahl- oder Laserdrucker und das Decal-Papier muss zum jeweiligen Typ passen. Der Hauptunterschied besteht darin, dass Laserdruck »trocken« stattfindet, weil der Toner selbst trocken ist und durch elektrostatische Ladung auf das Papier übertragen wird, wo er dann durch Hitze verschmilzt. Der Tintenstrahldrucker trägt nasse Farbe auf, sodass das Papier etwas poröser sein muss, damit dies funktioniert. (Die Erfahrung hat gezeigt, dass das meiste Decal-Papier auch mit dem jeweils anderen Drucker gute Ergebnisse liefert.) Tintenstrahler bieten zumeist lebendigere Farben, doch Laserdrucker liefern in der Regel perfektere Drucke. Laserdrucker sind in der Anschaffung zunächst teurer, im Betrieb aber deutlich billiger, zudem neigen sie bei unregelmäßiger Benutzung nicht wie Tintenstrahldrucker zu regelmäßiger Verstopfung.

Dieser Prozess funktioniert auch auf älteren Laser-Fotokopierern, doch diese beherrschen zumeist nur den Schwarzweiß-Druck.

Bei beiden Typen ist es ratsam, das Papier mit Klarlack zu übersprühen. Viele Firmen stellen ihre eigenen Lacke her, doch normalerweise funktioniert jeder Modellbau-Klarlack. Nach der gründlichen Trocknung können die Nachbau-Decals wie gewohnt aufgetragen werden.

UM DIE KURVE

Das einzige Problem, das beim Drucken auftreten kann, ist der Papiereinzug. Die meisten Tintenstrahldrucker und Fotokopierer führen das Papier in gerader Linie problemlos durch den Druckprozess. Bei einigen Laserdruckern windet es sich jedoch mithilfe mehrerer Rollen in Bögen durch die Maschine, sodass das noch nicht fixierte Bild möglicherweise verschmieren kann. Achten Sie beim Neukauf eines Druckers auf den Weg des Papiers.

Andere Typen

Trocken-Anreibe-Decals

Obwohl im Modellbau von Anfang an Nassabziehbilder verwendet wurden, experimentierten in den 70er-Jahren einige Firmen mit Decals, die trocken aufgerieben werden mussten, wie dies von Letraset-Buchstaben bekannt war. Vor der Textverarbeitung per Computer war dies die einzige Möglichkeit, »professionelle« Schriftzüge zu erhalten, und das Verfahren war entsprechend weit verbreitet. Buchstaben, Zahlen und Symbole befanden sich auf der Rückseite des Bogens, der auf der gewünschten Stelle aufgelegt und mit einem speziellen »Anreibe-Stift« (meistens tat es auch ein Kugelschreiber) übertragen wurde. Das System funktionierte generell sehr gut, die transferierten Zeichen waren sogar dünner als Decals und sie passten sich unregelmäßigen Untergründen an. Das Anbringen war jedoch extrem zeitaufwendig und musste präzise positioniert sein – Fehlversuche waren ausgeschlossen! Ein falsch ausgerichtetes Anreibe-Bild muss mühsam per Radiergummi entfernt werden und für den nächsten Versuch war ein neues Bild oder Zeichen nötig.
Manche Modellbau-Firmen wie Airfix (damals

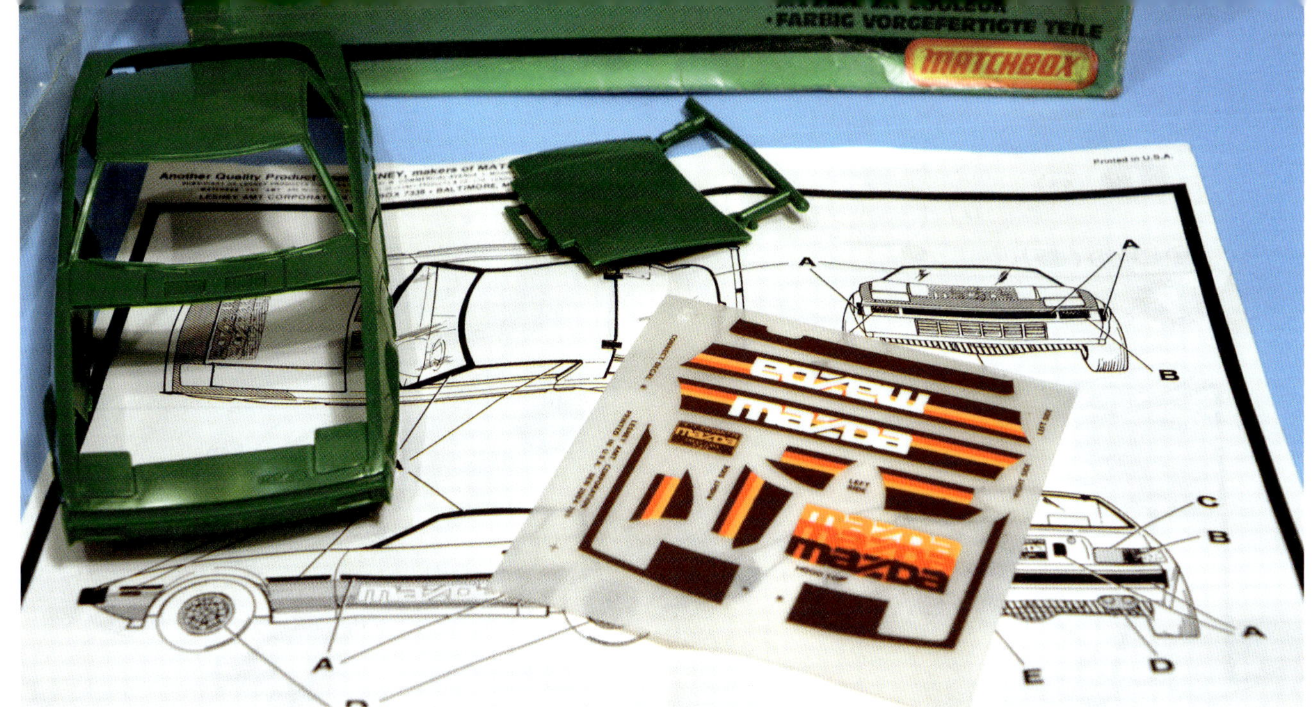

Als Lesney (Matchbox) zu AMT gehörte, experimentierte man einige Zeit mit Anreibe-Bildern, doch diese konnten sich nie wirklich durchsetzen.

zu AMT gehörend) verwendeten Anreibe-Bilder mehrere Jahre, doch am Ende wurden sie wegen der erforderlichen Genauigkeit aufgegeben. Das Auftragen dieser Decals auf einer ebenen (wenn auch rauen) Fläche war eine Sache, jedoch der Versuch, ihn auf einer ungleichmäßigen Oberfläche anzubringen, war etwas ganz anderes – und das bei nur einem Versuch! Bei Nassabziehbildern können Anpassungen vorgenommen werden, bevor man sie abtupfte; bei Anreibe-Decals muss es beim ersten Mal klappen.

Aufkleber

Manche Bausätze enthalten auch konventionelle Aufkleber. Oft sind dies Anfänger-Kits, bei denen auch eingefärbte Bauteile nur zusammengesteckt und nicht geklebt werden müssen. Daher wollte man es den (zumeist) Kindern auch nicht zumuten, Decals ausschneiden, einweichen und aufschieben zu müssen. Einfach abziehen und aufkleben – fertig. Auch sollte denjenigen, die keine Chance mehr hatten, den Wohnzimmertisch mit Lack, Verdünner und Plastikkleber zu verzieren, nicht die letzte Möglichkeit gegeben werden, die Wasserschale für die Decals umzukippen. Eingefärbte Steck-Bausätze mit Aufklebern umgehen daher sämtliche »Liquiditätsprobleme«.

In den letzten Jahren gab eine interessante Entwicklung, als einige Hersteller – darunter Revell Deutschland – damit begannen, Bausätze auf den Markt zu bringen, die zwar zusammensteckbar (Revell nennt es »Easy-Click-System«), aber generell genauso detailliert wie Klebe-Modellbausätze sind. Weil diese Kits daher sowohl für Anfänger wie auch erfahrene Modellbauer interessant sind, wurden ihnen zwei ähnlich detaillierte Decal-Bögen beigefügt – einen mit traditionellen Nassschiebebildern und einen mit Aufklebern. Somit kann man sich je nach Fähigkeit entscheiden, wie die Decals aufgetragen werden.

Ein anderer Ansatz bei Autos und anderen Fahrzeugen, die in der Regel ein Nummernschild tragen, liegt darin, dass diese zwar wie üblich als Nassschiebebild angebracht werden können, aber empfohlen wird, den Decal einfach

Metallisierte Abziehbilder gab es für einige Versionen der USS Enterprise aus *Star Trek* (von AMT).

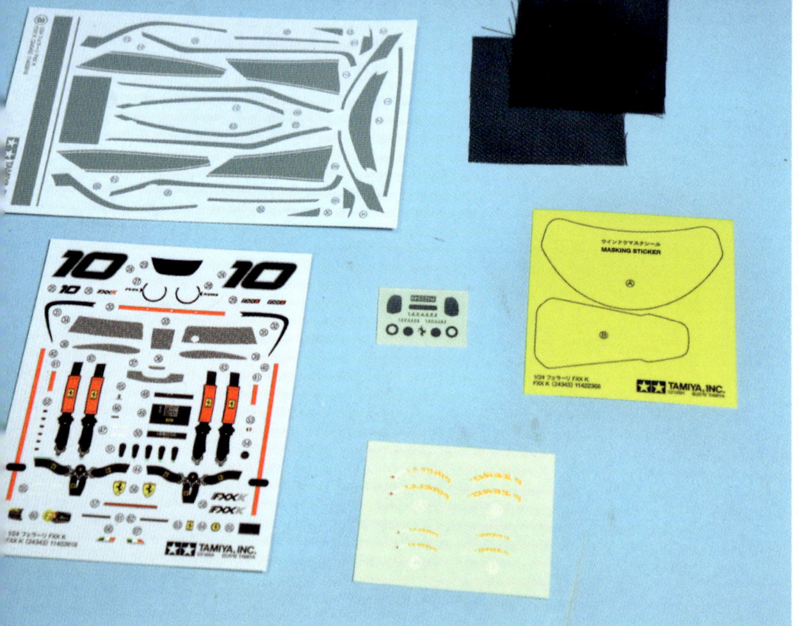

Einige moderne Modellauto-Bausätze bieten mehrere Möglichkeiten, Abziehbilder und Beschriftungen anzubringen. In diesem Ferrari-Kit von Tamiya gibt es zwei Decal-Sets (links), Kühergrill-Gitter (rechts oben), Abdeckfolien für die Fenster (rechts) und spezielle Reifen-Beschriftungen (rechts unten), außerdem metallisierte Aufkleber für Rückspiegel und die Instrumentenverglasung (Mitte).

auszuschneiden und samt Trägerpapier auf das Modell zu kleben, damit die »Blech«-Struktur besser hervorgehoben wird.

Für den Schein

In einigen Bausätzen – vorwiegend Autos, Lastwagen und Motorräder – gibt noch eine weitere Decal-Variante, »metallisierte Decals« genannt. Ursprünglich waren diese für Embleme gedacht, die verchromt oder verspiegelt aussehen sollten. Es waren Erweiterungen des Aufkleber-Konzepts, da sie nicht eingeweicht werden mussten, sondern vorgeschnitten und mit Klebstoff versehen auf einer Trägerfolie saßen. Vorsichtig und mit einer kleinen Pinzette können sie auf das Modell übertragen und mit einem weichen Tuch angedrückt werden. Das Ergebnis ist ein weitaus realistischeres Aussehen als bei herkömmlichen Abziehbildern. Markennamen und Firmenembleme können mit einer weiteren »Beschriftungs«-Methode angebracht werden, nämlich Fotoätzteilen – mehr dazu in Kapitel 10.

ALPS-Drucker

In einem Kapitel über Decals sollten auch die von der ALPS Corporation in Japan produzierten Drucker erwähnt werden. Das Verfahren nennt sich eigentlich »Micro Dry Process«, ist aber allgemein unter dem Firmennamen bekannt –

Manchen Bausätzen liegen bedruckte Papierbögen bei. Dieser Citroën H Imbisswagen von Ebro (1:24) ist mit zahlreichen Nassschiebebildern (beispielsweise für die Dosen im Regal), aber auch mit Zeitschriften aus echtem Papier bestückt.

Beim ALPS-Verfahren werden neben den vier Standard-Druckerfarben Cyan, Magenta, Gelb und »Key« (Schwarz) auch Weiß, Silber und Gold gedruckt. Die Decal-Bögen zeigen, wie die Schichten aufgebaut sind: auf dem unteren ist nur Weiß gedruckt, während auf dem oberen Blatt bereits alle Farben vorhanden sind.

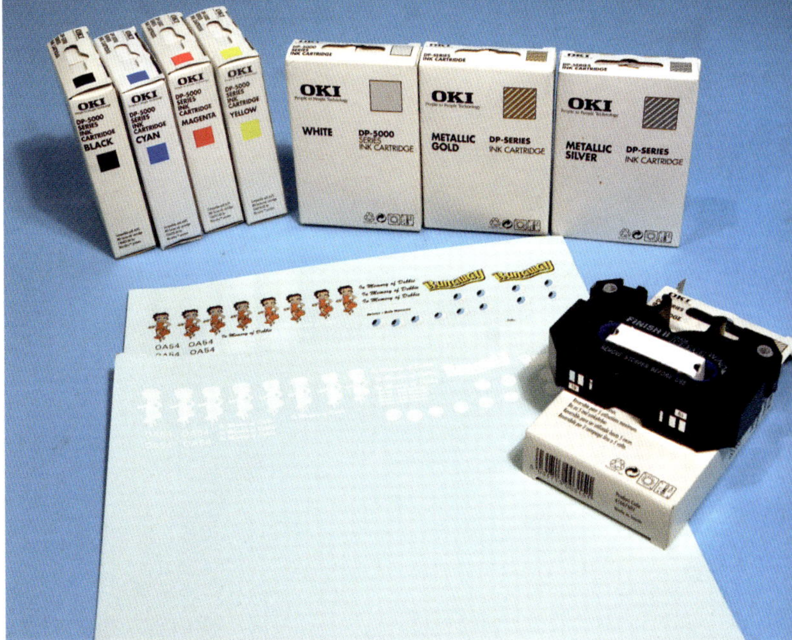

also »ALPS«. Das System besteht aus speziellen Druckern, die mit einem Wachs-Harz-Transfersystem und individuellen Farbpatronen bestückt werden. Diese beinhalteten die einzelnen Standarddruckfarben: Cyan, Magenta, Gelb und »Key« (Schwarz) – CMYK-Farbmodell genannt –, aber vor allem gab es auch Patronen, die nicht nur Weiß, sondern auch Metallic-Farben wie Silber und Gold enthielten. Keine dieser Farben konnte zu diesem Zeitpunkt zufriedenstellend (wenn überhaupt) von Tintenstrahl- oder Laserdruckern gedruckt werden.

Von Letzteren unterschieden sich ALPS-Drucker auch deutlich im Betrieb, indem jede Farbe separat gedruckt wurde. Die Farbpatronen waren separat im Drucker untergebracht und der Drucker entnahm eine Patrone, druckte die Farbe und packte sie wieder zurück, bevor er die nächste Patrone entnahm. Das zu bedruckende Decal-Papier musste exakt positioniert werden, damit präzise gedruckt werden konnte. Dies bedeutete gegenüber Tintenstrahl- oder Laserdruckern (die alle Farben gleichzeitig drucken) einen erhöhten Zeitaufwand. Obwohl hierbei deutlich bessere Druckergebnisse herauskamen, bedeutete der erhöhte Zeitaufwand, dass dieses Verfahren bei kommerziellen Druckereien niemals populär wurde. Gefallen fand es dagegen bei Druckereien von Decal-Bögen (und im gewissen Maße auch bei T-Shirt-Druckern), weil auch Weiß und Metallic-Farben gedruckt werden konnten. Allerdings reichte dies nicht aus, um bei ALPS das Druckergeschäft am Laufen zu halten (die Firma existiert weiterhin, weil sie groß und vielseitig ist und nicht nur Drucker baut). Und obwohl in Japan immer noch Elemente des Druckers existieren, müssen Nutzer aufgrund der schwindenden Bestände weitgehend auf Gebrauchtteile zurückgreifen. Die Technologie wurde von Firmen wie Oki, Citizen oder Kodak in Lizenz genutzt, aber mit dem Rückzug von ALPS mussten auch diese Unternehmen ihre

Der Vergleich zeigt einen Standard-Decalbogen (links) und einen wirklich glänzenden im ALPS-Verfahren gedruckten Bogen (rechts).

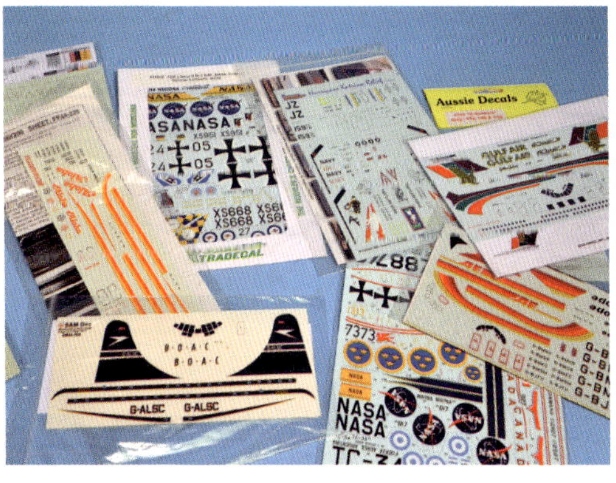

Eine sehr kleine Auswahl von Decal-Bögen aus dem Zubehörmarkt.

Beteiligung am System einstellen. Wer im Zubehör einen Decal-Bogen mit Metallic-Druck findet, kann mit großer Sicherheit erwarten, dass er auf einem ALPS-Drucker entstanden ist.

In den letzten Jahren wurden Laserdrucker entwickelt, die auch weiße Farbe drucken können – sogenannte CMYW-Drucker (Cian, Magenta, Gelb und Weiß). Diese Drucker werden inzwischen von Decal-Firmen verwendet, doch weil die Geräte deutlich teurer sind als normale

Beispiele der von AMT und Revell angebotenen »Uni«-Kits, für die Zubehör-Decals unerlässlich sind.

CYMK-Drucker, ist ihr Marktanteil noch sehr gering.

Zubehörmarkt

Kurz nach der Produktion der ersten Modellbausätze tauchten Ideen zu weiteren Markierungen auf. Zunächst ging es um Flugzeuge, da diese die Mehrzahl aller frühen Bausätze darstellten und von weltweitem Interesse waren. Ein Flugzeug, das mit den Hoheitsabzeichen eines Landes produziert wird, fliegt wahrscheinlich auch in anderen Ländern, sodass entsprechende Markierungen notwendig sind. Verkehrsflugzeuge sind hier besonders beliebt, weil sie weltweit verbreitet sind und von zahlreichen Fluggesellschaften mit individuellen Farben und Logos eingesetzt werden.

Bald wurden Firmen gegründet, die sich ausschließlich auf diesen Zubehörmarkt konzentrierten. Anfangs setzten sich vorwiegend von Enthusiasten geführte Unternehmen durch, die sich auf jede einzelne Markierung eines speziellen Flugzeugs konzentrieren konnten und bis hin zu den kleinsten Beschriftungen alles anboten. Aber auch die etablierten Firmen haben begonnen, Decal-Bögen mit absolut allen Markierungen – manchmal mit Hunderten einzelnen Abziehbildern – herauszugeben.

Für die meisten Modellbau-Themen gibt es inzwischen Decal-Bögen auf dem Zubehörmarkt – angefangen bei den bereits erwähnten

Der Dodge Charger in Polizei-Ausführung von Lindberg kann mithilfe eines speziellen Decal-Sets …

… zum NASA-Verfolgungsfahrzeug umgelabelt werden.

Flugzeugen (militärisch und zivil), aber vor allem für Modellautos. Rennwagen sind die Favoriten, und das ging so weit, dass sowohl AMT als auch Revell Rennwagen-Bausätze ohne eigene Abziehbilder herausbrachten, sodass der Kunde notgedrungen Zubehör-Decals erwerben musste.

Auch der SF-Bereich hat durch den Zubehörmarkt profitiert. Die USS Enterprise (aus Star Trek) begann als AMT-Bausatz, der abgesehen vom Namenszug und ein paar roten Streifen keinerlei Decals enthielt. Die in den Filmstudios eingesetzten Miniaturen wurden jedoch immer komplexer, sodass immer mehr Decals angeboten wurden, um diese Raumschiffe nachzubauen. Das Gleiche galt für die »Alien«-Raumschiffe des Klingonisch/Romulanischen Imperiums. Diese endeten mit dem »Aztekenmuster«, das an Malereien mittelamerikanischer Völker erinnerte. Diese Muster zu lackieren, wäre keine einfache Aufgabe gewesen und die Azteken-Decals machten es erheblich einfacher.

Selbstgemacht

Die Technik, alte oder beschädigte Decals mithilfe von Computern und Druckern zu ersetzen, kann auch zur Herstellung eigener Abziehbilder genutzt werden. Wenn die gewünschten Decal-Bögen nicht aufgetrieben werden können, kann man sie immer noch selbst herstellen. Dies ist gegenüber dem Scannen und Reproduzieren vorhandener alter Decal-Bögen eine Erweiterung, denn diesmal beginnt man mit einem leeren Blatt Decal-Papier. Was als Bilddatei erstellt werden kann, lässt sich auch drucken.

Abziehbilder lassen sich aus allem machen, was bildlich umgesetzt werden kann: Schriftzüge, Grafiken, Farbtafeln, Zeichnungen und sogar Fotografien. Natürlich muss das Bild zuerst erstellt werden. Früher hatte man nicht viele Optionen, wenn eine andere Beschriftung für ein Modell gewünscht wurde. Man musste entweder versuchen, den gewünschten Schriftzug aus vorhandenen Abziehbildern herzustellen (Bögen mit Buchstaben oder Zahlen gehörten zu den ersten Zubehör-Abziehbildern). Vielleicht war auch die Letraset-Methode möglich. Heutzutage sieht das ganz anders aus. Schriftzüge und Text können mit einem Textverarbeitungs-Programm erstellt werden. Bei der Auswahl an Schrifttypen würde es schon überraschen, wenn sich darin nichts zufriedenstellendes finden lässt. Sie können in allen Farben und natürlich auch Größen produziert werden. Und wenn gerade kein passender Stil gefunden wird, gibt das Internet noch mehr her.

Über Buchstaben hinaus kann mit etwas Geschick auch ein eigenes Design entworfen werden – entweder auf altmodische Art und Weise auf Papier (und dann scannen) oder direkt mit einem Computerprogramm.

Bilder können selbst fotografiert, aus dem Internet heruntergeladen oder eine Kombination aus beidem sein. Mithilfe von Bildbearbeitungs-Programmen (z. B. Photoshop, es gibt aber auch andere) können Formen und Perspektiven verändert, Abbildungen gedehnt, gestaucht oder gespiegelt werden – Letzteres ist sinnvoll, wenn ein identisches Bild umgekehrt auf beiden Seiten eines Flugzeugs oder Autos erscheinen soll.

Sponsoren-Logos gibt es im Internet wahrscheinlich zuhauf, und obwohl angenommen werden sollte, dass diese frei verwendet werden dürfen, muss das Urheberrecht beachtet und geprüft werden, ob dies wirklich der Fall ist. Auch wenn es bei einem einzelnen Modell keine Probleme geben wird, kann die Sache anders aussehen, sobald eine Serienfertigung beginnt.

ACHTUNG: COPYRIGHT!

Ein Wort zum Thema Urheberrecht und seine Auswirkungen auf Modellbauer: Nur weil sich im Internet ein Bild, Foto oder Plan findet, bedeutet dies nicht automatisch, dass dies frei verwendbar ist. Manche sind tatsächlich »gemeinfrei«, dürfen also frei verwendet werden, doch die meisten sind das nicht! Ihr Urheberrecht liegt bei irgendjemandem irgendwo. Weil das World Wide Web genau das ist, was der Name andeutet – nämlich »weltweit« – kann sich der Rechteinhaber in einem Land befinden, das möglicherweise ein anderes Urheberrecht hat.

Ganz allgemein – und ohne rechtliche Bindung – wird das Herunterladen eines Bildes oder Plans für den Eigengebrauch (Referenzen, Lackiervorlagen und Ähnliches) im Allgemeinen als »angemessene Nutzung« bewertet. Und wie sollte man auch praktisch daran gehindert werden können? Wer allerdings plant, mit diesem Bild ein Abziehbild-Set in Serie zu produzieren und zum Verkauf anzubieten, befindet sich nicht mehr auf sicherem Grund und es gilt: Holen Sie sich rechtlichen Rat!

Kapitel 9

Displays und Dioramen

Modelle zu bauen ist eine Sache, aber was passiert dann mit ihnen? Natürlich können einzelne Modelle einen Ehrenplatz auf dem Kaminsims oder im Bücherregal einnehmen, aber es ist noch mehr möglich.

Die Nachbildung der Apollo-Mondmission in 1:32 mit der Mondlandefähre von Vista Replicas und dem EVA-Lunar-Rover. Der Mondstaub besteht aus Deckenputz.

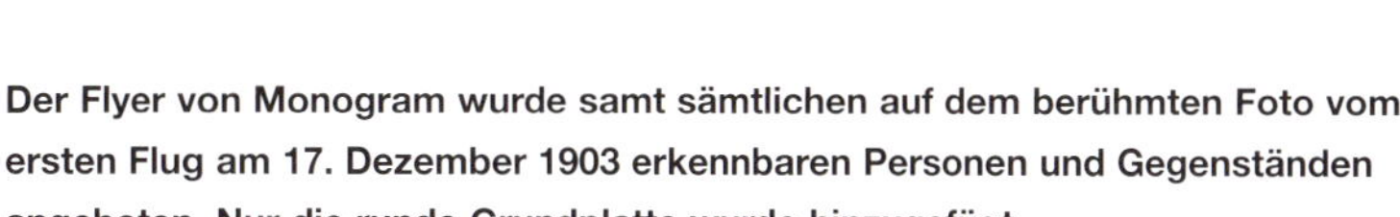

Der Flyer von Monogram wurde samt sämtlichen auf dem berühmten Foto vom ersten Flug am 17. Dezember 1903 erkennbaren Personen und Gegenständen angeboten. Nur die runde Grundplatte wurde hinzugefügt.

Manche Bausätze werden mit Karton-Dioramen geliefert. Der Bausatz »Man in Space« von AMT, der alle fünf bemannten Raumschiffe zeigte, welche bis dahin gestartet waren, enthielt auch eine beeindruckende Kartonbasis, die das Kennedy Raumfahrtzentrum darstellte.

Was Aurora einführte, wurde von Moebius mit einer eigenen Reihe »klassischer Monster aus Filmen« nachgeahmt – hier mit einigen Diorama-Elementen für Frankenstein.

Einigen Modellen – vor allem solchen aus sehr frühen Jahren – wurde etwas Diorama-Zubehör beigelegt. Sowohl Revell als auch Monogram taten dies lange bevor sie sich zu einer Firma zusammenschlossen. Beliebt bei beiden waren etwa Verkehrsflugzeuge samt Gangway, Besatzung und Gepäckwagen. Es gab keine Grundplatte, aber es war ein Leichtes, eine passende Holzplatte zu finden, sie Asphalt-grau zu streichen und alle Teile darauf zu positionieren. Monogram stellte in den späten 50er-Jahren sogar den Flyer – das erste »echte« Flugzeug der Welt (schwerer als Luft, motorisiert und von Menschen gesteuert) samt den Gebrüdern Wright und sämtlicher Ausrüstung her, die auf dem berühmten Foto zu sehen sind; außerdem gab es eine Version der Ford Trimotor mitsamt Antarktis-Ausrüstung, Figuren, Hunden und Schlitten.

Die meisten Figuren-Bausätze kommen mit einer Art Sockel – allein schon dafür, dass sie nicht umkippen. Airfix-Figuren in 1:12 haben alle Sockel, manche simpler als andere, und bei den »Horror-Monstern« von Aurora betonten die Sockel stets deren meist makabren Hintergrund. So gibt es Dracula mit Fledermäusen, den

Monarch Models produzierte nur sehr wenige Bausätze, doch es gab einen, den es nie von Aurora gegeben hatte: den »früheren Dracula« namens Nosferatu aus dem gleichnamigen deutschen Film von 1922 – auf einem dekorativen Sockel.

Wolfman mit Ratten und einem Schädel oder The Mummy mit einer Schlange und zerbrochenen ägyptischen Säulen. Aurora stellte sogar »Monster-Individualisierungs-Sets« mit zusätzlichen Kreaturen und Details her, die man seinen Sockeln hinzufügen konnte.

Einige Modelle eignen sich offensichtlich besser für detaillierte Dioramen. Militärfahrzeuge aller Art wühlen sich gern neben kämpfenden Soldaten durch verschlammte Landschaften. Zusammen mit Bombenkratern, Stacheldraht und Schützengräben erhält man ein Stück Geschichte, das immer wieder winzige Details freigibt, die man zuvor nicht gesehen hat.

Ein Diorama muss nicht komplex sein. Ein einfacher Holzsockel mit einer Oberfläche aus eingekerbten Plastikplatten, die Gehwegplatten oder Betonflächen darstellen, kann eine ideale Basis für ein Auto oder ein rollendes Flugzeug sein. Schiffe verbringen die meiste Zeit im Wasser, daher werden viele Bausätze als »Wasserlinien-Modelle» hergestellt. Hier ist der unter der Wasseroberfläche liegende Teil des Rumpfs entweder gar nicht vorhanden oder kann an eingeritzten Linien (innerhalb des Rumpfs) abgeschnitten werden. Die Sockel können entweder einfach aus Gips auf einem Holzbrett modelliert und mit einem »Wasser-Farbton« bemalt werden (der nicht immer blau sein muss!), es gibt aber auch anspruchsvollere Methoden mit klarem »Modellwasser«.

Der Modelleisenbahnbau ist das andere große Diorama-Ding, denn von Natur aus sind Modellbahnen samt ihren Gleisen maßstabsgetreue Modelle, die auf einem Sockel mit Landschaft aufgebaut werden. Folglich stehen ihnen viele spezielle Gegenstände zur Verfügung. Diese können von einer deutschen Nebenstrecken-Bahn aus den 30er-Jahren über Wüstenlandschaften des Wilden Westens mit holzbefeuerten Dampfloks bis hin zu modernen Stadtlandschaften mit aktueller Bahntechnik samt Oberleitungs-Brücken sein. Gebäude, Strukturen, Landschafts-Material, Bäume, Büsche und Sträucher sind fertig erhältlich oder leicht zusammenzubauen.

Alle oben beschriebenen Szenarien lassen sich auf Science-Fiction und Fantasy erweitern, wo einfach alles möglich ist.

Der Bausatz *Krieg der Welten* von Pegasus – mit eigener Diorama-Grundplatte

Ein über den Meer »fliegender« Hubschrauber bei der Bergung einer Apollo-Kapsel.

Für den Onkel vom Mars von Pegasus reicht hier ein einfacher aus MDF-Platte ausgesägter Sockel, der direkt nach dem Anstrich mit Modellbau-Gras bestreut wurde.

Einfache Dioramen

Das einfachste Diorama ist ein flacher Sockel, auf dem das fertige Modell steht. Sockel für Modelle können vorgeschnitten und vorbereitet gekauft werden, aber in vielen Fällen ist es genauso einfach, aber billiger, in einen Baumarkt zu gehen und ein Stück Holzplatte zu kaufen.

MDF

Eigentlich ist das vielseitigste Material nicht wirklich »Holz«, sondern Mitteldichte Faserplatte (MDF). Diese in verschiedenen Stärken erhältlichen Platten bestehen aus verpressten und mit Harz getränkten Holzfasern. Sie sind nicht so stabil wie Holz und vor allem für Möbel gedacht, wo sie von Echtholz-Rahmen eingefasst werden. Doch ein Modellbau-Sockel muss nicht sonderlich stabil sein und der Haupt-Vorteil von MDF ist die glatte Oberfläche ohne Maserung. Sie sollte möglichst auf beiden Seiten grundiert werden, damit sie besser Farbe annimmt und sich nicht verzieht.

Viele Holzhandlungen und Baumärkte verkaufen MDF abschnittweise oder schneiden es zurecht. Ansonsten lässt sie sich mit einer Hobby-Tischkreissäge einfach und sauber zerteilen. Die Kanten werden geschliffen, um raue Stellen zu beseitigen, außerdem können sie abgerundet werden, weil MDF sonst leicht abplatzt. Der Sockel kann nun entweder »so wie er ist« verwendet, bemalt (einfach oder mit Struktur) oder mit Plastikfolie beklebt werden. Die Kanten können zum Schutz mit Kunststoff eingerahmt werden.

Hartschaumplatte

Ein anderes sehr nützliches Material ist Hartschaumplatte. Erhältlich im Künstlerbedarf und ähnlichen Geschäften besteht sie aus zwei Pappplatten mit Schaumstoff dazwischen. Es gibt sie in verschiedenen Stärken und ihr Vorteil liegt im geringen Gewicht. Sie lässt sich mit einem scharfen Messer sauber schneiden und mit Kontaktkleber verbinden – oder mit einer Heißklebepistole (falls sie stehend befestigt werden soll). Sie eignet sich gut für flache Sockel oder auch Wände oder ganze Gebäude, die dann mit strukturiertem Plastik, Pappe oder Gips bedeckt werden.

Das alte Aurora-UFO aus *The Invaders* ist neben einem etwas kargen Wald gelandet. Der Sockel ist eine reine Holzplatte, die Bäume stammen aus dem Modellbahn-Zubehör.

Ein einfacher Dragstrip-Aufbau für den Dodge-Renn-Pickup von IMC/ Lindberg. Dazu eine frühe TV-Kamera aus dem Dragstrip-Zubehörpaket von AMT und eine Figur im feuerfesten Rennanzug.

Gotham City wurde aus Hartschaumplatte gebaut, dazu kommen Bausatz-Reste und das Batmobil von Polar Lights.

Die F117 A von Italeri fliegt über der Wüste von Nevada – hergestellt aus angemaltem Styropor.

Unregelmäßigkeiten

Styropor

MDF und Hartschaumplatten-Dioramen eignen sich gut für flache Strukturen, aber wenn eine raue, unregelmäßige Oberfläche gewünscht wird, ist Expandiertes Polystyrol (bekannt unter dem Markennamen Styropor) das bevorzugte Material. Es ist leicht und billig und hat die gleiche chemische Zusammensetzung wie unser Plastikbausatz. Weil es aufgeschäumt wurde, ist es deutlich leichter.

Styropor wurde ursprünglich für Deckenplatten und Isolierung verwendet. Die Deckenverkleidung ist aus der Mode gekommen und die Isolierung wird nur noch in großen Blöcken hergestellt. Als kostenlose Quelle ist das Material heute in Verpackungen zu finden. Kaufen Sie sich einfach einen neuen Kühlschrank oder Geschirrspüler – mit Sicherheit wird er in Styropor verpackt sein. Alternativ wird ein Isolier-Block im Baumarkt beschafft und man hat genug Material für mehrere Sockel – entweder als selbsttragende Variante oder zur Verstärkung auf eine MDF geklebt.

MODELL-MATERIAL

Styropor-Platten haben im Modellbau eine weitere Verwendung: Sie können für Fotozwecke benutzt werden. In der Profi-Fotografie und beim Film werden sie oft eingesetzt, um Licht zu reflektieren oder Schatten auszufüllen. In einem Modell-Fotostudio können sie ähnliche Zwecke erfüllen (siehe Kapitel 12).

Schneiden

Styropor lässt sich einfach mit einem scharfen Messer oder einem dünnen Sägeblatt schneiden. Die dabei entstehenden Polystyrol-Kügelchen sind als solche nicht giftig, können aber reizauslösend sein, sodass eventuell eine Schutzbrille und eine Maske getragen werden sollte. Das Granulat lässt sich außerdem leicht statisch aufladen, sodass es an nahezu allem »kleben« bleibt – und Aufräumen zur lästigen Pflicht macht. Weil sie beim Kehren vor allem an den Borsten des Besens haften, sollte ein Staubsauger genutzt werden.

Schleifen

Um Styropor in Form zu bringen, eignen sich grobe Feilen oder grobes Schleifpapier. Für glattere Oberflächen müssen die Feile oder die Körnung entsprechend feiner ausfallen. Da hierbei natürlich noch mehr Staub entsteht, sollte diese Arbeit nicht unbedingt im Wohnzimmer erledigt werden. Eine Garage, ein Schuppen oder auch eine Terrasse eignen sich deutlich besser, doch muss darauf geachtet werden, dass möglichst kein Mikroplastik in die Umwelt gelangt. Halten Sie möglichst die Düse eines Staubsaugers in die Nähe der Schleifstelle, um einen Großteil des Staubs direkt abzusaugen.

Schmelzen

Styropor lässt sich mit Hitze schmelzen, wodurch interessante Formen entstehen können. Allerdings sondert erhitztes Polystyrol unangenehme Dämpfe

Der Lacrosse-Raketenwerfer von Renwal auf einem simplen Styropor-Sockel mit etwas »Gestein« und »Gras«.

ab und kann Feuer fangen – und brennendem Plastik sollte man möglichst nicht nahe kommen. Falls Styropor geschmolzen werden soll, muss dies in einer sicheren Umgebung und mit Schutzkleidung sowie Gesichtsmaske geschehen – und mit einem Feuerlöscher in Griffweite!

Kleben

Styropor ist immer noch Polystyrol, lässt sich aber nicht mit Standard-Plastikkleber zusammenfügen, da dieser nur seine Oberfläche zum Schmelzen bringt. Stattdessen wird ein Kleber benötigt, der nicht auf Methylbasis hergestellt ist, sondern auf Weißleim oder Latex basiert. Tragen Sie den Kleber auf beiden Oberflächen auf, lassen Sie ihn etwas antrocknen und drücken Sie die Teile zusammen, bis der Kleber vollständig abgebunden hat.

Versiegeln

Wenn nicht gerade eine Winterszene gebaut werden soll, für die das strahlende Weiß von Styropor die perfekte Ausgangsbasis ist, wird die geschliffene Original-Oberfläche nicht wirklich eine ideale Diorama-Grundlage sein. Sie ist anfällig für Beschädigungen und muss versiegelt werden, um ein weiteres Abplatzen des Granulats zu verhindern.

Eine Möglichkeit zum Versiegeln ist Gips. Dentalgips kann verwendet werden, trocknet aber möglicherweise viel zu schnell, sodass eine sehr harte Oberfläche übrig bleibt, die leicht zerbrechen kann. Stattdessen sollte ein Material verwendet werden, das als Putzgips bekannt ist. Auch dies wird mit Wasser angemischt, trocknet aber viel langsamer und bleibt weicher, sodass problemlos Löcher hineingebohrt werden können, ohne dabei Risse riskieren zu müssen. Es nimmt gut Farbe an (diese kann auch einfach in die Mischung gegossen werden, sodass bereits eine Grundfarbe vorhanden ist).

Hier wurde trockener Putzgips über den Sockel und das Auto – einen VW Käfer von Italeri in 1:24 – gestreut, um eine Szene des Films *Gremlins – Kleine Monster* darzustellen.

Bemalen

Wenn größere Flächen bemalt werden sollen, kann jede Farbe benutzt werden, die billiger ist als Modellbau-Farbe – also fast alle. Eine Alternative zu Standard-Dispersionsfarbe sind große Tuben oder Becher mit Künstler-Acrylfarbe aus dem Künstlerbedarf, die auch für feine Kunstwerke verwendet wird. Es gibt sie in allen möglichen Farbtönen, darunter auch Grün-, Blau- und Grautöne für Dioramen. Sie sind deutlich teurer als Standardfarben, dank ihrer Ergiebigkeit aber immer noch billiger als unsere Modellbau-Farben.

Begrünungs-Sets der britischen Firma Treemendus.

PUTZGIPS-ABDRÜCKE

Ein weiterer Vorteil von Putzgips liegt darin, dass aufgrund seiner langen Trockenzeit Figuren und Fahrzeuge leicht in die Oberfläche eingearbeitet werden können. Warten Sie, bis der Putz angetrocknet ist, aber noch etwas nachgibt, und drücken Sie die Objekte einfach hinein. Belassen Sie das Modell entweder an Ort und Stelle und malen Sie drumherum oder entfernen Sie es zum Bemalen – die Vertiefung bleibt bestehen, damit das Modell später wieder hineingestellt werden kann.

Beginnen Sie Wüsten-Szenen z. B. mit Artikeln von Scene-A-Rama.

Wenn diesem Untergrund-Gemisch etwas mehr »Masse« gegeben werden soll, muss Sägespäne hinzugefügt werden. Es gibt sie in Zoohandlungen als Einstreu für Meerschweinchen oder Hamster zu kaufen, billiger bekommt man sie in Holzhandlungen und quasi umsonst in Sägewerken oder Tischlereien. Wer einmal zuhause seine Tischkreissäge auf den Kopf stellt, wird auf dem Boden wahrscheinlich ebenfalls eine ausreichende Menge finden.

Details ausarbeiten

Nachdem der Sockel mit dem Putzgips überzogen ist, können die gewünschten Details aufgebaut werden. Es gibt viele Hersteller von hilfreichem »Landschafts-Materia«, einer der größten ist Woodland Scenics, in Deutschland sind vor allem Faller, Noch und Busch verbreitet. Hier bekommt man Tüten mit allen gewünschten Landschaftsflächen: braune Erde, Sand, grünes Gras, Getreidefeld, Sumpflandschaft usw. Manchen sind farbige Partikel beigemischt, die Blumen darstellen können. Steine und Schotter sind in allen Größen erhältlich, sodass man sie

Unebenheiten aus Styropor und »Steine« stellen für den Ford Bronco von Revell schon eine Herausforderung dar.

Kleine Büsche werden in echten Porzellan-Töpfen zu großen Sträuchern. Die Oberfläche besteht aus echtem Schiefer, das Auto ist ein 83er Hurst/ Oldsmobile von Revell.

Englisches Landleben in Form der Bridge-Farm in Ambridge – Heimat der BBC-Radioserie *The Archers*. Hier zeigt Tony Archer stolz seinen Ferguson-Traktor (in 1:24 von Heller). Die Tiere stammen aus Tamiya-Bausätzen in Maßstäben 1:35, was hier aber kaum auffällt. Andere Teile stammen aus verschiedenen Bausätzen. Bäume und Hecken wurden mit den im Text beschriebenen Methoden hergestellt.

dem gewünschten Maßstab anpassen kann.

Es spricht nichts dagegen, Sand und Kies in Originalgröße zu verwenden (weil nach der Gartengestaltung eine kleine Menge im Sack übrig geblieben ist). Er sollte möglichst gewaschen und getrocknet werden, bevor er auf dem Sockel aufgetragen wird. Man kann einfach die Oberfläche bemalen und den Sand auf die nasse Farbe streuen. Viel wird jedoch nicht haften bleiben und muss nach dem Trocknen abgekippt werden. Alternativ kann auch etwas Sand mit Weißleim vermischt und aufgepinselt werden – der Leim wird beim Trocknen transparent. Man kann den Sand auch mit der Grundfarbe mischen und beides zusammen auftragen. Andere Details können dann auf der Oberfläche hinzugefügt werden.

Begrünung

Viele Dioramen profitieren von einer gewissen Begrünung – Gras, Sträucher, Hecken und Bäume. Viele Hersteller liefern »Grünzeug« fertig oder als Bausatz. Diese sind ausnahmslos ziemlich teuer, aber wenn Zeit ein wichtiger Faktor ist, sind sie die einfachste Option. Die zeitaufwendige Option lautet: selber machen.

Es ist sehr einfach und billig, ein paar Zweige zu sammeln, den oberen Bereich mit Sprühkleber zu versehen und sie in gekaufte »Gras-Mischung« zu tauchen, um fertige Bäume mit Blättern herzustellen. Bohren Sie ein Loch in den Sockel und drücken Sie den Miniaturbaum hinein. Echte Zweige können auch Büsche darstellen oder zu Hecken gestutzt werden. Für Hecken eignen sich auch Polyurethan-Schaumstoff und sogar Stahlwolle. Auch hier wird der zu »belaubende« Bereich mit Kleber besprüht und in die Begrünungs-Mischung getaucht.

Beim Bau von Dioramen ist nichts in Stein gemeißelt. Verwenden Sie jedes Material, das Sie zur Hand haben – bis hin zu »Stein«! »Stein-Pakete« sind auch im Zubehörhandel erhältlich, aber wie beim Sand bietet die Natur (notfalls auch ein Gartencenter) deutlich billigere Varianten an.

Blumen und andere Kleinpflanzen können aus den verschiedensten Quellen stammen. Es gibt viele Fertigprodukte, die zwar nicht gerade billig sind, aber Zeit für andere Dinge lassen. Die meisten Produkte haben vorgegebene Maßstäbe, doch weil Pflanzen noch mehr als Menschen und Tiere unterschiedliche Größen aufweisen,

Echter Sand bildet die Wüste für den etwas makabren Monogram-Bausatz namens Rommel's Rod. Die Palmen stammen aus älteren Britain-Bausätzen.

Apropos Skelette: Auch der Boot Hill Express von Monogram ist in der Wüste gestrandet. Die Kakteen und anderen Pflanzen stammen von Scene-A-Rama und aus Pegasus-Bausätzen.

Die berühmte Szene aus *Zurück in die Zukunft III,* in der eine umgebaute MPC-Lokomotive den DeLoreon (von Aoshima) auf 88 Meilen pro Stunde beschleunigt. Der aus geschnitztem Styropor bestehende Untergrund ist mit »Bäumen« aus echten Zweigen bestückt. Die Gleise von LGB wurden modifiziert.

fällt der Maßstab nicht wirklich ins Gewicht. Etwas, was als 1:48 angegeben ist, passt auch als »etwas größer» in ein 1:72-Diorama oder »etwas kleiner« in eine 1:24-Umgebung. Extrem detaillierte Pflanzen und Blätter werden sogar als Fotoätzteile angeboten. Die Arbeit damit ist schwierig und zeitaufwendig, aber die Details sind wirklich hervorragend.

Wüstenszenen

Eine allgemeine Pflanzenart, die im Modellbau häufig vorkommt, ist der Kaktus. Wüstenszenen werden oft modelliert, um die Kulisse für Kriegsszenarien oder entsprechend thematisierte Autos darzustellen.

Für die »Wüste« selbst kann echter feiner Sand verwendet werden – der in Aquarien eingesetzte ist der feinste –, obwohl eine Mischung verschiedener Korngrößen authentischer ist. Mischen Sie »Steine« und »Kies« darunter, um den Realismus zu erhöhen, und fixieren Sie alles mit Weißleim; dieser kann auf den Sockel gepinselt (eventuell mit Farbe vermischt), angemalt und dann mit dem Sandgemisch bestreut werden. Nicht alles wird kleben bleiben, kann aber nach dem Trocknen des Leims abgeschüttelt und wiederverwendet werden. Übersprühen Sie den verbliebenen Teil mit Klarlack (sogar Haarspray funktioniert).

Alternativ können der Sand, die Steine und der Kies mit dem Leim verrührt, nötigenfalls mit Wasser verdünnt und aufgepinselt werden. Weißleim wird nach dem Trocknen transparent.

Wasser

»Wasser« in Form von Meeren, Flüssen und Tümpeln ist ein Thema, das ebenfalls häufig vorkommt. Für den Modellbau gibt es dabei mehrere Lösungen. Große Wasserflächen, wie sie Schiffe »auf dem blauen Ozean« benötigen, lassen sich meist mit einer festen Oberfläche und etwas Farbe erledigen. Der Ozean ist allerdings nur selten blau, sondern zeigt sich eher in trübem Blaugrün, und obwohl das alte Sprichwort »Je weiter entfernt das Objekt, desto heller erscheint es« auch bei Wasser gilt, muss dies selbst ziemlich dunkel sein – Licht dringt schließlich nicht tiefer als vier Meter ein.

Wasser hat auch keinen Maßstab als solchen, daher ist es praktisch unmöglich, es in Spezialeffekten für Miniatur-Sequenzen zu verkleinern (was zur Schlussfolgerung geführt hat: »Beim Filmen von Modellen ist Wasser zu vermeiden!«). Für einen Diorama-Sockel eines Schlachtschiffs, Flugzeugträgers oder Passagierschiffs ist der Wasser-Maßstab extrem klein. Allerdings kann etwas »Maßstab« mit den weißen Schaumkronen auf Bugwellen im Kielwasser hinzugefügt werden. Tragen Sie einen Grundanstrich für die Haupt-Wasseroberfläche mit Putzgips auf (für »ruhige See« reicht es, etwas Spachtelmasse in die Grundfarbe zu rühren). Falls etwas Seegang benötigt wird (bedenken Sie den Maßstab!), muss die Beschichtung sehr vorsichtig auf den Sockel »geschnipst« werden, um so die Wellen zu formen. Lassen Sie sie gut abtrocknen und tragen Sie mit einem gut getränkten Pinsel vorsichtig weiße Farbe an den oberen Wellenkanten auf. Bei Schiffen in größeren Maßstäben können die Oberflächen rauer sein und das Bemalen der Wellen wird etwas einfacher.

Für größere Dioramen kann ein Teich (oder kleiner See oder Flussabschnitt) buchstäblich aus dem Sockel gegraben werden, dann wird er mit geeignetem Schlamm, Pflanzen und sonstigen Dingen (vielleicht sogar einem alten Einkaufswagen!) gefüllt. Anschließend dient eine Platte aus klarem Acryl (Plexiglas) als Wasseroberfläche. Die Ränder können mit etwas Grundmasse aufgefüllt, bemalt und mit Pflanzen, Kies und vielleicht sogar einer Seerose (als Fotoätzteil erhältlich!) bestückt werden.

Schließlich bieten Hersteller von Verwitterungsfarben spezielle Acrylmischungen an, die in dünnen Schichten auf die Oberfläche gegossen werden können. Nach dem Trocknen bleiben sie mehr oder weniger klar. Dies eignet sich jedoch nur für kleine Flächen, Brunnen, Tröge oder Eimer, da die Methode sehr teuer ist.

Bergansichten

Landschaften sind selten flach, und wenn ein Diorama mit Hügeln, Klippen oder Bergen benötigt wird, muss der Sockel entsprechend aufgebaut werden. Die Verwendung von Styropor ist hierfür die beste Lösung. Ein großer Block kann entsprechend in Form gebracht werden. Nötigenfalls müssen mehrere Platten mit Weißleim verklebt oder einfach übereinandergelegt und mit Schaschlikspießen oder Ähnlichem zusammengehalten werden, um anschließend Putzgips aufzutragen.

Bei Modelleisenbahnen wurde früher die Form

AIRFIX-ZUBEHÖR

Der von Airfix für seine Modellbahn-Ausrüstung verwendete Maßstab war nicht 1:87, sondern 1:76 (Spur 00) – einschließlich Brücken und Signalanlagen. Neben ihrem ursprünglichen Zweck wurde das Material auch für zahlreiche Spezialeffekte in Film- und Fernsehproduktionen eingesetzt. In den 80er-Jahren verkaufte Airfix viele Spritzguss-Formen von Lokomotiven, Wagen und Strecken-Zubehör an Dapol, wo sie bis heute angeboten werden.

Eine Gemeinde in New-England mit Gebäuden, Eisenbahn und anderen Fahrzeugen im Maßstab 1:87. Dies ist ein Teil von Gulliver's Gate in New York.

aus Drahtgeflecht (»Hühnerdraht«) gebogen und mit Gipsbandagen bedeckt. Obwohl alle mit Gips getränkten Binden gut funktionieren, gab es natürlich auch eine spezielle Modellbau-Version namens ModRoc.

Gebäude

Bisher hatten wir nur »natürliche« Szenen, doch oft werden auch Gebäude verlangt – entweder komplett oder (vor allem bei militärischen Anwendungen) als Ruine. Hier hat der Modellbauer eine große Auswahl, wenn auch in begrenzten Maßstäben. Anders als Untergründe und natürliche Vegetation lassen sich Gebäude nicht so leicht skalieren und die große Mehrheit passt lediglich zu zwei Modellbau-Themen: Eisenbahn und Militär in 1:87 (auch für die Spur 00 in 1:76 zu gebrauchen) oder Militär in 1:35.

Eisenbahn-Perspektiven

Spezielle Modellbahn-Gebäude im Maßstab H0 sind von vielen Firmen erhältlich, z. B. von Faller und Heljan in Europa und von Walthers in Amerika. Alle sind als Requisiten für Modellbahn-Anlagen gedacht und generell ziemlich einfach aufgebaut. Standard-Gebäude haben flache Platten, separate Fenster, Türen, Dächer und dergleichen und sie sind farblich gegossen, sodass sie nicht bemalt werden müssen. Und sie sind meistens sehr teuer! Die meisten sind für ebene Flächen gedacht, müssen also in einen unebenen Dioramen-Sockel hineingearbeitet werden. Es gibt auch andere Bausätze im gleichen Maßstab, die eher technische Themen behandeln und so eher an andere Szenarien angepasst werden können. Eisenträger, die z. B. für den Bau eines Krans gedacht sind, lassen sich auch als Ladung eines LKW verwenden oder auf einem Schrottplatz stapeln.

Fertiggestellte Gebäude können natürlich an ein Kriegsszenario angepasst und bis zu einem gewissen Grad »demoliert« werden. Die beiden wichtigsten Maßstäbe für Militärfahrzeuge – 1:35 und 1:72 (bzw. 1:76) sind mit Sicherheit diejenigen Größen, in denen die meisten Dioramen gebaut werden. Gebäude sind weniger spezifisch als Flugzeuge oder Autos, und da die meisten erhältlichen Gebäude im Modellbahn-Maßstab 1:87 (H0) gehalten sind, können sie wahrscheinlich ohne große Probleme an 00/1:72/1:76 angepasst werden.

Für den hauptsächlichen Militär-Maßstab 1:35

Ein wiederhergestellter geheimer Landeplatz im besetzten Frankreich während des Zweiten Weltkriegs im Maßstab 1:72. Sowohl die Westland Lysander wie auch das beschädigte Gebäude und alle Figuren stammen von Airfix.

»Rat Rods« verlangen eine ebenso chaotische Umgebung. Bei diesem Lindberg-Bausatz werden übrig gebliebene Teile des Bausatzes wie die Kotflügel als Teil der Kulisse genutzt. Der Rost stammt aus der Flasche.

sind Modellbahngebäude generell nicht erhältlich und können auch nicht angepasst werden. Allerdings gibt es auf dem Zubehörmarkt viele Gebäude, die vorwiegend aus Gießharz bestehen und manchmal sogar in einem gewissen Grade »vor-demoliert« sind. Manche stammen von etablierten Firmen wie Airfix und Italeri, die neben ihren Polystyrol-Spritzguss-Modellen auch vorgeschädigte Kunstharz-Gebäude herstellen.

Auch Zubehörteile wie Telegrafenmasten, Zäune, Mauern, Fässer und Straßenschilder sind käuflich erhältlich. Manche von ihnen können auch an andere Maßstäbe angepasst werden – vor allem für Flugzeug- oder Auto-Dioramen in 1:32. Bei Gebäuden und Zubehör spielt der Unterschied zwischen 1:32 und 1:35 selbst für den engagierten Maßstabs-Guru kaum eine Rolle. Weil der Maßstab für solche Objekte einigermaßen flexibel ist, könnten sie möglicherweise sogar bis zum größeren Auto-Maßstab 1:24 skaliert werden. Dann wird aus einem hohen Zaun in 1:35 eben ein niedriger Zaun in 1:24.

Wenn etwas perfekt für Dioramen ist, dann sind es Panzer. Hier ein Beispiel aus den New City Scale Model Club.

Gebäude-Umwandlungen

Die meisten dieser Bausätze sind genau dies: Bausätze. Per Definition bestehen sie aus mehreren Teilen, sodass die Teile selbst zugeschnitten und an andere Strukturen angepasst oder auseinandergeschnitten und umgestaltet werden können. Trümmer lassen sich genauso hinzufügen wie Erde und Boden, indem man Teile mit Weißleim mischt, etwas Farbe hinzufügt und alles an Ort und Stelle bemalt oder mit Farbe betupft. Panzer und andere Fahrzeuge können in die antrocknende Oberfläche gedrückt und mit Verwitterungstechnik behandelt werden (falls noch nicht geschehen). Auch Figuren können zu diesem Zeitpunkt einfach in den trocknenden »Schlamm« gedrückt werden.

Auch wenn viele Gebäude, egal welcher Art, als Bausätze erhältlich sind, können andere von Grund auf neu aufgebaut werden. Die wichtigsten Materialien sind hier Hartschaumplatten und Holz – vor allem Balsaholz, weil es leicht zu bearbeiten ist. Hartschaumplatten sind wie erwähnt im Künstlerbedarf erhältlich, da sie oft als Träger von Fotos oder Gemälden dienen. Sie eignen sich aber auch sehr gut für den Bau von Dioramen. Aufgebaut sind sie wie ein Sandwich: Zwei Lagen Pappe mit einer Schicht Hartschaum dazwischen. Die Stärke des Hartschaums variiert von wenigen Millimetern bis über einen Zentimeter. Die Platten lassen sich sehr leicht mit einem normalen Modellbau-Messer schneiden – am besten über einem Schneidebrett, da der Schnitt sauber durch die gesamte Platte geführt werden muss.

Hartschaumplatten können mit normalem Kontaktkleber stumpf aneinandergefügt werden, doch wenn sie hochkant hingestellt werden sollen, ist eine Heißklebepistole die beste Option. Deren Hitze kann selbst bei »Niedertemperatu«-Geräten den Hartschaum zum Schmelzen bringen, aber mit etwas Geschick sollte der an den Pappen angebrachte Kleber alles fest an seinem Platz halten. An die Grundstruktur aus Hartschaumplatten oder Balsaholz (oder beidem) können Details angebracht werden. Fenster und Türen lassen sich aus Balsa oder Plastik bauen. Es gibt von Firmen wie Evergreen und Plastruct Sets mit Kunststoffformen, die für den Bau von Rahmen verwendet werden können. Geprägte Kunststoffplatten für Wände gibt es mit Ziegel-

oder Naturstein-Muster. Auch Prägeplatten mit verschiedenen Dachziegeln oder Schieferdächern sind erhältlich. Andere Prägeteile können für Holztüren oder Tore verwendet werden – oder man ritzt sich selbst ein entsprechendes Muster in eine glatte Platte.

Klare Acetatplatten bilden Fensterglas, die sogar mit Vorhängen und Gardinen aus Nähkasten-Resten oder – etwas maßstabsgetreuer – aus dem Puppenhaus-Zubehör behängt werden (Puppenhaus-Hersteller und deren Kataloge können hier sehr nützlich sein, auch wenn deren Zubehör oft stark vereinfacht ist und in einer »realistischen« Umgebung, wie einem Militär-Diorama, nur bedingt funktioniert). Viele Firmen stellen winzige Töpferwaren her, die sich als Blumentöpfe und Kübel vielen Maßstäben anpassen können. Tontöpfe lassen sich nötigenfalls sogar einfach zerbrechen, wenn dies im Diorama gewünscht wird.

Baustellen

Es gibt kommerzielle Modellbau-Unternehmen, die Architektur-Komponenten für diejenigen herstellen, die noch »richtige« Architekturmodelle bauen wollen. Manche Designstudios möchten immer noch gern ein »echtes Modell« ihrer neuesten Entwürfe vorzeigen.

EMA/Plastruct stellt eine breite Palette von Architektur-Komponenten her und die in Irland ansässige Firma ArcKit produziert »Do-it-yourself«-Architektur-Bausätze für angehende (und auch für professionelle) Architekten, damit sie mit ihren Gebäude-Entwürfen »spielen« können. Diese Teile sind dazu bestimmt, nach der Verwendung zerlegt und für neue Entwürfen wiederverwendet zu werden. Es gibt jedoch keinen Grund, warum die Teile nicht an Dioramen angepasst werden

Oben: Leutnant Horatio Caine von *CSI: Miami* starrt in typischer Weise in spezielles »Acrylwasser« von AZ Interactive.

Mitte: Der leicht erhöhte Startplatz für das Raketenflugzeug Bachem Ba 349 Natter in 1:48 von Dragon wird mit Acrylfarben von Tamiya vorbereitet.

Unten: Zwei Prototypen der Natter und eine (tatsächlich nie eingesetzte) Serienmaschine. Die Fahrzeuge stammen von Tamiya.

Kombi-Diorama im Maßstab 1:32 mit einer Bell X-1 von Revell und einem MG TC von Gowland & Gowland (später Revell).

könnten.

Flugzeug-Dioramen werden in der Regel in einer relativ aufgeräumten Situation dargestellt – das aus dem Hangar kommende Flugzeug oder die Startvorbereitung auf dem Rollfeld. Hier ist der Sockel fast immer flach, da holprige Start- und Ladebahnen selbst für Militärmaschinen kaum die Norm sind. Glatte Polystyrol-Platten sind von vielen Herstellern erhältlich – Slaters und Evergreen gehören zu den bekannteren. Diese Platten sind in der Regel ca. 30 x 20 Zentimeter (12 x 8") groß, doch gibt es auch Anbieter, die größere Formate auf Lager haben, welche nach Wunsch zugeschnitten werden können.

Unabhängig von der Quelle kann die Polystyrol-Platte auch mit Sprühkleber auf einer Holzplatte befestigt werden. Anschließend können Ritzen in die Platte geschnitten werden, um z. B. Betonplatten darzustellen. Es gibt hierfür spezielle Modellbau-Werkzeuge und Spezialklingen für Cuttermesser. Zum Schluss wird lackiert – zunächst mit grauer Grundierung. Dann werden Details wie Schmutz oder Vegetationsreste aufgepinselt. Figuren und Zubehör sind in allen traditionellen Flugzeug-Maßstäben erhältlich – sowohl bei den großen Herstellern als auch bei Zubehör-Firmen.

Natürlich dürfen auch Modellbau-Themen gemischt werden. Im etwas größeren Flugzeug-Maßstab 1:24 gibt es auch jede Menge Autos und Lastwagen, die auf dem Flugfeld geparkt werden können. Neben die Spitfire im Maßstab 1:24 von Airfix passt gut ein MG TC als Privatwagen des Piloten im gleichen Maßstab von Monogram. Auch für Flugzeuge in 1:32 oder auch 1:48 sind zahlreiche Kraftfahrzeuge vorhanden, vor allem in 1:48 auch viele Militärfahrzeuge. Selbst zu Flugzeugen in 1:72 gibt es passende Autos, Gebäude und Figuren.

WETTBEWERBE

Wo genau die Grenze zwischen einem »Display-Sockel« und einem Diorama liegt, hat schon viele Wettbewerbs-Ausrichter vor Probleme gestellt, weil Verwirrung darüber bestand, in welcher Klasse ein Modell einzuordnen ist. Manche Regeln und Vorschriften haben festgelegt, dass ein Modellflugzeug nur als »Flugzeug« angemeldet werden kann, wenn nicht mehr als zwei Figuren dabei sind, es darf jedoch »für das Handling« auf einem Sockel stehen. Aber machen eine Einstiegsleiter oder ein einzelner Werkzeugkasten gleich ein Diorama daraus? Die Frage ist rhetorisch, denn natürlich hängt es vom Wettbewerb ab – und davon, wie großzügig die Regeln ausgelegt werden. Es kann ein Minenfeld der Ungewissheit sein, aber insgesamt geht es nur darum, ob ein Modell an einem bestimmten Wettbewerb teilnehmen darf. Im Zweifelsfall hilft immer nachfragen! Weitere Details finden sich in Kapitel 12.

Science-Fiction und Fantasy

Bis hierher basierte alles auf Realität. Ab hier interessiert das niemanden mehr und man darf seiner Fantasie freien Lauf lassen. Natürlich gibt es zahlreiche kommerzielle Bausätze aus SF- und Fantasy-Fahrzeugen und »Wesen« – und dies ist der Bereich, in dem von Grund auf drauflosgebaut werden darf.

Für Dioramen-Umfelder kann alles, was bisher in diesem Kapitel behandelt wurde, verwendet werden – plus alles andere, was man selbst erfindet. Die Bautechniken sind dieselben: Styropor, Gipsbänder, Putzgips und Farbe können entsprechend angepasst werden – lediglich das Gras darf niemals grün sein!

Es ist auch eine gute Gelegenheit, Materialien und Objekte zu erforschen, die in terrestrischen Szenen normalerweise nicht zum Einsatz kommen. Wer nach ungewöhnlichen Gebäudeformen für weit entfernte Planeten sucht, kann sich unter den vielen für Verpackungen verwendeten Vakuum-Formen umsehen, um ihnen ein neues Leben zu schenken. Die meisten sind transparent, haben also bereits Fenster. Kleben Sie die Rahmen ab und bemalen Sie sie oder fügen Sie Holz-

oder Plastikteile hinzu. Auch einzelne Teile bestehender Bausätze können angepasst werden – in der Welt der Spezialeffekte wird die Umwandlung von bekannten Komponenten in etwas völlig Neues »Kit-Bashing« genannt und beim Bau von Spezialeffekt-Miniaturen ständig gemacht. Auch nach der immer häufiger eingesetzten Technik mit computergenerierten Bildern werden für viele Effekte weiterhin Miniaturen hergestellt, sodass nach Herzenslust gebastelt werden darf.

Eine andere Sache beim Bau von Spezialeffekt-Miniatursets ist ihr genereller »softer« Aufbau – d. h., sie werden nicht als »Dauerausstellung« gebaut. Dies ist der Hauptunterschied zwischen professionellem und Amateur-Modellbau. Letztere bauen in der Regel »für die Ewigkei«. Es kann jedoch Situationen geben, in denen man von Dioramen Fotoserien machen oder sogar einen eigenen SF-Film mit dem Smartphone drehen möchte (was bereits mehrfach gemacht wurde), sodass die Miniatur-Sets nicht dauerhaft bestehen und ständig umgebaut werden müssen. Hierbei können die gleichen Materialien ins Spiel kommen: Styropor, Sägespäne und Gips.

Futuristische Stadtlandschaften à la *Blade Runner* können durch vermehrtes Kit-Bashing oder bestehende Strukturen gemischt mit verbogenen Eisenträgern, Rohren und Wänden geschaffen werden, um die heruntergekommene Optik zu erzielen. Weil es zumindest bei *Blade Runner* ständig regnet, muss reichlich »Acryl-Wasser« eingesetzt werden.

MONDSTAUB

Interessanterweise lässt sich mit Putzgips erstaunlich gut Mondstaub nachahmen, sodass die Landebeine der Lunar-Mondlandefähre wie auf dem Erdtrabanten darin einsacken können. Kleine Krater lassen sich authentisch herstellen, indem man eine kleine Kugel in den Staub fallen lässt und vorsichtig wieder herausnimmt. Dies funktioniert auch mit feuchtem Putzgips, falls eine permanente Mond-Mission gebaut werden soll. Die Oberfläche von trockenem Gipsputz mit einer Handbrause zu befeuchten und dann trocknen zu lassen, erzeugt ebenfalls interessante Muster.

Futuristische Stadtlandschaften lassen sich mit allen möglichen Materialien verschiedenster Herkunftsorte bauen.

Und das Endergebnis kann wie das Miniatur-Set aus der BBC-Serie *Blake's 7* aussehen. Der Himmel im Hintergrund ist echt – als projiziertes Bild.

Kapitel 10

Alternative und fortgeschrittene Techniken sowie die Zukunft

Weil die Herstellung von Modellbausätzen im Spritzguss-Verfahren vom Bau der Formen bis zum Einsatz in einer Spritzguss-Maschine einen hohen technischen Aufwand erfordert, wurden zahlreiche andere Techniken zur Produktion der Kits erforscht.

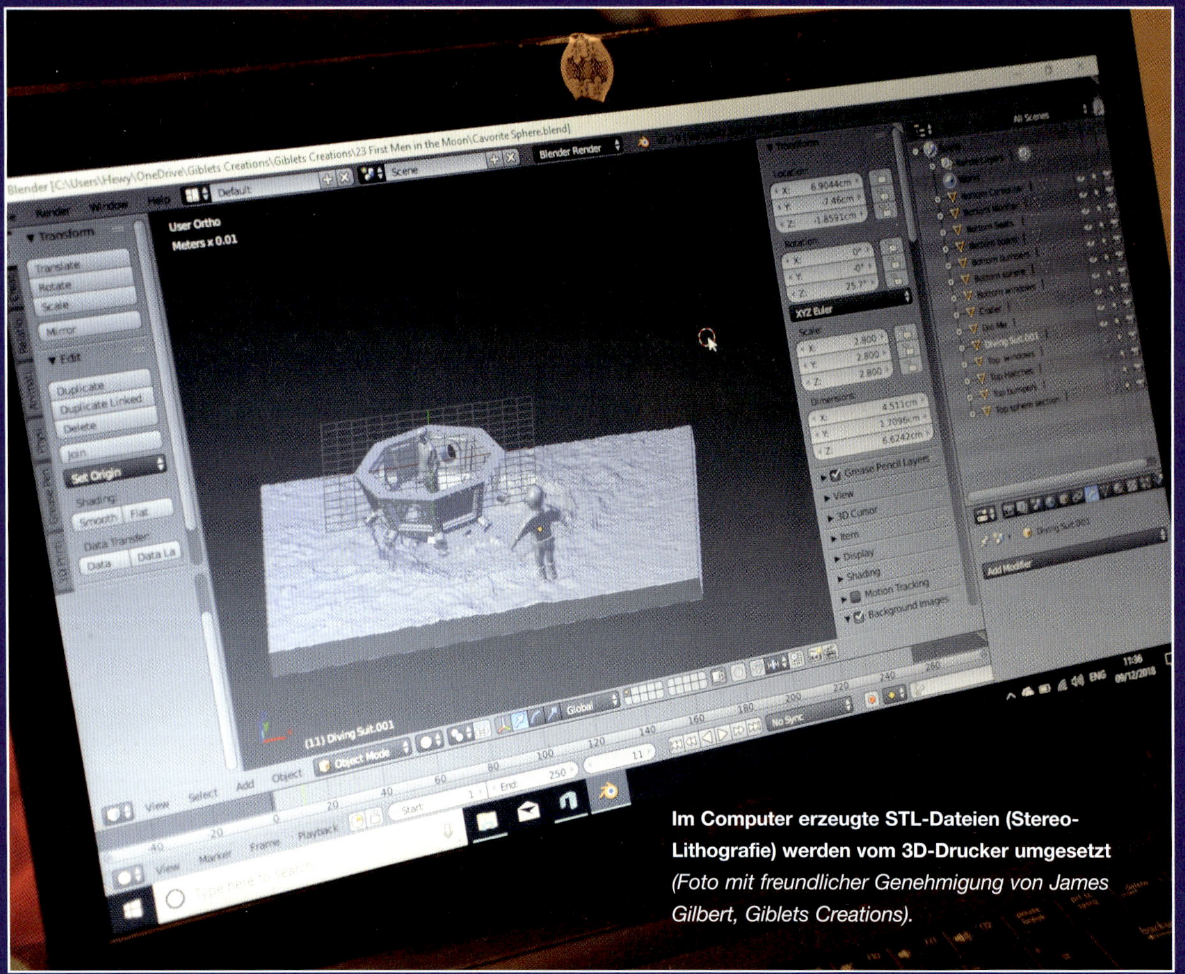

Im Computer erzeugte STL-Dateien (Stereo-Lithografie) werden vom 3D-Drucker umgesetzt *(Foto mit freundlicher Genehmigung von James Gilbert, Giblets Creations).*

Andere Techniken

Inzwischen gibt es viele Bausätze von spezialisierten Modellbau-Firmen, die eine Fülle alternativer Materialien enthalten, dass sich für sie der Begriff »Multi-Material-Kit« eingebürgert hat. Begonnen hat alles auf eine etwas einfachere Weise.

Nicht lange nachdem die ersten Modellbausätze auf den Markt gekommen waren, begannen Enthusiasten damit, sie umzuwandeln. Es fing mit Umbauten durch Einzelpersonen an, doch bald beschloss vielleicht jemand, dass einige Modellbau-Freunde ähnliche Teile haben wollten, also wurde eine Kleinserien-Produktion gestartet. Es begann also erstens mit Hobbykeller- und Garagenfirmen und zweitens wurden Techniken angewendet, die nicht von den Bausatz-Herstellern selbst genutzt wurden.

Diese allerersten Ideen waren nicht gerade Hightech, tatsächlich konnte man die anfangs verwendeten Methoden eher als Lowtech bezeichnen. Aber es waren die ersten Alternativen zu Spritzguss-Polystyrol; man verwendete das gleiche Grundmaterial und es konnten daraus Einzelteile oder in vielen Fällen auch ganze Bausätze hergestellt werden. Die Technik nennt sich Vakuumformen.

Vakuumformen

Das Vakuumform-Verfahren (auch Vac-Form genannt) beruht auf der einfachen Idee, eine Polystyrol-Platte so stark zu erhitzen, dass sie flexibel wird, und sie dann rasch über eine Form oder Kontur zu ziehen, sodass sie deren Form annimmt. Zur Unterstützung wird die Luft unter der Platte durch ein Vakuum abgesaugt. Das war's. Vakuumformen gehört zu den Thermoform-Verfahren.

Vielleicht muss noch etwas hinzugefügt werden. Das Ergebnis muss aus der Form entfernt werden, weshalb Hinterschneidungen vermieden werden sollten (welche die Platte auf der Form verklemmen würden). Das überschüssige Polystyrol um die Form herum muss mit einer Schere abgeschnitten oder mit einem Messer eingeritzt und abgeknickt werden. Aber weil es Polystyrol ist, lässt es sich mit dem gleichen Kleber verbinden und mit den gleichen Farben und Decals verzieren wie konventionelle Bausätze.

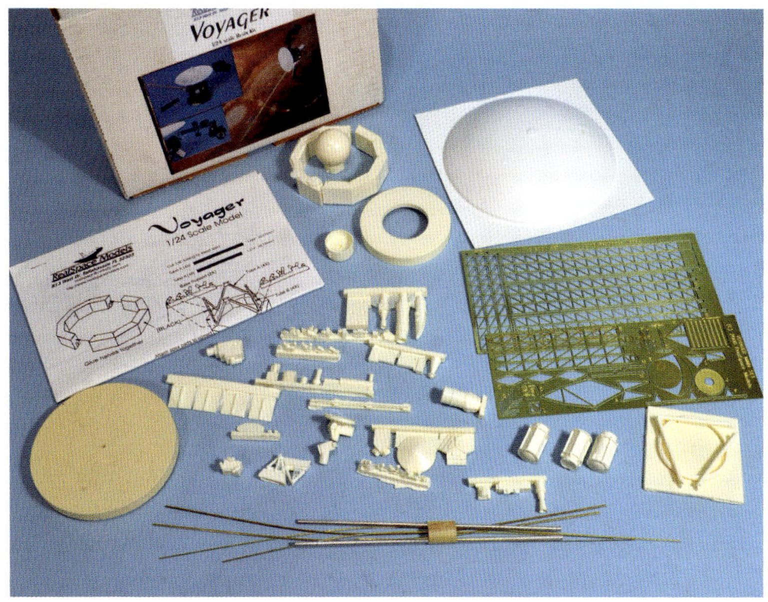

Ein typischer Multi-Material-Bausatz ohne ein einziges Stück Spritzguss-Polystyrol. Die Parabol-Antenne oben rechts ist im Vakuumform-Verfahren hergestellt. Der Rest besteht aus Gießharz und Fotoätzteilen, hinzu kommen Metalldraht und Rohre (unten). Das fertige Modell ist die Voyager-Sonde von RealSpace Models.

Vakuumform-Bausätze muss man mögen, denn sie sind nicht ganz einfach zu handhaben. Zunächst müssen die Teile ausgeschnitten werden. Dann haben sie keine Passstifte, sodass das Zusammenfügen von Rumpfhälften (die überwiegende Mehrheit früher Vac-Form-Kits waren Flugzeuge) zusätzliche Arbeit erfordert, da Laschen aus Plastikresten angebracht werden müssen, um die dünnen Ränder korrekt zueinander auszurichten.

Bevor ein Vac-Form-Kit zusammengesetzt werden kann, müssen alle Teile sorgfältig ausgeschnitten werden. Dies ist eine Boeing 737 7ES (E-7A) AEW »Wedgetail« von Welsh Models.

Vakuumform-Teile tauchen immer wieder in kommerziellen Bausätzen auf – hier als runde graue Basis im MKP-Bausatz der Atommüll-Deponie auf dem Mond aus der SF-Fernsehserie *Mondbasis Alpha 1* (englisch Space: 1999).

Nach wie vor werden möglichst authentisch aussehende Segel im Vakuumform-Verfahren hergestellt.

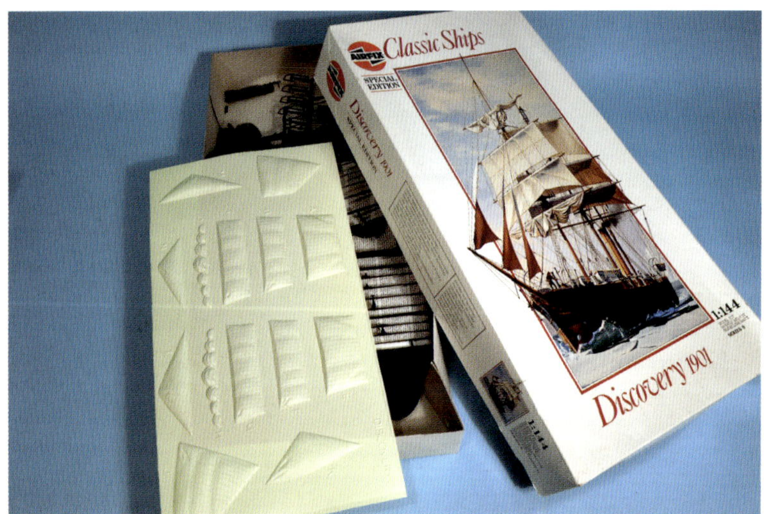

Das Bearbeiten von Vac-Form-Teilen (hier der V2-Rakete von Apex im Maßstab 1:16) kann äußerst aufwendig sein.

Es half auch wenig, dass die meisten Bausätze in der oben beschriebenen Weise hergestellt wurden. Die Form war »männlich«, was bedeutet, dass das darübergezogene Objekt »weiblich« war. Alle Details auf der Außenseite der Form waren nun auf der Innenseite der Platte und zeigten sich nur durch die unterschiedlichen Stärken des Polystyrols. Es gab einen Weg, dies zu umgehen, aber dies verdoppelte den Aufwand. Nachdem die originale – »männliche« Form hergestellt war, musste hiervon eine »weibliche« Form gemacht werden und das Vakuumformen fand in dieser Matrize statt. Erst dann befanden sich die Details auf der Außenseite des endgültigen Teils – hatten aber längst nicht die Qualität, die mit Spritzguss möglich war.

Die Stärke der verwendeten Polystyrol-Platte war ebenfalls entscheidend. War sie zu dünn, konnte sie nicht in alle Ecken und Ritzen des Modells gezogen werden und riss schnell ab. Falls alles gut ging, wurden viele Details aufgenommen, aber das fertige Bauteil war nicht sonderlich stabil. Eine dicke Platte war dagegen zwar widerstandsfähiger und stabiler, musste aber stärker erhitzt werden, wodurch die Gefahr bestand, dass sie schmolz, bevor sie nur in die

Nähe der Vakuumform-Maschine kam – und selbst dann konnte es passieren, dass sie sich nicht in alle Ecken und Ritzen ziehen ließ.

Aufgrund all dieser Probleme ist das Interesse an Vac-Form-Teilen in den letzten Jahren bei Modellbauern stark zurückgegangen, es gibt jedoch Ausnahmen. Es gibt immer noch Unternehmen, die sich auf diese Methode spezialisiert haben, und manche so produzierte Zubehör-Cockpithauben sind deutlich dünner und somit maßstabsgetreuer als ihre Spritzguss-Gegenstücke.

Vakuumformen hat seinen Weg in Dioramen-Ausstattungen mit Standard-Bausätzen gefunden. MPC verwendet die Technik häufig bei seinen Dioramen für *Star Wars*, *Jäger des verlorenen Schatzes* und kürzlich bei der neuen Atommüll-Deponie in *Mondbasis Alpha 1*. Generell werden die Segel nahezu aller Segelschiffe bis heute als Vakuumformteile produziert.

Do-it-yourself-Vakuumformen

Vakuumformen ist auch zu Hause möglich. Es gibt einige einfache Vakuumform-Maschinen, allerdings bestehen sie zumeist nur aus dem Arbeitsblock und man muss sich selbst um die Wärmequelle und den Unterdruck kümmern. Erstere kann mit einem Backofen – auf niedriger Stufe – erzeugt werden, aber auch mit einem Heißluftgebläse oder einem leistungsstarken Haartrockner. Für den Unterdruck sorgt ein Haushalts-Staubsauger.

Natürlich wird auch eine Form zum Überformen benötigt. Wird beispielsweise eine dünne Antennenschüssel für ein Raumschiff benötigt, kann diese einfach über eine Schale oder einen Teller geformt werden. Legen Sie die Form auf das Formbett und bringen Sie den Staubsaugerschlauch an. Erhitzen Sie die

Oben: Diese kleine Vakuumform-Maschine von Warmplastic.com soll zur Herstellung einer Apollo Saturn V-Rakete eingesetzt werden. Die Form ist an ihrem Platz und der Staubsaugerschlauch ist angeschlossen.

Mitte: Die Polystyrol-Platte wird mit einem Heißluftgebläse erwärmt.

Rechts: Der erwärmte Kunststoff wird über die Form gezogen und vom Unterdruck angesaugt.

HOLZSCHNITZEREI

Teile für andere nicht zu beschaffende Formen können auch aus Holz geschnitzt werden. Balsaholz ist wahrscheinlich das bekannteste Holz für den Modellbau, denn es ist leicht und einfach zu bearbeiten und wird daher häufig für Flugmodelle verwendet. Aber es hat eine Maserung, die sich in einer Vakuumform zeigen kann, sodass sie versiegelt und dann geschliffen werden muss. Ein anderes häufig für Modellbau eingesetztes Holz ist Jelutong (vom Baum Dyera costulata), das sich nicht ganz so einfach schnitzen lässt, aufgrund seiner geringen Maserung aber weniger geschliffen werden muss.

Kunststoffplatte – zur Maschine gehört oft ein Rahmen, um sie zu halten. Dann wird in einer koordinierten Bewegung die weich gewordene Platte über die Form gezogen. Schalten Sie den Staubsauger ein, um die Luft unter der Platte abzusaugen. Vieles hängt von der Leistung des Staubsaugers und der Abdichtung seines Schlauchs ab, und es kann hilfreich sein, Anschlüsse mit Klebeband abzudichten. Mit einem solchen Gerät hat man nur begrenzte Möglichkeiten, aber diese Methode lässt sich sehr erfolgreich für relativ einfache Formen einsetzen.

Das Heim-Vakuumformen war – und ist immer noch – vor allem ein Prozess aus Versuch und Irrtum. Der wichtigste Trick besteht darin, die Platte auf die richtige Flexibilität zu erwärmen. Sie muss weich genug sein, um über die Form gezogen werden zu können, darf aber nicht so heiß sein, dass sie reißt oder gar Feuer fängt. Von daher sollten genügend zugeschnittene Polystyrol-Platten bereitgehalten werden, denn mit Sicherheit wird man einige Versuche brauchen.

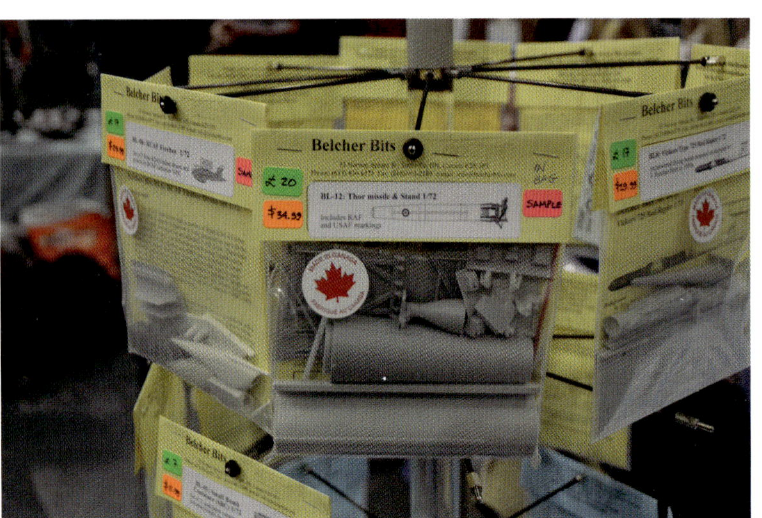

Im Laufe der Zeit sind viele Zubehörteile entstanden – diese stammen von Belcher Bits.

Gießharz

Die nächste »Zubehör-Technik«, die nach dem Vakuumformen im Modellbau aufkam, erfordert den Einsatz von Kunstharz. Und weil sich dieses Buch mit »Plastik« beschäftigt, ist Gießharz nicht weit entfernt. Polystyrol ist ein Polymer – genau wie Harz; allerdings härtet Letzterer aus und kann nicht wieder eingeschmolzen werden, um wiederverwendet zu werden.

Zunächst wurden einzelne Teile hergestellt: eine neue Nase für ein Flugzeug oder eine andere Karosserie für ein Auto. Im Gegensatz zur Originalform für das Vakuumformen muss sie hier etwas aufwendiger hergestellt werden, um dann die Gussteile aus Harz zu produzieren. Die meisten müssen genauso gebaut werden wie solche für Polystyrol-Spritzgussteile und exakt die gleiche Größe haben. Dann wird daraus eine Gießform gemacht.

Die Gießformen wurden oft aus Hartgummi hergestellt, doch deren Lebenserwartung war gering. Wenn eine größere Auflage geplant war, musste eine Form aus Fiberglas her. Bei beiden Methoden wird das Original etwa bis zur Hälfte in Ton gepresst, dann können Fixierlaschen in den Ton gedrückt werden, um beim Gießen der oberen Hälfte eine gute Passung sicherzustellen. Wie bei den Gießästen in Stahlformen müssen auch hier Gießkanäle integriert werden, damit das Harz eingegossen werden kann, um das gewünschte Teil zu formen.

Das Formmaterial wird dann um diese obere Hälfte gegossen und darf aushärten. Das Ganze wird umgedreht und der Ton entfernt. Dann wird ein Trennmittel auf die Oberfläche der Form gestrichen, damit die andere Hälfte der Form nicht an der ersten kleben bleibt. Die zweite Hälfte des Formgummis wird eingefüllt und schließlich werden die zwei Hälften getrennt und wird das Original entfernt – die Form ist fertig.

Das Harz für das eigentliche Bauteil wird nun eingegossen und die Form möglichst etwas gerüttelt, um Luftblasen entweichen zu lassen. Diese Blasen sind die größten Feinde von Gießharz-Bausätzen, da der Mischvorgang des Harzes, wenn er nicht extrem sorgfältig

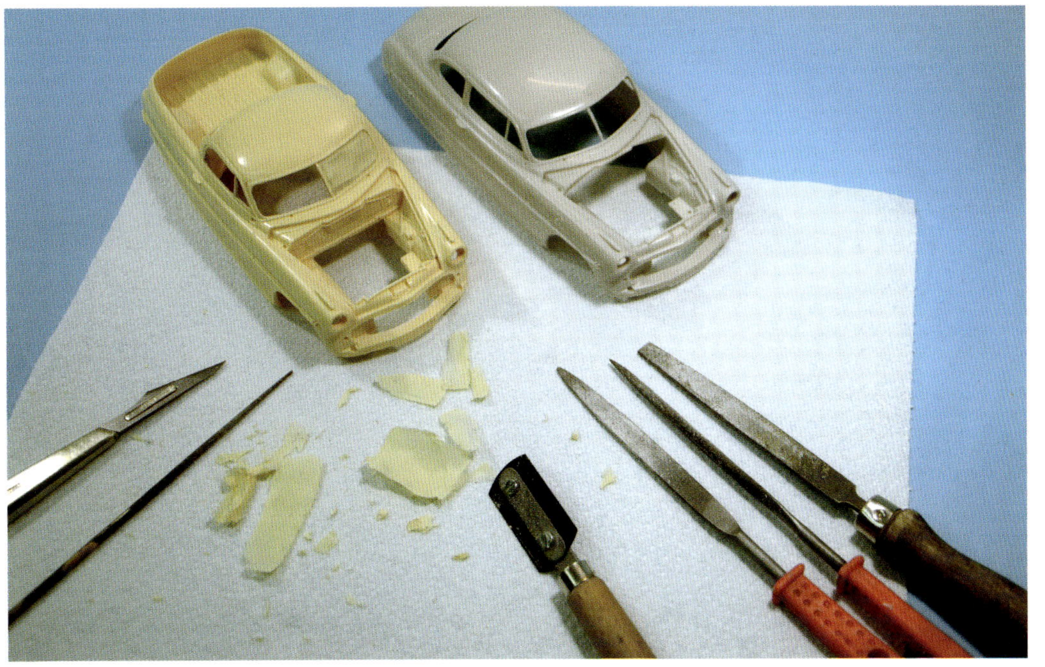

Eine komplette Ersatz-Karosserie aus Harz von Jimmy Flintstone Productions (links) für den Hudson Hornet von Moebius (rechts). Mit Feilen und Klingen mussten einige Säuberungsarbeiten erledigt werden.

durchgeführt wird, Luft einschließt. Harz ist relativ zähflüssig, sodass Luftblasen zunächst »steckenbleiben« können und erst beim Aushärten an die Oberfläche gelangen, um dort ein Loch zu erzeugen. Es gibt Methoden und Praktiken, um dies zu minimieren: Bei der ersten – »Entgasung« genannt – erfolgt das Mischen in einem Unterdruckbehälter, sodass die eingeschlossene Luft abgesaugt wird. Eine zweite Methode, die oft angewendet wird, wenn es viele ähnliche Teile gibt (z. B. viele kleine Figuren), liegt im langsamen Drehen der Form, sodass die Luft durch die Zentrifugalkraft zum anderen Rand bewegt wird, der – wenn alles richtig geplant ist – der Sockel der Figur ist, wodurch sich somit alle Luftblasen an der Unterseite und außer Sichtweite sammeln. Minimieren lässt sich der Lufteintritt – und damit die Blasenbildung – vor allem durch sorgfältiges Mischen und Gießen.

Wenn die Form für das Harz nicht aus Glasfaser, sondern aus Gummi besteht, hat sie durch ihre gewisse Flexibilität einen Vorteil gegenüber den Polystyrol-Spritzguss-Werkzeugen aus Stahl. Kleine Hinterschneidungen, die mit herkömmlichen Stahlwerkzeugen vermieden werden müssen (oder aber komplexe Gleitstücke innerhalb des Werkzeugs erfordern), sind bei Gummi kein Problem, denn die Form kann einfach vom Bauteil abgezogen werden. Das Gießen von Harz ist ein extrem langsamer Prozess, der komplett manuell durchgeführt werden muss und nicht automatisiert werden kann. Daher lassen sich nur kleine Serien zu relativ höheren Kosten realisieren als bei ihren Gegenstücken aus Polystyrol-Spritzguss.

Generell kann ein Gießharz-Bausatz genauso behandelt werden wie ein Polystyrol-Bausatz. Die Teile müssen genauso aus den Gießästen befreit, Ränder müssen geglättet und geschliffen werden. Nur mit normalem »Plastikkleber« können die Teile nicht zusammengesetzt werden.

Kleben von Harz

Ursprünglich konnten Teile aus Kunstharz nur mit Zweikomponenten-Kleber miteinander verbunden werden. Frühe Versionen brauchten Stunden

Das atomgetriebene Raumschiff Luna aus dem Film *Endstation Mond* von Lunar Models ist ein Beispiel für einen Polyester-Bausatz.

Der »Hauptdarsteller« des Horrorfilms ***Der Teufel auf Rädern*** (englisch ***The Car***) war ein modifizierter Lincoln Continental Mark III – hier als gegossenes Harzmodell (wie im Film mit undurchsichtigen Fenstern).

zum Aushärten, heute geht dies in Minuten oder sogar Sekunden. Der Kleber enthält »Masse«, sodass Überschuss weggeschnitten und oft reichlich nachgearbeitet werden muss. Mit der Einführung von Sekundenkleber, der umgehend aushärtet und praktisch keine Masse enthält, können Gießharz-Bausätze für den Modellbauer attraktiver werden.

Harz-Arten

Die zur Herstellung von Teilen verwendeten Harze können variieren. Frühe Gießharz-Bausätze bestanden aus Polyesterharz, waren in der Regel dunkelorange gefärbt und kleine Teile brachen leicht ab. In jüngerer Zeit ging man zu Polyurethanen über, die heller sind (manchmal sogar weiß) und deutlich bruchfester sind. Tatsächlich lassen sich manche Polyurethan-Bausätze kaum von solchen aus Polystyrol unterscheiden, sodass bei Unsicherheit etwas Plastikkleber auf einem unsichtbaren Bereich aufgetragen und geprüft werden muss, ob sich der Kunststoff anlöst – in diesem Fall ist es Polystyrol, ansonsten Harz.

Die meisten modernen Gießharz-Bausätze werden ähnlich wie Polystyrol-Spritzguss-Bausätze hergestellt. Die Karosserie oder der Rumpf ist hohl, sodass die Teile in zwei Hälften gegossen werden und mit separaten Kleinteilen an den Gießästen hängen. Diese sind in der Regel etwas dicker als bei Polystyrol, damit der Harz überall hinkommt. Dies bedeutet oft, dass mehr Überschuss abgesägt, abgefeilt und geglättet werden muss.

Wo Harz in einen größeren Bereich wie der Unterseite eines Sockels oder Ständers gegossen wurde, lässt sich feststellen, dass es sich nach außen wölbt, weil es tatsächlich

Nur eine kleine Auswahl des umfangreichen Zubehörs mit Fotoätz- und Weißmetallteilen zur Optimierung von Gießharz-Modellbausätzen.

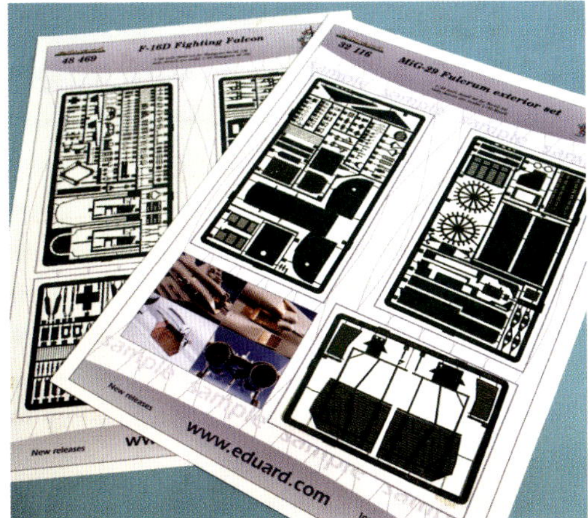

Zwei Fotoätzteile-Sets von Eduard, einem der größten Hersteller solcher Teile.

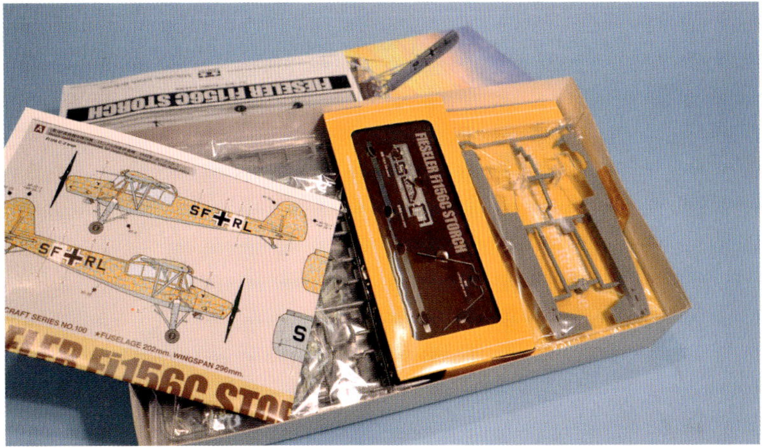

Der Fieseler Storch von Tamiya sind Fotoätzteile und Draht-Komponenten beigelegt, weil das Fahrwerk des Aufklärers so dünn ist, dass es aus Polystyrol gefertigt nicht lange halten würde.

»übergossen« wurde, damit sichergestellt ist, dass genügend Harz zum Füllen der Form vorhanden ist. Es erfordert oft erheblich mehr Schleifarbeit, um diesen Überschuss zu entfernen. Verwenden Sie grobes Schleifpapier, eine Holzraspel oder sogar ein Elektro-Schleifgerät. Vorsicht: Hierbei entsteht eine Menge Staub, der zwar nicht giftig ist, aber durchaus reizend sein kann, sodass auf eine gute Belüftung geachtet werden muss. Das Tragen einer Schutzmaske ist obligatorisch!

Gießformen

Manche Gießharz-Bausätze sind massiv gegossen – die einfachste Methode zur Herstellung von Teilen. Dies funktioniert gut bei Flugzeugen, die keinen sichtbaren Innenbereich benötigen, sowie vor allem bei Figuren. Auch Auto-Bausätze wurden hiermit hergestellt – weil sie ebenfalls keinen Innenraum besitzen, müssen die Fenster stark getönt sein.

Weißmetall

Etwa zur gleichen Zeit wie Kunstharz verbreitete sich auch ein weiteres Material im Modellbau: Weißmetall (eine Legierung aus Zinn, Blei und anderen Metallen zu unterschiedlichen Anteilen). Anfangs wurden Soldaten-Figuren daraus gegossen (Bleisoldaten, später Zinnsoldaten). Da Blei und Zinn bereits bei relativ niedrigen Temperaturen schmelzen (328 bzw. 232 °C), können die Metalle in die gleichen Hartgummi-Formen gegossen werden wie Harze.

Nachdem die toxische Wirkung von Blei erkannt wurde, mussten andere Materialien gefunden werden: Jetzt wurde vor allem Zinn mit Antimon, Kupfer und Cadmium gemischt (verschiedene Zusammensetzungen werden auch für »Hartzinn« verwendet).

Neben der Verwendung für Soldaten-Figuren wurde bald erkannt, dass Weißmetall zur Reproduktion der größten Schwachpunkte aller Modellflugzeuge genutzt werden konnte – den Fahrwerken. Wenn etwas bei einem statischen Flugzeug-Modell irgendwann nachgibt, ist es das Fahrwerk. Die relative Festigkeit von filigranen Plastikteilen beim Tragen eines kopflastigen Rumpfs ist deutlich geringer als bei entsprechenden Metallteilen. Zubehör-Anbieter begannen mit der Herstellung solcher Fahrwerks-

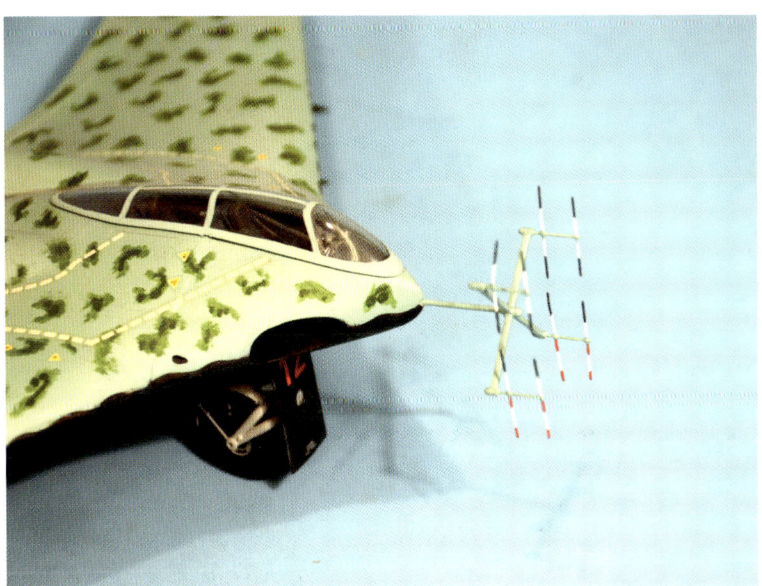

Die Antennen der Horten H IX im Maßstab 1:48 wären aus Polystyrol viel zu fragil, also wurden sie als Fotoätzteile produziert.

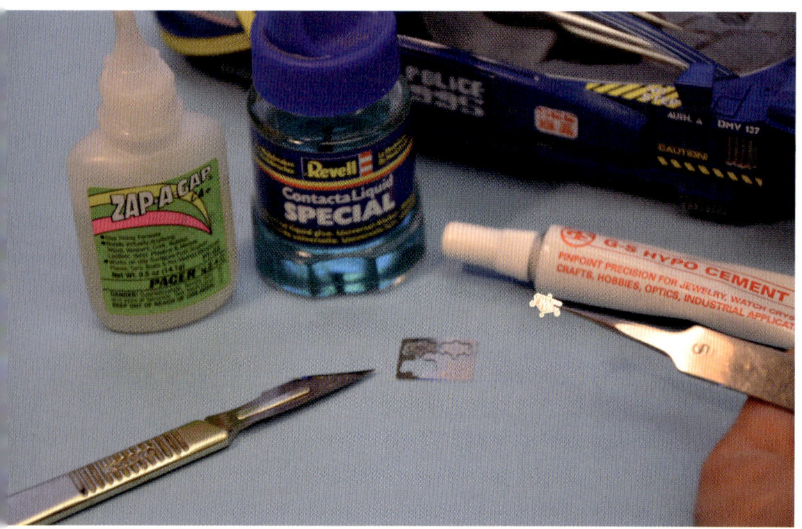

Die kleine Plakette (in der Pinzette) für den Spinner aus *Blade Runner* von Fujimi kann mit Sekundenkleber oder Kontaktkleber angebracht werden.

Kits aus Weißmetall, was wiederum teilweise kommerzielle Bausatzhersteller dazu brachte, entsprechende Weißmetall-Gussteile ihren eigenen Bausätzen zuzufügen.

Es gibt auch viele Firmen, die aus Weißmetall komplette Bausätze fertigen, doch aufgrund der im Verhältnis zu Polystyrol-Bausätzen hohen Kosten betrifft dies eher Modelle in kleineren Maßstäben. Es gibt beispielsweise viele Auto-Bausätze aus Weißmetall, doch mit wenigen Ausnahmen sind diese im Maßstab 1:43 gefertigt – und nicht in den üblichen Maßstäben 1:32 oder 1:24. Auch einige sehr viel größere, deutlich teurere (und äußerst schwere) Bausätze komplett aus Weißmetall sind erhältlich, die aber hier nicht behandelt werden, weil es in diesem Buch vor allem um Plastikbausätze geht. Weißmetall ist also ein sehr nützlicher Faktor in der Plastikbausatz-Welt – aber nur für kleine Zubehörteile.

Eine spezielle Biegevorrichtung für Fotoätzteile ist vor allem für lange Teile unerlässlich, da saubere Kanten sonst sehr schwierig werden.

Limitierte Sondermodelle

Es gibt tatsächlich eine Möglichkeit, Polystyrol in Gummiformen zu spritzen. Das Ergebnis ähnelt Bausätzen aus Standard-Spritzguss-Stahlwerkzeugen, hat aber dickere Teile, größere Anschnitte und ausnahmslos weniger Details. Die Werkzeuge halten auch nicht so lange, sodass mit diesem Verfahren hergestellte Modellbausätze in der Regel Kleinserien sind.

Fotoätzteile

Ein weiteres Nicht-Plastik-Material, das Einzug in den Modellbau gehalten hat, sind Fotoätzteile. Auch diese fanden sich zunächst vor allem bei Flugzeugen, sind heute aber in allen Bereichen anzutreffen. Spritzguss-Polystyrol kann extrem detailliert sein, doch vor allem kleine Teile können schwierig herzustellen sein und niemals die geforderten sehr kleinen Details wiedergeben. Fotoätzteile können dies, obwohl sie grundsätzlich zweidimensional sind. Sie eignen sich beispielsweise sehr gut für Instrumententafeln in Flugzeugen, wo Details der einzelnen Zifferblätter herausgearbeitet werden können, aber auch für Plaketten oder Bremsscheiben für Autos und Lastwagen oder Relings für Schiffe. Sie werden ebenfalls für den Bau von Architekturmodell-Bauteilen wie Zäunen, Geländer, Wetterfahnen oder Antennen eingesetzt, aber auch für detaillierte Blätter und Blumen in Naturdarstellungen. Fotoätzteile können auch gebogen und gefaltet werden, um dreidimensionale Teile darzustellen.

Die meisten Modellbauer kaufen fertige Fotoätzteile. Sie lassen sich auch in Heimarbeit herstellen, doch es würde den Rahmen dieses Buchs sprengen, dieses Verfahren im Detail zu erläutern – Informationen hierzu gibt es in zahlreichen Videos auf YouTube.

In aller Kürze: Für Fotoätzteile muss zuerst das »Kunstwerk« erzeugt werden, um es auf einem Blech zu befestigen und zu versiegeln, das danach in ein Chemikalienbad getaucht wird. Hier werden die nicht durch das Kunstwerk geschützten Bereiche weggeätzt. Sobald die Teile von chemischen Rückständen befreit sind, können sie verbaut werden.

Es können unterschiedliche Metalle verwendet werden. Die meisten Modellbauteile werden entweder aus Messingblech oder Edelstahl hergestellt, deren Farbe und Flexibilität sich leicht unterscheiden lassen – Messing (bestehend aus Kupfer und Zink) ist goldgelb und lässt sich leicht biegen. Edelstahl ist silberfarben und mechanisch widerstandsfähiger. Messing ist deutlich einfacher zu verarbeiten: Es lässt sich mit einer Schere oder einer stabilen Messerklinge schneiden und lässt sich leicht löten, außerdem kann es natürlich mit Sekundenkleber verbunden werden. Die Arbeit mit Edelstahl ist erheblich schwieriger, solange keine Biege-Kanten eingeätzt sind oder keine spezielle Biegevorrichtung zum Einsatz kommt. Beide Materialien finden sich sowohl in Bausätzen als auch Zubehör-Sets.

Sowohl Messing als auch Edelstahl müssen beim Bearbeiten vorsichtig behandelt werden, da beim Ausschneiden scharfe Kanten zurückbleiben können, die sorgfältig gefeilt und geschliffen werden müssen. Um Edelstahlteile biegen zu können, werden Zangen benötigt.

Wer viel mit Fotoätzteilen arbeiten möchte, die auch gebogen werden müssen, sollte in eine Biegevorrichtung investieren. Diese Werkzeuge sind nicht gerade billig, aber von unschätzbarem Wert, wenn es darum geht, lange Abschnitte exakt zu biegen. Das Fotoätzteil wird fest eingespannt und sein freiliegender Rand z. B. mithilfe eines Stahl-Lineals gleichmäßig über die gesamte Länge hochgebogen.

Ein wachsender Trend geht heute zu komplett aus Fotoätzteilen gefertigten Bausätzen (beispielsweise von Metal Earth). Weil Kompromisse eingegangen werden müssen, sind diese vielleicht nicht immer perfekt maßstabsgetreu, sollen hier aber trotzdem erwähnt werden.

Vakuumformen, Gießharz, Weißmetall und Fotoätzteile haben sich bei speziellen Bausätzen und Zubehörteilen seit Jahrzehnten bewährt. Die drei letzten sind noch heute weit verbreitet, und sogar Vakuumformen wird noch gelegentlich eingesetzt.

Blasformen

Erwähnenswert ist auch die Blasformtechnik. Sie kommt nahezu exklusiv bei Figuren-Modellen zum Einsatz und hierbei wird fast immer Vinyl verwendet. Die Form ähnelt derjenigen bei Gießharz-Bausätzen, nur wird hier wie beim Polystyrol-Spritzguss Vinyl eingespritzt und dann Luft eingeblasen, um es an den Rand der Form zu drücken.

Bei dieser Methode gibt es ein paar Einschränkungen. Das Vinyl ist etwas weich, daher die Verwendung für Figuren, auch wenn die Teile recht groß sein können. Das Nischen-Unternehmen Screamin Products nutzt das Verfahren für seine großen Horror- und Fantasy-Figuren (zumeist im Maßstab 1:4), die in der Regel aus wenigen großen Teilen bestehen, die mit Sekundenkleber zusammengefügt werden müssen. Wegen der »weichen« Beschaffenheit

Ein Beispiel für einen Vinyl-Bausatz ist der Cryptkeeper aus der Serie *Geschichten aus der Gruft* von Screamin' Products.

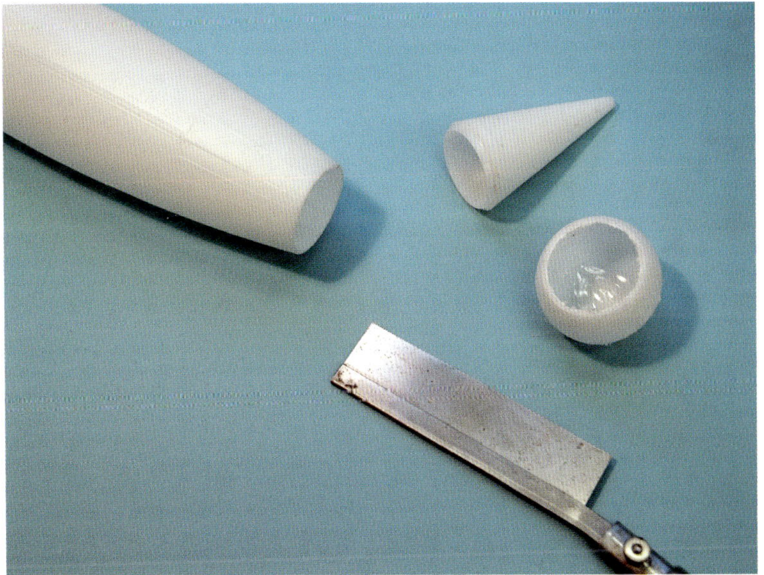

Der Rumpf der V2-Rakete von Monkey's ist in Blasform-Technik hergestellt. Der Formstempel (rechts) wurde abgesägt und durch die im traditionellen Spritzguss-Verfahren hergestellte Spitze ersetzt.

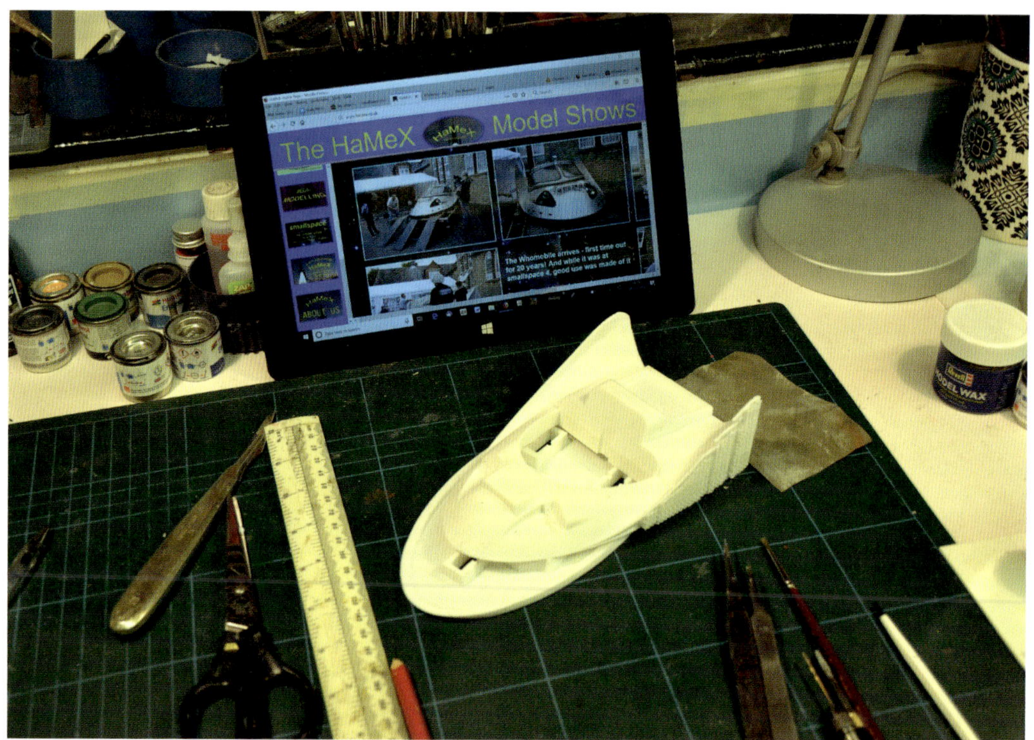

Computer halten auch im Modellbau immer mehr Einzug. Hier ist ein Tablet Teil des Arbeitsplatzes.

wurde Blasform-Vinyl nur selten für irgendwelche Fahrzeugmodelle verwendet – tatsächlich gibt es nur zwei dokumentierte Fälle. Vinyl kann auch erst seit dem Einsatz von Acrylfarben verwendet werden, da klassische Emailfarben niemals darauf halten würden.

Ein weiteres Material, das im Blasform-Verfahren für einige Modellbausätze verwendet wird, ist Polystyrol selbst. Bei Dragon wurde es für die Hauptmodule großer Raketenmodelle eingesetzt (und tatsächlich ist es eine Erweiterung der Flugmodell-Raketen, wo Blasform-Teile verwendet werden, weil sie leichter sind. Bei flugfähigen Raketen ist Gewicht das wichtigste Kriterium, bei »Standraketen« lassen sich damit dennoch kleine Details nachbilden. Ähnlich wie beim Vakuumform-Bausatz sind einige Nacharbeiten erforderlich, doch können hier die Teile mit herkömmlichem Plastikkleber miteinander verbunden werden.

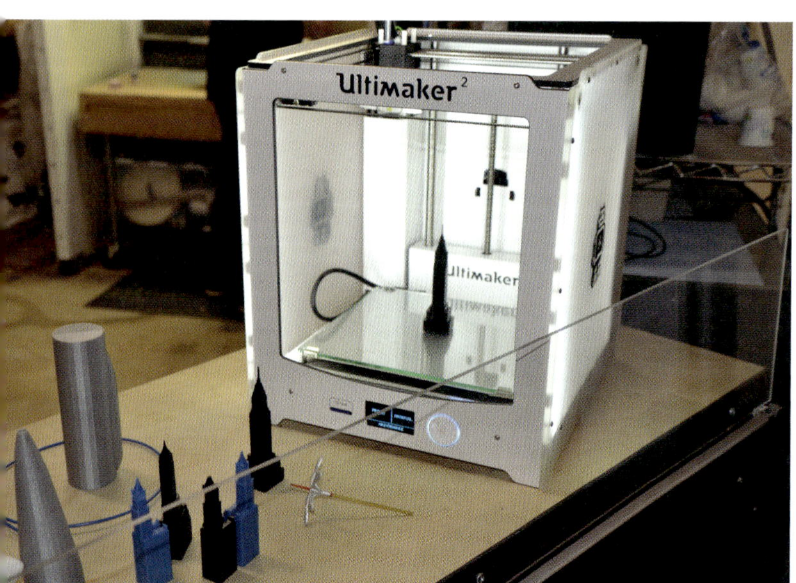

Ein kommerzieller 3D-Drucker produziert bei Gulliver's Gate in New York Teile, die in die ausgestellten Modell-Anlagen eingebaut werden. Hier wird eine Miniatur des Empire State Buildings angefertigt.

Computer – und die Zukunft

Wie bei den meisten Dingen in den letzten Jahren haben Computer auch ihren Weg in die ursprüngliche und scheinbar vollständig analoge Welt des Modellbaus gefunden. Vom Einsatz von CAD-CAM-Entwürfen zur Erstellung von Werkzeugen bis zu digitalen Systemen, die Modelleisenbahnen und Slotcar-Rennbahnen mit mehr als einem Fahrzeug auf der Strecke steuern können.

Recherche

Die Recherche per Computer-Suchmaschine ist heute üblich. Und wenn eine geeignete Bauanleitung oder Abbildung gefunden wurde,

Links: Der Wissenschafts- sowie Science-Fiction Autor und Visionär Sir Arthur C. Clarke (1917 bis 2008). Sein berühmtestes Werk ist wohl 2001: Odyssee im Weltraum von 1968.

Clarkes Werk *Profile der Zukunft – Eine Untersuchung über die Grenzen des Möglichen* von 1961 beschreibt erstmals einen »3D-Fotokopierer« – hier als Millennium-Edition.

kann sie heruntergeladen und ausgedruckt werden. Der Computer kann sich vielleicht in Form eines Tablets oder sogar Smartphones direkt auf der Werkbank befinden, sodass Hinweise unverzüglich abgerufen werden können.

3D-Druck

Der Bereich, der zukünftig den größten Einfluss auf dem Modellbau – und wohl auch auf die Welt im Allgemeinen – hat, kann der 3D-Druck sein. Die heute als »additive Fertigung« bezeichnete Technik war früher als »Rapid-Technologie« bekannt, obwohl sich der Begriff hier eher auf die Geschwindigkeit bezieht, mit der ein Objekt von den ersten Planzeichnungen an produziert werden kann, als auf das tatsächliche Tempo von 3D-Druckern, die in den meisten Fällen immer noch bedrückend langsam arbeiten.

Das Wichtigste: Es geht hier nicht nur um den Modellbau, da praktisch alles dreidimensional gedruckt werden kann – darunter auch Metalle und sogar Lebensmittel und medizinische Teile. Wenn es also etwas gibt, das die Welt hinsichtlich der Produktion verändern wird, dann ist es der 3D-Druck.

Wer den 3D-Drucker »erfunden« hat, ist schwierig zu sagen, aber erstmals detailliert beschrieben wurde er 1961 vom Wissenschafts- und Science-Fiction-Autor Sir Arthur C. Clarke in seinem bahnbrechenden Essay *Profile der Zukunft.* Im Kapitel »Aladins Lampe« geht er auf die Idee eines »3D-Fotokopierers«, von ihm »Replicator« genannt, ein (zur Erinnerung: Das war lange vor dem Ding aus *Star Trek*). Hier listet Clarke auf, was für die Funktion eines solchen Replikators benötigt würde: »Ein Lager mit Rohstoffen, ein Datenspeicher und ein Organisator, oder die Maschine erledigt die Arbeit nicht.« Mit anderen Worten: ein 3D Drucker. (Man bräuchte nur einen einzigen, denn die erste Aufgabe des Replikators wäre, einen zweiten Replikator herzustellen …)

Abgesehen von der etwas verblüffenden

Nahaufnahme eines 3D-Druckers in Aktion. Das Objekt wird auf der grünen Unterlage aufgebaut.

Drei kleine »Heim-3D-Drucker«.

Vorstellung, dass sie eines Tages sämtliche materiellen Objekte erzeugen können (Clarke hat sich seinen Replicator für das Jahr 2090 als vollständig einsatzfähig vorgestellt), und bleiben wir in dem von uns fokussierten Bereich des Modellbaus, stellt sich die Frage: Wie wird er Dinge verändern?

Dreidimensional generierte Bausätze

Modellbausätze werden bereits im 3D-Druck hergestellt: Man schreibt ein Computerprogramm, speichert es mit der Endung ».stl« (für »Stereolithografie«), schickt es an einen 3D-Drucker, wählt eine Materialquelle aus und beobachtet dann, was vor den eigenen Augen entsteht. Bei der aktuellen 3D-Druckertechnik muss allerdings darauf hingewiesen werden, dass außerdem ein bequemer Sitzplatz sowie Snacks und Getränke beschafft werden müssen, denn bisher ist es ein äußerst bedächtiger und mühsamer, aber immerhin automatisierter Prozess.

Wahrscheinlich wurde die Technik erstmals in den frühen 80er-Jahren in Japan in einer sehr einfachen Form zum Bau eines schichtweise aufgebauten Modellbausatzes (!) genutzt. Ein Jahrzehnt später wurden Patente für kommerziellere Formen des 3D-Drucks angemeldet, die zu den ersten Entwicklungen der »Rapid-Technologie« wurden. Zu diesem Zeitpunkt wurde auch das 3D-Druckdatenformat (die Stereolithografie-Daten) geschrieben, die bis heute Verwendung finden.

Sehr einfach kann man den Vergleich zu einem Standard-Drucker oder Fotokopierer, der zweidimensional arbeitet, ausdrücken: mit der X- und der Y-Achse. Der 3D-Drucker fügt die Z-Achse hinzu und druckt, indem er Material aufeinanderschichtet und daher auch als additive Fertigung bekannt ist. (Im Vergleich dazu trägt die traditionelle Fertigung inzwischen die Bezeichnung »Subtraktive Fertigung«, da hier im Fertigungsprozess üblicherweise Material durch Drehen, Fräsen und Bohren abgetragen wird.)

Wiederum sehr einfach ist es beim Material: Häufig wird ABS (Acrylnitril-Butadien-Styrol) verwendet – es wird geschmolzen und in den 3D-Druckkopf eingespeist, der Computer steuer seine Bewegung und den Austritt des Plastiks. Eine Schicht wird aufgetragen, dann die nächste und die übernächste – bis die endgültige Form entstanden ist. Das ist (sehr einfach ausgedrückt) alles, was zu tun ist.

Damit sich der 3D-Druck im großen Stil durchsetzen kann, müssen zuerst die Drucker selbst billiger werden. Obwohl bereits Drucker für ein paar Hundert Euro erhältlich sind, die (sehr langsam) sehr nützliche Teile für Modellbauer produzieren können, kosten Drucker, die sinnvolle Arbeiten erledigen können, mehrere Tausend oder sogar Zehntausend Euro. Zweitens müssen Computerdateien, mit denen Drucker betrieben werden, leichter und besser zugänglich sein.

Drittens – und wahrscheinlich am wichtigsten: Die Drucker müssen sehr viel schneller arbeiten. Aber es ist wie bei jeder modernen Technologie. Die ersten Mobiltelefone kosteten ein Vermögen und man konnte mit ihnen lediglich telefonieren; jetzt sind sie tragbare Computer, die zahllose Aufgaben erfüllen (sogar Telefonieren ist noch möglich!), und billige Handys kosten nur ein paar Dutzend Euro. Die ersten Breitbild-Fernsehgeräte kosteten Zehntausende, jetzt sind sie für ein paar Hunderter zu erwerben. Das Gleiche wird mit Sicherheit auch mit 3D-Druckern passieren, sobald die Allgemeinheit ihre Bedeutung anerkennt.

Im Moment stehen wir noch ganz am Anfang, daher werden sehr langsam im 3D-Drucker hergestellte Bauteile – oder ganze Bausätze – nur von wenigen Firmen angeboten. Man kann sich einen 3D-Drucker für Zuhause kaufen, aber diese sind noch langsamer und in ihrem Anwendungsbereich begrenzt, sodass sie sich vielleicht für Experimente oder die Produktion weniger Einzelteile eignen.

Ein Großteil des Modellbau-3D-Drucks wird derzeit von Unternehmen wie Shapeways erledigt. Man erstellt eine digitale Datei – oder verwendet eine bereits existierende – und verschickt sie. Dann heißt es warten. Je nachdem, wie grob das gewünschte Ergebnis sein soll, desto kürzer die Wartezeit (und billiger das Ergebnis), doch dann muss viel geschliffen werden, um die im Druckvorgang entstandenen »Stufen« zu beseitigen und eine glatte Oberfläche zu erzielen. Feine Details, bei denen die Schichten dünner gemacht werden, bedeuten höhere Kosten und längere Produktionszeiten, aber auch weniger Arbeit. Die Kosten- und Zeitfaktoren müssen sorgfältig gegeneinander abgewogen werden.

Wie »dünn« die Schichten werden, unterliegt einer Begrenzung. Die höchste druckbare Qualität von Materialien wie ABS liegt derzeit bei 0,1 mm. Das ist zwar sehr dünn, zeigt sich jedoch als erkennbare Stufe auf der Oberfläche, die beseitigt werden muss. Dies kann durch Schleifen geschehen, was vor allem auf detaillierten Teilen ein sehr langsamer Prozess sein kann – für sehr komplexe Teile ist es ohnehin nicht praktikabel. Die Teile können auch in Flüssigkeiten wie Aceton getaucht werden, um die Stufen zu glatten Oberflächen zu »verschmelzen«, aber dies erfordert sorgfältige Handhabung und Kontrolle, damit nicht zu viel aufgelöst wird. Ein Vorteil des 3D-Drucks oder zumindest ihrer Pläne ist die exakte Skalierbarkeit. Ein Teil, das in 1:72 produziert werden kann, sollte mit dem gleichen Programm auch auf 1:87 oder sogar 1:144 verkleinert oder auf 1:48 oder 1:32 vergrößert werden können.

Wie wirkt sich dies nun auf den Modellbauer aus? Derzeit ist es immer noch eher ein Blick in die Sterne. Für den allgemeinen Gebrauch benötigt der 3D-Drucker möglicherweise noch sehr viel Zeit, bis er zur Norm wird – wenn überhaupt. Arthur Clarkes »Zeitskala« liegt jetzt 60 Jahre zurück und der 3D-Drucker könnte auch in 70 Jahren ein Nischenprodukt bleiben. Wir zerbrechen eine Tasse, und es ist weiterhin einfacher, in einen Laden zu gehen und eine neue zu kaufen (oder sie online zu bestellen), als eine in 3D zu drucken. Die Order von Captain Picard »Tee, Earl Grey, heiß!« kann sehr wohl eine Tasse Tee nach seinem Geschmack erzeugen, aber sie wird vielleicht doch nicht von einem Replicator hergestellt, sondern von einer per Alexa aktivierten Teekanne.

Ein 3D-Probedruck des neuesten Batmobils von Moebius Models.

Ein im 3D-Drucker produzierter Bremsfallschirm.

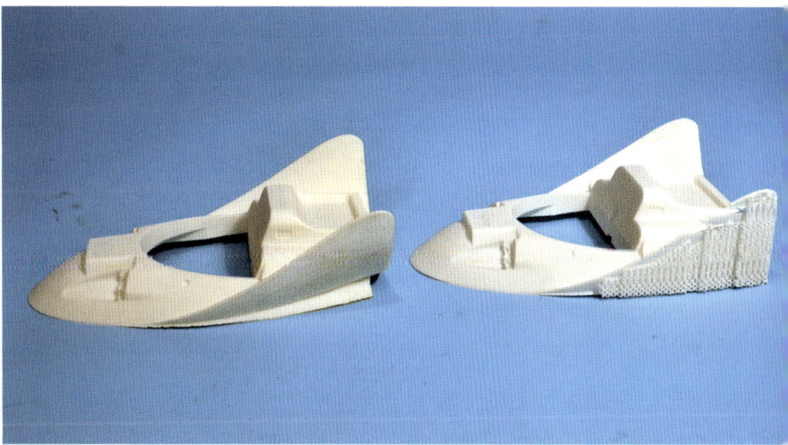

3D-Probedrucke eines potenziellen Whomobile-Bausatzes aus der BBC-Serie Doctor Who. Beim rechten Teil ist der »Flügel« nicht korrekt gedruckt.

Kapitel 11

Sammeln oder bauen?

Im Laufe der Zeit hat sich ein merkwürdiges Phänomen entwickelt: Bausätze wurden »gesammelt«, aber tatsächlich nicht zusammengebaut. Das Sammeln von Dingen liegt zugegebenermaßen in der menschlichen Psyche, aber in der Regel hat das Sammeln nicht verhindert, dass das Objekt seine Aufgabe erfüllt, und in den meisten Fällen hat das Sammeln nicht die Benutzung des fraglichen Objekts verhindert.

Manche Menschen wie Mark Mattei legen riesige Sammlungen – teilweise mit mehreren identischen Bausätzen – an.

Schallplattensammler können ihre LP immer noch abspielen, ohne ihren Wert deutlich zu mindern, solange sie auf einem guten Gerät abgespielt wird, nicht zerkratzt ist und ein möglicher Bonus (der Beatles-Ausschneidebogen aus *Sergeant Pepper* oder das UFO in *Out of the Blue* von ELO) unversehrt bleibt. Die Erstausgaben von Harry Potter konnten gelesen werden, solange man keine Notizen an den Rand kritzelt; Puzzles durften zusammengesetzt werden, solange keine Teile verloren gingen, und mit Spielzeugautos aus Druckguss konnte man (vorsichtig!) spielen, solange man – Gott bewahre – die Schachtel nicht wegwarf.

Aber Modellbausätze? War es nicht der Grund für ihre Existenz, dass sie zusammengebaut werden? Wenn ein Modell für immer ungebaut in seiner Schachtel bleibt, welchen Sinn hat die Sache dann? Für viele Sammler ist genau dies der Sinn. In mancher Hinsicht ähnelt ein Bausatz der Weinflasche, die nur etwas wert ist, solange der Korken nicht entfernt wird. Man entkorkt sie und trinkt den Wein (soweit er überhaupt noch genießbar ist) und das war's. Öffnet man den Karton und klebt den Bausatz zusammen, reduziert sich der (ziemlich willkürlich festgesetzte) Wert um mindestens 90 Prozent. (Damit liegt man immerhin noch über dem Weinsammler, dem der Wert auf Null gesunken ist. Mit Sicherheit gibt es einen Sammlermarkt für geöffnete und leere alte »Weinflaschen, die einmal Wein enthielten« …)

Der Modellbausatz-Sammler befindet sich also in einer etwas besseren Position, da er die Schachtel – vorausgesetzt, sie war nicht eingeschweißt (und das waren die meisten älteren Kartons nicht) – öffnen und alle Gießäste und Teile betrachten, die Anleitung lesen und sogar den Inhalt erschnuppern durfte (erstaunlicherweise haben die Bausätze verschiedener Hersteller jeweils einzigartige Gerüche!). Einen Sammlermarkt gibt es eigentlich nur für ältere Bausätze, bei denen das Design und sogar der Stil der Schachtel nach genereller Meinung meist besser waren als bei vielen neuen Bausätzen. Zugegebenermaßen hat dies – wie bei allen Sammlern – sehr viel mit Nostalgie zu tun. Diese Nostalgie könnte auch mit den Goodies zusammenhängen, die vielen Bausätzen beilagen. In der Frühzeit waren Modellbau-Hersteller sehr darauf bedacht, den pädagogischen Aspekt ihrer Modelle zu fördern, sodass sie in der Regel ein erklärendes Heft mit allen technischen Details beilegten.

Pfarrer John Burns in seiner gewaltigen Bausatz-Sammlung. Hier hält er ein frühes Militärfahrzeug-Set von Revell in den Händen.

Das KCC

Sammler verdanken dem ehemaligen Pfarrer John Burns viel Arbeit, da dieser viele Jahre das »Kit Collector's Clearinghouse« (KCC = Bausatz-Sammler Verrechnungsstelle) leitete und mehrere Leitfaden-Bände namens *Collecting Value Guide* (CVG) publizierte, in denen alle »sammelbaren Bausätze« und ihre potenziellen Werte aufgelistet wurden. Burns war der Erste, der zugab, dass dies eine unlösbare Aufgabe war, dennoch wurden seine Werke für alle, die sich für die Geschichte von Modellbausätzen interessierten, zur Bibel (naheliegend, schließlich war Burns im Hauptberuf Baptistenprediger).

Die siebte und letzte Ausgabe von John Burns' *Collecting Value Guide* von 1999 war 456 Seiten stark.

All dies hat zu einem wachsenden Trend geführt, bei dem Menschen, die mit Modellbausätzen zu tun haben, scheinbar erklären müssen, ob sie »Erbauer« oder »Sammer« sind – als ob man nicht beides sein könne. Die meisten Modellbauer sind natürlich auch Sammler, denn Modell-Sammlungen wachsen stetig an, weil ihre Erbauer nie die Zeit finden, eine Sammlung »fertigzustellen«. Vor einigen Jahren gab es ein Sprichwort, wonach man drei Bausätze kaufen müsse – einen zum Zusammenbauen, einen zum Umbauen und einen, um ihn zu retten (und ihn später im Internet zu versteigern). Mit dem Anstieg der Bausatz-Preise ist es heute nicht mehr so praktisch, sich alle Kits dreifach anzuschaffen, aber der Gedanke daran besteht weiter.

Altes und Neues

Ursprünglich wollten Bausatz-Hersteller ihren Kunden immer etwas Neues bieten. Selbst als in den 50er- und 60er-Jahren die Kosten noch (relativ) niedrig waren, wurde ein Modellbausatz, der seinen Zenit überschritten hatte, aus der Produktion genommen und aus den Listen gestrichen, um seine Werkzeuge wiederverwenden zu können. Die Firma Aurora war für diese Vorgehensweise berühmt. Sie verschrotteten die aus Stahl bestehenden Spritzguss-Formen (für Qualitäts-Stahl bekam und bekommt man noch heute gutes Geld) und verwendeten die Rahmen für neue Modelle weiter. Aurora verwendete viele Beryllium-Formen, die ebenfalls eingeschmolzen und wiederverwendet wurden. Die Firma »recycelte« sogar ihre Artikelnummern – so sehr, dass es mindestens ein Beispiel dafür gibt, bei der die gleiche Nummer für drei verschiedene Bausätze verwendet wurde!

Viele Hersteller aktualisieren ihre Bausätze gelegentlich durch ein wesentlich detaillierteres und präziseres Produkt, sodass der alte Kit aus den Katalogen verschwand und die Werkzeuge möglicherweise verschrottet wurden. Dennoch kann das Modell historisch gewesen sein. Der erste Flugzeug-Bausatz von Airfix war die Spitfire – eines der bekanntesten und beliebtesten Flugzeug-Modelle. Aber dieser Airfix-Kit basierte tatsächlich auf einem Aurora-Bausatz in 1:48, den man auf 1:72 verkleinert hatte. Die Aurora-Spitfire war nicht wirklich exakt ausgeführt, sodass die Fehler auf die kleinere Airfix-Kopie übertragen wurden. Airfix aktualisierte dieses recht grobe Modell bald durch ein detaillierteres, das inzwischen selbst längst durch ein noch präziseres und genaueres Angebot ersetzt wurde. Anlässlich des 50. Firmenjubiläums brachte Airfix 1999 den angeblich ursprünglichen Bausatz »auf Aurora-Basis« neu heraus.

Das Original war in dem klassischen Plastikbeutel samt Verschlusspappe verpackt, also folgte Airfix diesem Stil bei der Neuverpackung. Doch der Bausatz war nicht mehr original (wahrscheinlich gab es das Werkzeug längst nicht mehr, obwohl es sicher wünschenswert gewesen wäre, einen solch ungenauen Kit neu aufzulegen). Stattdessen wurde eine viel modernere Spitfire in eine deutlich größere Plastiktüte gepackt. Sie war in einem dem Original ähnelnden hellblau gefärbtem Plastik gegossen, sodass Sammler einen Eindruck erhielten, wie das Original ausgesehen hätte – auch wenn dieser Kit absolut nicht original war.

Airfix hat seinen ersten Spitfire-Bausatz zum 50. Firmenjubiläum neu aufgelegt. Die Verpackung und das blau eingefärbte Plastik erinnerten an die Ursprünge, der Bausatz selbst befand sich jedoch auf dem neuesten Stand.

Modell-Geschichte

Wer wahrscheinlich Sammler am meisten darin unterstützt hat, hin und wieder auch Erbauer zu werden, war Revell Monogram. Schon bevor beide Firmen unter der gleichen Flagge segelten (1986 wurden beide von Odyssey Partners aus New York übernommen), hatten sie ihre neuen Serien vorgestellt: Die von Revell hieß »The History Makers«, bei Monogram entstand »The Heritage Edition«.

Die »Geschichts-Macher« wurden von Revell 1982 gestartet, eine zweite Serie erschien ein Jahr später. Die Idee war, Modellbauern Bausätze anzubieten, die schon lange nicht mehr in den Katalogen zu finden waren – entweder weil sie nicht traditionellen Maßstäben entsprachen (weil sie »Box-Scale« waren oder durch eine neuere und detailliertere Version ersetzt wurden), oder weil das Objekt irgendwie »seltsam« war und nicht wirklich in eine gängige Klassifizierung passte. Das Hobby war schließlich schon in den 80er-Jahren über 20 Jahre alt, sodass man Modelle, die man vielleicht als Kind gebaut und längst weggeschmissen hatte, nun mit Ende 20, Anfang 30 erneut in einem vagen Versuch zusammensetzen konnte, um ein Stück Jugend zurückzugewinnen.

Weder die History Makers noch die Heritage Edition zogen in Erwägung, die Originalverpackungen nachzuempfinden. Stattdessen verwendeten beide Serien ihre eigenen unverwechselbaren Schachtel-Gestaltungen – die natürlich inzwischen selbst zu Sammlerstücken geworden sind.

Die erste Serie der Revell History Makers war ehrgeizig, denn sie bestand aus 28 Bausätzen – aufgeteilt in Flugzeuge, Panzer, Raketen, Raumschiffe, Schiffe und – anfänglich angekündigt – zwei Autos. Zu den Flugzeugen gehörten Bausätze wie die Douglas X-3 Stiletto im Maßstab 1:65, die Martin SeaMaster in 1:136, die Martin Mariner in 1:112 und die North American X-15 im Maßstab 1:64. All dies sind »Box Maßstäbe«, aber es gab auch neuere Bausätze – nun ja, neuer als diese – wie die Hawker Typhoon Mk 1B und die Messerschmitt Bf 110C-4B, beide in 1:32. Bei den gepanzerten Landfahrzeugen kamen eine Panzerhaubitze in 1:32 und ein Brückenlegepanzer mit Scherenbrücke in 1:40. Zu den Raketen, auf die sich Revell in den ersten Jahren spezialisiert hatte, gehörten die Nike Hercules, Northrop Snark, Bomarc IM-99, Northrop Hawk sowie der Teracruzer-Transporter samt Mace Missile. Selbst die deutsche V2 aus dem Zweiten Weltkrieg war dabei. Die Schiffe waren die Arctic Explorer, die USS Burton Island, die USS Olympia und sogar das erste atomgetriebene Frachtschiff der Welt, die N. S. Savannah. Schließlich gab es noch zwei Flugzeug-Triebwerke: das Allison Turbo-Prop und den Wasp-Sternmotor.

Alle Bausätze befanden sich in Schachteln mit Revell-Logo, obwohl drei von ihnen gar keine Revell-Originale waren. 1977 hatte Revell die Namen und Werkzeuge der für ihre »Visible«-Bausätze bekannten Firma Renwal übernommen, deren Bausätze durchsichtiger Männer- und Frauen-Figuren einen hohen pädagogischen Wert besaßen und ihren Weg in die Schulen fanden. Aber Renwal stellte auch eine Reihe Militärbausätze in 1:32 (nicht 1:35!) sowie Schiffe und U-Boote her. In der Serie 1 der History Makers stammten der Teracruzer samt Mace Missile, die Panzerhaubitze und der Wasp-Sternmotor ursprünglich von Renwal.

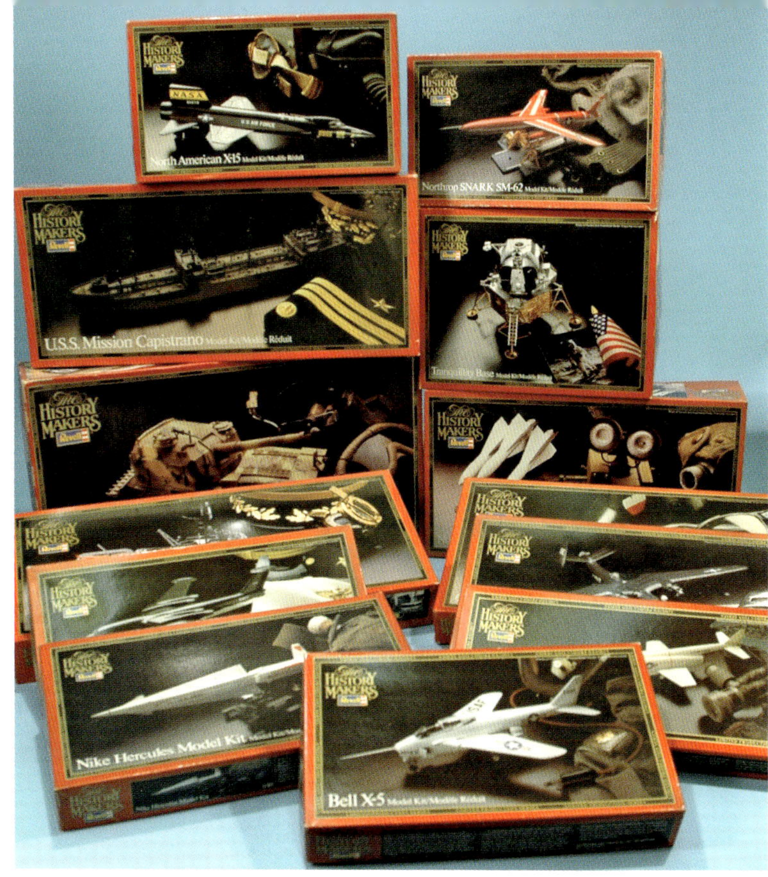

Ein Teil der ersten »History Makers« Serie von Revell aus dem Jahr 1982.

Nicht das, was es scheint

Diese History Makers trugen alle den Namen Revell auf der Schachtel – die Renwal-Kits wurden nicht als solche gekennzeichnet, aber die Bausätze waren identisch. Dies bedeutete, dass jemand, der ein originales ungebautes Renwal-Modell, z. B. den Teracruzer oder die Mace, in seiner Originalverpackung besaß und es bauen wollte, sich aber über den Wert dieses »alten ungebauten Bausatzes« bewusst war, stattdessen die Neuauflage zusammensetzen konnte. Das Plastik war identisch und die Decals in vielen Fällen verbessert (was hilfreich war, da die alten Abziehbilder manchmal auseinanderfielen, sobald man sie

Bei Revells Selected Subjects Program wurden zwar die Abbildungen der Originalverpackungen verwendet, aber nicht unbedingt die gleichen Schachtelgrößen: Die Originalausgaben (oben) sind kleiner.

übertragen wollte). Man konnte also gleichzeitig das ungebaute Original retten und dennoch ein »echtes« Modell vorzeigen.

Auf die erste »History Makers« Serie, erkennbar an den dunkelroten Schachteln, folgte die »Series 2« – diesmal in Dunkelblau. Hier lag der Schwerpunkt auf Raketen: Enthalten waren die Modelle Corporal, Nike Ajax, Thor sowie Jupiter ICBMs, Regulus II und die Jupiter C mit dem ersten US-Satelliten Explorer 1. Es gab auch einige Flugzeuge: die in 1:174 gehaltene Boeing B-52 samt X-15, die Douglas D-588 Skyrocket und die Messerschmitt Me-262, außerdem war das Lazarettschiff SS Hope dabei.

Der Monogram-Verkaufs-Aufsteller für das Selected Subjects Program (SSP) – hier für Phase 4 aus dem Herbst 1993.

Bei der ersten Serie der Revell History Makers wurden zwei angekündigte Bausätze tatsächlich nicht herausgebracht. Produziert wird immer nur das, wovon man sich Umsätze verspricht. Plastik, das Hauptprodukt der Modellbau-Industrie, ist ein Nebenprodukt von Erdöl. Und obwohl es anfangs sehr billig war (weil Polystyrol beim Raffinieren von Benzin abfiel), stiegen bei höheren Ölpreisen auch die Preise für Nebenprodukte an. Dies traf die Industrie vor allem während der ersten Ölkrise 1973, bei der sich die Rohstoffpreise vervierfachten.

Daher mussten die Unternehmen vorsichtig damit sein, was sie herausbringen wollten. Oft wurden Bausätze von Vertriebshändlern vorbestellt – und wenn diese Bestellmengen nicht den Vorstellungen entsprachen, wurde das Modell eben zurückgehalten. Dies passierte zwei Bausätzen der Serie 1 – und beides waren Autos: die 1960er-Chevrolet Corvette und der Porsche 356 Competition Racer. Beides waren frühe Revell-Bausätze mit mehrteiligen Karosserien, und es war in der Tat etwas merkwürdig, denn der Hauptmarkt von Revell sind die USA – und wenn die Leute irgendwo Auto-Bausatz-verrückt (oder einfach nur autoverrückt) sind, dann in den USA.

Die Corvette war zugegebenermaßen bei AMT und MPC als besserer Bausatz erschienen, ebenso der Porsche und einige andere Autos. Der 356 war Bestandteil der anspruchsvollen »Enthusiast Range« von Fujimi, die sich durch eine hohe Anzahl an Teilen aber auch hohe Preise auszeichnete.

Monograms Konzept der Heritage Edition ähnelte der »History-Makers-Reihe« von Revell, war aber nicht ganz so dunkel und düster gehalten. Es gab nur eine Serie, die sich allerdings über die Jahre 1983 und 1984 hinzog. Die Reihe enthielt 15 Bausätze, die auch alle erschienen. Es waren hauptsächlich Flugzeuge wie die Kittihawk der Gebrüder Wright oder die Ford Trimotor in ihrer Antarktisexpeditions-Ausführung, aber auch der Wright Cyclone-Sternmotor war darunter, den es ausschließlich von Monogram gab. Hinzu kamen einige Raumschiff- und Raketenmodelle.

Andere Bausatz-Neuauflagen

Auch andere Modellbausatz-Unternehmen bieten alte Bausätze neu an, aber meistens nicht in speziellen Serien. Man kann plötzlich einen neu aufgelegten Original-Bausatz zusammen mit

Bei Monogram hatten viele Schachteln der Neuauflagen (oben) die gleiche Größe wie das Original (unten) und sahen von oben absolut identisch aus.

anderen neuen Modellen entdecken, ohne dass darum ein großes Trara mit History oder Heritage gemacht wurde. Dies war eher ein (generelles) amerikanisches Phänomen, während im Rest der Welt – zumindest bis vor kurzem – weit weniger Aufhebens darum gemacht wurde.

Bisher waren diese Kits entweder eher zufällige Neuauflagen, oder sie waren Bestandteil von Sonderserien mit speziellen Verpackungen. Es gab keinen wirklichen Versuch, Sammler alter Bausätze anzusprechen. Erst Revell-Monogram (heute ein Unternehmen) hatte die Idee, Neuauflagen speziell für Sammler – oder auch für den gemeinen Modellbauer – anzubieten. Dieses »Selected Subjects Program« (SSP) startete 1992 und hier bekam man wirklich einen Bausatz, der mit dem Original identisch war – zumindest fast. Es war eine Reproduktion der Original-Bauanleitung, der Original-Abziehbilder und – das war die beste Idee – der Originalverpackung.

Dies war die Zeit, in der das Internet Realität wurde und seinen Weg in immer mehr Haushalte fand. Es war auch der Beginn der Online-Auktionen. Ebay wurde bereits 1995 ins Leben gerufen, sodass die Werte von Bausätzen (in einem sehr allgemeinen Sinn) »festgelegt« werden konnten. Darüber hinaus musste der potenzielle Käufer eines Modells nicht mehr in der Nähe wohnen, wo man sich vielleicht in einem Modellbau-Geschäft oder bei einer Ausstellung traf, sondern konnte auf der anderen Seite der Welt wohnen. Dies führte zu einem Problem mit den allerersten SSPs, da sie tatsächlich fast genauso wie die Originale aussahen, und es gab mehrere Fälle, in denen Käufer überlistet wurden, indem sich der bestellte Original-Bausatz aus den frühen 60er-Jahren bei der Ankunft als eine 30 Jahre jüngere SSP-Neuauflage herausstellte.

Sorgfältige Prüfung

Es kann einige Anhaltspunkte geben, insbesondere bei der Herstellung der Verpackungen. In der Frühzeit (50er- und 60er-Jahre) verwendete Revell vor allem »massive« Schachteln, die nicht flach zusammengefaltet werden konnten, sondern aus festen Kartons bestanden, die mit auf Glanzpapier gedruckten Illustrationen beklebt wurden. Selbst die SSPs hatten dies nicht – es waren direkt bedruckte Faltschachteln. Natürlich muss man dies a) wissen und b) die Schachtel vor sich haben, um dies zu prüfen. Beim Kauf über eine Online-Auktion war Letzteres nicht möglich, es sei denn, es wurden wirklich gute Fotos veröffentlicht, die sich entschlüsseln ließen. Spätere Bausätze enthielten mehr Hinweise – vor allem in Form eines Barcodes, den es auf den Verpackungen der 60er-Jahre noch nicht gab. (Obwohl bereits in den frühen 50er-Jahren erfunden, wurden sie zunächst nur für die Verfolgung von Eisenbahnwaggons benutzt. Der erste Einsatz im Handel erfolgte erst 1974 und die Verbreitung dauerte noch länger.) Eine genaue Überprüfung der Firmenadresse

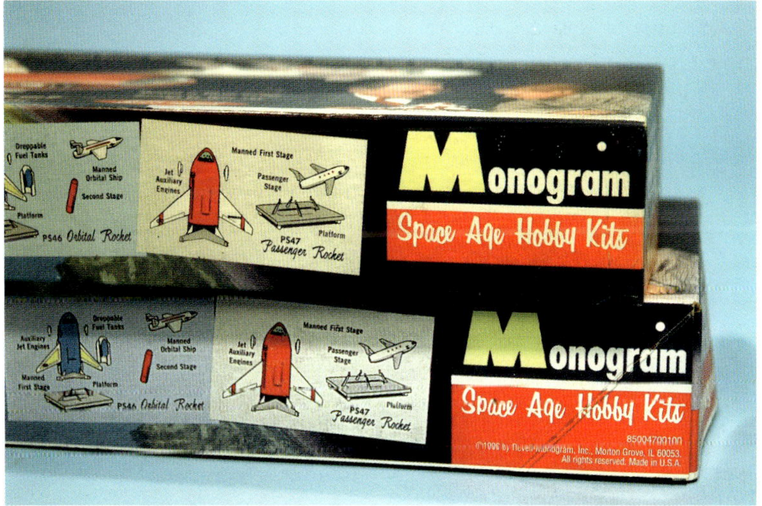

Seitlich ist die neue Revell-Adresse angegeben – der einzige Unterschied auf der Packung.

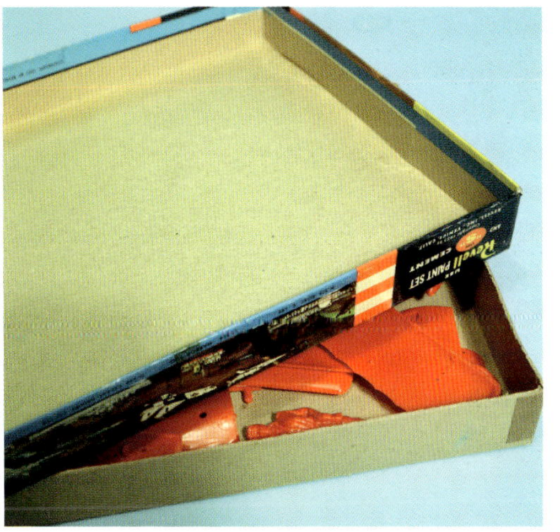

Alte Revell-Schachteln waren erkennbar massiv: zwei verklebte Karton-Hälften und der Deckel mit Illustrationen auf aufgeklebtem Glanzpapier – kein SSP-Bausatz hatte diese Merkmale.

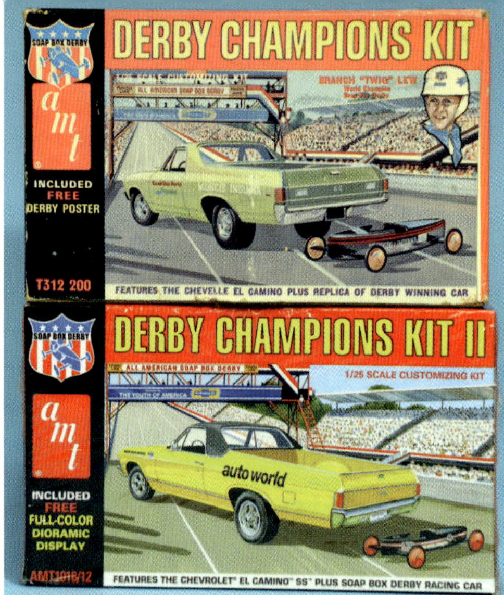

In jüngeren Jahren begannen auch AMT und MPC damit, Neuauflagen in ähnlichen Verpackungen herauszubringen, doch sie waren erkennbar unterschiedlich: Die ursprünglichen Namen (oben) wurden entfernt und tatsächlich wurde der Pickup mit einem anderen Werkzeug produziert. Nur die Seifenkiste blieb wie beim Original.

würde zeigen, dass es sich um Revell Monogram mit Sitz in Morton Grove, Illinois handelt.

Das »Programm für ausgewählte Subjekte« lief von Phase 1 Ende 1992 bis Phase 16 im Herbst 1996. Jede umfasste jeweils sechs Bausätze von Revell und Monogram – also zwölf pro Phase und 192 Stück insgesamt – theoretisch, aber leider nicht ganz so viele. Drei Bausätze wurden zwar angekündigt, aber dann stellte man bei zweien fest, dass die Werkzeuge stark beschädigt oder unauffindbar waren. In einem Fall – beim Patrouillen-Torpedoboot aus dem Film *McHale's Navy* – waren keine Lizenzen zu bekommen, was die Gesamtzahl auf 189 reduzierte. Dann wurden drei weitere in verschiedenen Phasen doppelt herausgebracht, was uns auf 186 bringt – immer noch eine ziemlich beeindruckende Anzahl.

Jedoch nicht alle waren tatsächlich Neuveröffentlichungen – einige Modelle aus den Reihen History Makers und Heritage Edition waren nur oberflächlich neu, manche waren Neuauflagen der zweiten oder sogar der dritten Neuauflage. Viele SSPs basierten jedoch tatsächlich auf den Anfängen.

Später wurden die zwei Namen zu einem zusammengefasst und neue Reihen erschienen nur noch sporadisch, bis die Idee 1998 aufgegeben wurde, da man festgestellt hatte, dass so ziemlich alles, was mit vorhandenen Werkzeugen neu aufgelegt werden konnte, bereits neu aufgelegt war. Gelegentlich werden jedoch noch heute Bausätze mit der Bezeichnung SSP herausgegeben.

In den USA fanden sich die großen Modellautohersteller AMT und MPC (wie Revell und Monogram) unter einem Dach wieder, als beide von der Ertl Corporation übernommen worden waren (MPC bereits 1981, AMT zwei Jahre später).

Was ist in der Schachtel?

Ertl startete seine »Buyers Choice« Reihe, die – wie bei The History Makers und The Heritage Edition – darauf abzielte, alte Bausätze auf einen neuen Markt zu bringen – allerdings in den meisten Fällen in neuen Verpackungen. Wie bei Revell und Monogram erlaubten sie zumindest den Besitzern von Original-Bausätzen, die Neuauflage mit ruhigem Gewissen zusammenzusetzen.

In jüngster Zeit hat The Round 2 Corporation – derzeitiger Eigentümer von AMT und MPC – das Verpackungs-Design der SPS-Reihe bis zu einem gewissen Grad nachgeahmt, indem man identische oder zumindest sehr ähnliche Bausätze anbot wie 40 Jahre zuvor. Man ging sogar einen Schritt weiter, indem man sogar die »soliden« Schachteln neu auflegte – etwas, was Revell-Monogram nie getan hatte. Es gab jedoch einige Fälle, in denen die Schachteln – vor allem für AMT-Bausätze – größer als das Original wurden, weil niemand in der Lage war, die Originalteile in die Originalschachtel zu packen. (Es gab schon damals den Mythos, wonach ein einmal aus der Schachtel genommener AMT-Autobausatz niemals wieder so hineingepackt werden konnte, dass der Deckel korrekt aufgesetzt werden konnte!)

Viele dieser neu aufgelegten AMT- und MPC-Bausätze haben mit neuen Werkzeugen gefertigte Teile: solche, die in den Original-Bausätzen auch vorhanden waren, aber verloren gegangen sind oder im Laufe der Jahre verändert wurden. Darüber hinaus wurden die Reifen auf einen modernen Standard gebracht und transparente Teile wie Fenster und Lampen in klar oder auch getönt bereitgestellt. Abziehbilder wurden ebenfalls verbessert und nette Details, wie eine kleine Version des Bausatz-Kartons und ein kleiner Sockel wurden hinzugefügt. Man bekam also 90 Prozent des Original-Bausatzes und zehn Prozent Neuteile – genug, um diejenigen zu befriedigen, die einen »alten Bausatz« zusammensetzen wollten, aber wahrscheinlich auch genug, um Sammler zu beruhigen, die zunächst das Gefühl hatten, dass ihre Investitionen doch etwas riskant gewesen sein könnten.

Maßstäbe der Sammelbarkeit

Seltsamerweise scheinen die Produkte mancher Hersteller sammelwürdiger zu sein als anderer. Im Allgemeinen sind Airfix-Bausätze nicht wirklich sammelnswert in dem Sinne, dass sie wirklich hohe Preise erzielen. Zwar gibt es Ausnahmen wie die Southern Cross (das erste Schiff von Airfix) und den Ferguson-Traktor (der allererste Bausatz von Airfix) – aber dies sind nur sehr wenige.

Auch andere Marken aus dem Vereinigten Königreich sind nicht wirklich begehrt im Sinne von »wertvoll«. Die originalen Frog-Penguins sind es natürlich, denn es waren schließlich die ersten Bausätze überhaupt – FrogPenguins eben. Allerdings erzielen spätere FrogPenguins – jetzt natürlich aus Polystyrol statt aus Cellulose-Acetat – längst nicht so hohe Preise.

Dasselbe gilt für Matchbox-Modellbausätze (im Gegensatz zu Druckguss-Modellen) und sogar ältere Namen wie Eaglewall, die Flugzeuge in 1:96 produzierten und einige kleine Schiffe. Höhere Preise finden sich eher bei »ausgefallenen« Artikeln. Die meisten Bausätze all dieser Firmen sind Flugzeuge, aber als beispielsweise Frog plötzlich die Flugabwehrrakete Bristol Bloodhound herausbrachte, kann jeder, der ein ungebautes Original veräußern möchte, einen äußerst angemessenen Erlös erwarten.

Lindberg, immerhin ein bereits in den 1930er-Jahren gegründetes und damit eines der ältesten US-Unternehmen, ist im Großen und Ganzen nicht sehr sammelwürdig. Allerdings gibt es auch hier die übliche Ausnahme. Ihre fünf futuristischen Raumschiffe aus den 50er-Jahren sind echte Sammlerstücke – darunter auch der erste Vollplastik-Raumschiff-Bausatz (wenn auch eine fliegende Untertasse) aus dem Jahr 1954. Dies gilt vor allem für das komplette Set aus allen fünf Bausätzen – »Five Spaceships of the Future«. Doch die große Mehrheit aller im Laufe der Jahre von Lindberg produzierten Bausätze ist bestenfalls den ursprünglichen Kaufbetrag wert.

Aurora steigt auf

Wenn irgendwelche Bausätze sammelbar waren, dann die von Aurora. Die Firma existierte von 1950 bis 1977, dann wurde ein Großteil der noch vorhandenen Werkzeuge von Monogram übernommen. In dieser Zeit deckte Aurora ein breites Spektrum ab – Flugzeuge, Schiffe, Autos, Militärfiguren – und ihr bekanntestes Thema: Figuren. Und es sind die Figuren, für die höchste Preise erzielt werden. Vielleicht hängt dies damit zusammen, dass nach der Produktion eines Bausatzes dessen Werkzeug verschrottet wurde – und damit alle Bausätze nur in begrenzter Stückzahl erhältlich sind. (Wenn man bedenkt, dass Bausätze zusammengesetzt werden sollen, ist es schon ein Wunder, dass es überhaupt noch ungebaute Bausätze gibt – aber es gibt sie!)

Es ist ziemlich offensichtlich, dass bei den Figuren, deren Originalwerkzeuge überlebt haben, der Wert eher unten auf der Skala zu finden ist. So wurden z. B. die Universal Monsters – jene von Aurora aus den Universal-Studios-Filmen der 30er-Jahren kreierten Horrorfiguren (einschließlich Dracula, Wolfman, Mummy, Frankenstein und »The Creature« aus *Der Schrecken vom Amazonas*) mehrmals neu aufgelegt, zuerst von Monogram und später von Revell. Später entstanden eine Reihe »individueller Neuauflagen« – beispielsweise die Dracula-Figur von Cine Models.

Wahrscheinlich der seltenste Frog-Bausatz: die Flugabwehrrakete Bristol Bloodhound in 1:24.

Aurora brachte viele seiner Bausätze in mehreren Versionen heraus, doch das Original (links) ist das »sammelnswerteste«.

Wer jedoch lieber »Die Hexe«, »Frankensteins Braut« oder das Wohnzimmer der Munsters haben will, steht vor einer deutlich schwierigeren Aufgabe. Bei diesen Bausätzen wurden die Gießformen von Aurora zerstört, um die Werkzeuge und Artikelnummern für neue Bausätze zu verwenden. Noch vorhandene ungebaute Kits dieser Modelle können sehr hohe Preise erzielen!

Die verschollenen Aurora-Begleiter

Mit der Einführung neuer Gießform-Techniken wuchs auch die Anzahl von »Reproduktions-Bausätzen«. Sobald ein Original aufzutreiben ist, können die Teile kopiert werden – entweder durch Nachformen der Teile selbst, durch Pantografie oder heutzutage durch Scannen per Laser, um ein CAD-CAM-Programm zu erstellen. Ursprünglich waren Reproduktionen wahrscheinlich nur in Gießharz erhältlich, doch mit den neuen Techniken lassen sie sich auch als Polystyrol-Spritzguss-Teile produzieren.

In den letzten Jahren entstanden neue Firmen – anfangs kurzerhand unter dem Namen »The Lost Aurora Companies« zusammengefasst. Die Benennung kam zustande, weil sie entweder versuchten, Reproduktionen der »verschollenen« Aurora-Bausätze (wie die »Braut«) oder ganze neue Bausätze, aber im alten Aurora-Stil, herzustellen. Erstaunlicherweise ist dies noch bei keinem anderen Bausatz-Hersteller passiert. Es gab mehrere dieser »Lost Aurora«-Namen, aber nur zwei davon waren längerfristig erfolgreich und überleben bis heute. Der eine ist Polar Lights (vom Namen her offensichtlich eine Anspielung auf die Göttin der Morgenröte – und wissenschaftliche Bezeichnung des Polarlichts), die andere ist Moebius Models. Polar Lights verwendete anfangs ein ovales Logo im Aurora-Stil und ersetzte einfach das Wort durch seinen eigenen Namen. Moebius begann mit einem ähnlichen Stil, wechselte aber in den letzten Jahren zu seinem eigenen Logo in Form eines »M«. Beide haben Reproduktionen alter Aurora-Bausätze hergestellt. Polar Lights stellte neue Werkzeuge für Aurora-Bausätze her, deren Spritzguss-Formen schon lange nicht mehr vorhanden waren, darunter das Wohnzimmer der Munsters und das Haus der Addam's Family. Letzteres wurde um einen Bausatz ergänzt, den Aurora niemals im Angebot hatte (aber hätte haben können): Das viktorianische Haus aus dem Hitchcock-Film *Psycho* im ungefähren H0-Maßstab – natürlich mit Bates« »Mutter« im Fenster!

Zum 50. Geburtstag von Revell Deutschland erschienen mehrere Neuauflagen, die ähnlich den SSPs weitgehend in Originalverpackungen herauskamen.

Moebius folgte eher dem Weg der Figuren, doch viele andere Firmen entwickelten – obwohl sie das gleiche Thema verfolgen – völlig neue Bausätze, statt die Aurora-Originale zu reproduzieren. Eine spezielle Linie hierbei ist Batman. Von der ursprünglichen TV-Serie hatte Aurora zwar schon mehrere Batman- und Robin-Figuren hergestellt, dennoch kamen neue Bausätze mit neuen Posen und einiges mehr. Ob diese jemals die Sammelbarkeit der Aurora-Originale erreichen, wird sich zeigen.

Sammlerstücke zum Feiern

Wenn bei Modellbau-Firmen bedeutende Jubiläen anstehen, bringen sie gern »Sammlerstück-Reihen« auf den Markt. Vor einigen Jahren feierte Revell Deutschland sein 50-jähriges Bestehen mit einer Reihe von »Classic Kits«, bei denen vorwiegend Original-Illustrationen verwendet wurden. Hätten Bausätze von anderen Firmen wie Matchbox, die in der Zwischenzeit von Revell aufgekauft wurden, nicht die gleiche Wirkung erzielt?

Heller feierte 2017 seinen 60. Geburtstag und brachte seine eigenen Jubiläums-Bausätze heraus. Doch wie viele andere sind auch Heller-Kits nicht wirklich sammelnswert. Die Ausnahmen sind – wie bei anderen – eher die ausgefallenen Bausätze – auch hier die Raketen: die Parca und die Veronique erreichen die höchsten Preise.

Erstaunlicherweise waren es limitierte Auflagen von Gießharz-Bausätzen, die bei Auktionen die höchsten Preise erzielten. Weil sie im Vergleich zu Polystyrol-Kits in geringen Stückzahlen produziert werden, sind sie zum einen generell nicht billig, zum anderen von vornherein selten. Ihre Gießformen haben eine begrenzte Lebensdauer, sodass sie nach der limitierten Auflage am Ende sind, es sei denn, jemand beschließt ein neues Werkzeug herzustellen. Die Stückzahlen sind also wirklich begrenzt, und wenn ein bestimmter Bausatz die Aufmerksamkeit von mindestens zwei Bietern auf sich gezogen hat (aus Sicht des Verkäufers gern mehr, aber zwei reichen in der Regel aus), steigt der Preis.

Kataloge sammeln

Nicht nur die Bausätze selbst sind sammelwürdig, sondern auch ältere Kataloge. Hier kann man natürlich Kopien ziehen – und bei der heutigen Qualität von Kopien kann man Ergebnisse erzielen, die vom Original kaum zu unterscheiden sind. Doch wie bei originalen Bausatz-Schachteln sind es raffinierte Feinheiten, die sie von heutigen Nachbauten unterscheiden. Bei Katalogen ist es ähnlich, und die Originale einiger Hersteller können selbst im leicht angeschlagenen Zustand hohe Preise erzielen.

Kataloge aus der Zeit vor 1960 sind am sammelnswertesten, vor allem solche von Revell oder Lindberg. Bei den 70er-Jahren gilt dies für Firmen wie AMT, die bis dahin keine »echten« Kataloge, sondern lediglich vierseitige »Katalog-Faltblätter« sowie einzelne Infoblätter für die jeweiligen Bausätze hatten. Auch diese können Preise im zweistelligen Bereich erzielen.

Frühe Airfix-Kataloge im kleinen DIN-A5-Querformat können eine angemessene Summe bringen. Die ersten stammen aus dem Jahr 1962, hatten einen farbigen Umschlag und einen schwarz-weißen Innenteil – und führten immerhin 137 Bausätze in zehn Kategorien. Die neuen Kataloge tendieren trotz teilweise viel größerer Aufmachung, perfekter Bindung und Bausatz-Listen mit detaillierten Informationen zu eher niedrigeren Preisen. Wie bei Bausätzen ist dies darauf zurückzuführen, dass es viel mehr von ihnen gibt. Lediglich bei Tamiya erzielen auch neuere Kataloge höhere Preise.

Vorführmodelle

Ein weiteres Sammelthema, das auf die Anfänge des Modellbaus zurückgeht und fast ausschließlich für amerikanische Modellbausatz-Firmen gilt, sind Ausstellungsstücke für Geschäfte. Diese waren ausschließlich für Modellbau-Läden gedacht und bestanden aus einem gebauten Modell auf einem

Ältere Kataloge sind sammelnswert. Obwohl heutige Farbkopien keine Wünsche offenlassen, werden Originale immer wertvoller.

Vorführmodelle sind sehr wertvoll. Dies ist eine Sammlung zum 50. Firmenjubiläum von Monogram im Jahr 1995.

Die meisten US-Unternehmen ließen Ausstellungsstücke für Geschäfte anfertigen. Die Nike Ajax-Rakete von Renwal stammt aus der Mark Mattei Collection.

Auch an den Original-Kunstwerken, die zur Gestaltung der Verpackung verwendet wurden, besteht Interesse. Hier sind das Original und die Box des »Jolly Rodger«-Bausatzes von MPC aus der Mark Mattei Collection zu sehen.

Rechts außen: Auch alte Sets – hier wieder aus der Mark Mattei Collection – können hohe Preise erzielen.

Pappsockel. Viele der großen US-Firmen gaben sie heraus – insbesondere Revell, Monogram und Adams.

Die Unternehmen produzierten diese Modelle selbst – sie hatten »Fertigungsstraßen« für den Zusammenbau, und einige Modelle waren gegenüber den Serien-Bausätzen sogar leicht modifiziert. So hatten manche Autos – trotz zu öffnender Motorhaube – oft keinen Motor, sondern lediglich eine Ölwanne, falls sich jemand das Modell genauer von unten ansehen wollte. Der Sockel war auf stabilem Karton gedruckt und war manchmal mit einem »Fenster« zum Schutz des Modells ausgerüstet. Das Modell war auf dem Sockel befestigt, und das Ganze war in einer speziellen Box verpackt, um an die Geschäfte geliefert zu werden.

Es gibt eine kleine, aber engagierte Gruppe von Sammlern für diese Ausstellungsstücke, sodass viele von ihnen sehr hohe Preise erzielen können – oft viel mehr als für ungebaute Original-Bausätze, weil die Stückzahlen relativ gering sind. Natürlich gibt es inzwischen auch einen Sub-Markt für Reproduktionen dieser Ausstellungsstücke.

Viele dieser Kits sind noch erhältlich, sodass sie eine gute Ausgangsbasis bilden. Dann – und vorausgesetzt, es findet sich ein Original – muss nur noch eine Farbkopie der Pappteile gemacht werden. Dies ist vielleicht nicht ganz so einfach wie es sich anhört, da viele dieser Sockel relativ groß sind und eventuell ein Farb-Plotter benötigt wird (oder die Kopie in Abschnitten durchgeführt werden muss). Die Kopien werden auf eine Pappunterlage geklebt, diese entsprechend dem Original gefaltet und mit dem gebauten Modell bestückt – fertig ist eine akzeptable Darstellung des Originals. In vielen Fällen waren die Sockel nur unwesentlich größer als die Modelle, sodass hier leicht Farbkopien erstellt werden können.

Selbst leere Verpackungen haben ihre Fans. Diese sind aus der Dean Milano Collection.

Und zum Schluss?

Werden moderne Modellbausätze irgendwann zu Sammlerstücken? Wenn wir das wüssten, wären wir alle bald Millionäre! Anders als in früheren Zeiten sind wir heute mit der Situation konfrontiert, dass sich die Leute über »Sammlerstücken« viel bewusster sind. »Sammlerstücke« werden genau als solche verkauft.

Ältere Originalausgaben sind fast immer wertvoller als Neuauflagen, auch wenn wie hier deren Plastikteile genau die Gleichen sind wie beim Original (oben).

Nur auf diesen beiden Auto-Bausätzen in 1:32 finden sich die Logos von Revell und AMT. Später stand nur noch Revell auf der Schachtel, und obwohl die Bausätze an sich durchaus sammelwürdig sind, sind nur diese beiden wirklich wertvoll.

Am seltensten in dieser Revell-Fahrzeugauswahl in 1:48 ist der Truck mit dem Berkins-Umzugs-Auflieger (unten). Dies liegt daran, dass das Spritzguss-Werkzeug zum Honest-John-Raketentransporter umgewandelt wurde (links oben).

Eine der wenigen Ausnahmen der »Je-älter-desto-seltener«-Regel bildet das Westinghouse-Atomkraftwerk von Revell. Dieses Original ist tatsächlich selten (und teuer), aber die zweite Auflage in einer deutlich schlichteren Schachtel ist seltener und erzielt daher höhere Preise.

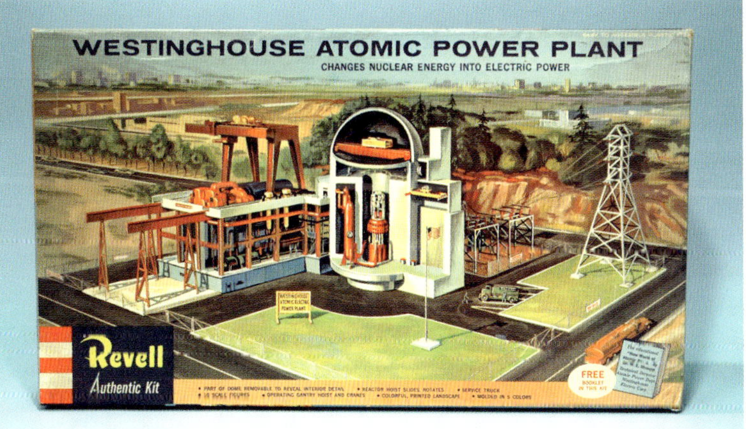

Es gilt der generelle Rat, wonach alles, was als »Sammlerstück« verkauft wird, alles mögliche werden kann, aber »sammelwürdig« im Sinne von »seinen finanziellen Wert mindestens erhalten«, wird es mit Sicherheit nicht! »Sammlerstücke« werden immer in großen Stückzahlen produziert, sodass jeder Wert, der ihnen zugewiesen wird, im Verhältnis zur Anzahl der Bausätze auf dem Markt steht. Der allgemeine Rat lautet daher: Kauft – und baut – etwas, das ihr mögt, aber nicht, weil es eines Tages ein »Sammlerstück« wird. Dies kann irgendwann ein Bonus sein, aber es ist in keiner Weise garantiert.

Diesen Adams-Bausatz der La Coquette aus *In 80 Tagen um die Welt* sieht man nicht oft im ungebauten Zustand – aber noch seltener zusammengebaut.

Ein weiterer Bausatz, den man kaum zusammengebaut, geschweige denn ungebaut zu Gesicht bekommt, ist das Unterwasserlabor Sealab III von Aurora – hier fotografiert beim jährlichen Wonderfest in Louisville, Kentucky, USA.

Kapitel 12

Clubs, Wettbewerbe, Ausstellungen und Fotografie

Im Laufe der Zeit hat sich ein merkwürdiges Phänomen entwickelt: Bausätze wurden »gesammelt«, aber tatsächlich nicht zusammengebaut. Das Sammeln von Dingen liegt zugegebenermaßen in der menschlichen Psyche, aber in der Regel hat das Sammeln nicht verhindert, dass das Objekt seine Aufgabe erfüllt, und in den meisten Fällen hat das Sammeln nicht die Benutzung des fraglichen Objekts verhindert.

Ein typischer Modelleisenbahn-Club. Dieser befindet sich mitten in Texas, aber abgesehen von den Gebäudetypen könnte er überall beheimatet sein.

Clubs

»Clubs« können von einer losen Vereinigung einiger Enthusiasten, die sich in ihren jeweiligen Wohnungen treffen und sich möglicherweise gar nicht als solche sehen, bis hin zur International Plastic Modellers Society (IPMS) reichen. Dies ist inzwischen die größte Modellbau-Organisation der Welt und hat in vielen Ländern der Welt Landesverbände. Alles begann 1963 in Großbritannien mit der PMS.

Wer hat die IPMS erfunden?

Amerikaner gehen davon aus, dass sie alles mögliche erfunden hätten. Tatsächlich trifft dies bei der IPMS zu – aber nur, weil ein amerikanischer Modellbauer 1964 eine US-Sektion der PMS gründen wollte und diese dadurch »International« wurde. Die ursprüngliche Idee stammt dennoch aus dem Vereinigten Königreich.

Heutzutage gibt es mindestens 62 Länder mit einer IPMS, darunter eine große Anzahl lokaler Clubs, die sich der IPMS angeschlossen haben, aber auch eine ganze Reihe, die dies nicht getan hat. Die IPMS hat auch Special Interest Groups (SIGs), die sich – wie der Name schon sagt – mit Spezialgebieten beschäftigen; diese reichen von bestimmten Herstellern – so gibt es eine Airfix-SIG – bis hin zu bestimmten Themen wie bei der What-If-SIG, die sich mit Projekten – vor allem Flugzeugen – beschäftigt, die geplant, aber nie gebaut wurden.

SIGs können über Clubs und sogar Länder hinaus über soziale Medien miteinander vernetzt sein. Es gibt SIGs, die sich auf die folgenden Themen spezialisiert haben (und dies ist keineswegs eine vollständige Liste):

- Kunstflugstaffeln
- Die Luftschlacht um England
- Bomberflotte
- Klassische britische Jets
- Die DC 3 /C47 Dakota
- Formel-1 und Motorsport
- Der Harrier
- Hot Rod und Custom-Cars
- Die Israelischen Verteidungsstreitkräfte
- Die Deutsche Luftwaffe
- NASA
- Die Portugiesische Luftwaffe
- Science-Fiction und Fantasy
- Die Spitfire

- US-Luftstreitkräfte im Zweiten Weltkrieg
- Vietnam

Blick von oben auf eine der britischen IPMS Scale Model World Shows in Telford. Dies ist nur eine von drei ähnlich großen Hallen!

Wettbewerbe und Shows

Clubs veranstalten Shows und Wettbewerbe, um individuellen Modellbauern, die den größten Teil des Jahres an einem Modell

Präsentationen der Special Interest Group für Kunstflugstaffeln (Aerobatic Display Teams) ...

... und für das Thema »Was wäre wenn?«.

gearbeitet haben, eine Chance zu geben, ihr Ergebnis zu zeigen. Die größte Show dieser Art ist generell die IMPS Nationals, auch bekannt als Scale Model World, die jedes Jahr Ende November in Telford in den britischen West Midlands stattfindet. Sie ist sogar größer als vergleichbare US-Shows, darunter die amerikanische Nationals – vor allem, weil sie nicht nur eine Show für britische Modellbauer ist, sondern auch für solche, die aus vielen anderen europäischen Ländern und sogar anderen Kontinenten angereist sind.

Die IMPS Nationals führt Wettbewerbe für die gesamte Bandbreite des Modellbaus durch, sodass jeder, der das vergangene Jahr mit dem Bau seines ganzen Stolzes beschäftigt war und möglicherweise daran denkt, seine Kreation einzureichen, eine Chance auf einen Preis hat. Aber wer teilnehmen will, muss erst einmal sein Modell zum Veranstaltungsort bringen.

Transport

Eine Sache, die Modellbauer früher oder später feststellen werden, ist die nicht sonderlich ausgeprägte Reisetauglichkeit von Modellen. Die von vielen Modellbauern in ihre Kreationen gesteckten Details sind so lange hübsch, wie das Modell nicht berührt oder bewegt wird. Und wenn ein Modell zu einem Wettbewerb transportiert oder auch nur auf einen Sockel gesetzt werden soll, muss es mit großer Sicherheit berührt und bewegt werden – und zwar ziemlich oft.

Einige Modelle sind leichter zu handhaben als andere und es hilft definitiv, wenn man sein Modell selbst transportiert – es zuhause einpackt, mit ihm reist und es am Ende der Reise auspackt, um es aufzubauen. Ein Militär-Diorama, bei dem alles auf einem soliden Sockel verankert ist, benötigt vielleicht nur einen passenden Karton, der sicher im Transportfahrzeug untergebracht werden kann.

Auch Automodelle sind relativ einfach zu transportieren, und wenn mehrere bewegt werden müssen, passt es, dass alle ähnlich groß sind. Sie sind auch nicht sehr hoch, sodass sich Gemüse- und Bananenkartons aus dem Supermarkt gut eignen (sie sind außerdem kostenlos und ein kleiner Beitrag zum Recycling). Man kann eine Luftpolsterfolie auf den Boden legen und die einzelnen Autos damit umwickeln – Vorsicht bei Details wie Außenspiegel, Zusatzscheinwerfer usw. –, dann werden sie mit noch mehr Luftpolsterfolie zwischen ihnen in die Kiste gepackt, sodass sie sich nicht bewegen oder herumrollen können. Diese Kartons haben auch den Vorteil, dass sie für die allgemeine Lagerung gestapelt werden können (da sie stabil genug sind, lassen sie sich nötigenfalls sehr hoch stapeln).

Der Transport von Flugzeug-Modellen kann schwieriger werden. Wenn sie stabil auf einem Sockel befestigt sind, ist das ein guter Anfang. Doch Flugzeuge haben in der Regel Schwachstellen: Die Fahrgestelle halten vielleicht das stehende Modell noch einigermaßen sicher, doch die bei einer Autofahrt entstehenden Kräfte können die dünnen Konstruktionen rasch überfordern. Eine Alternative wäre, sie für den Transport auf den Kopf zu stellen, sodass die Fahrgestelle nach oben zeigen. Doch in diesem Szenario bekommt man es

Für den Transport werden Modelle mit Schaschlikspießen auf Styropor-Platten gesichert …

… und diese in große Behälter verpackt.

jetzt mit labilen Propellerblättern, Antennen oder Geschütztürmen zu tun.

Eine Möglichkeit zur Entlastung ist die Verwendung einer Styroporplatte, in die um das Modell herum Schaschlikspieße gesteckt werden, um es zu fixieren. Diese Methode kann im Prinzip für jedes Modell angewendet werden, also auch Militärfahrzeuge oder Schiffe. Der Styropor-Sockel wird dann wieder in eine Bananenkiste oder Ähnliches gestellt.

Einzelne Figuren können in Luftpolsterfolie eingewickelt und in Kartons gelegt werden – aber auch hier muss auf abstehende Teile geachtet werden. Solche, die bereits auf Sockeln stehen, können etwas »kopflastig« sein (sie sind zumeist höher als breit), aber wenn es mehrere sind, werden sie einfach in einen Karton gestellt und vorsichtig mit Luftpolsterfolie getrennt und gestützt.

PACKEN MIT CHIPS

Styropor ist in Chip- oder (wegen seiner Form an ungeschälte Erdnüsse erinnernde) Peanut-Form als »Schüttgut« erhältlich, mit dem Lücken besser ausgefüllt werden können als mit Luftposterfolie, aber es ist schwerer zu handhaben, weil es dazu neigt, überall hin zu gelangen. Zunächst geht alles sehr einfach. Man packt das Modell in eine Schachtel und schüttet es mit Chips zu. Doch dies war nur der Anfang, denn am Ende der Reise muss alles wieder ausgepackt werden. Auch dies beginnt zunächst einfach: Das Modell wird vorsichtig aus der Schachtel gezogen und auf seinen Sockel gestellt. Wenn es jedoch erneut verpackt werden soll, kann es nicht einfach wieder in die Schachtel voller Chips gesetzt werden, weil diese sich nicht einfach um es herum legen. Man muss also die Chips ausschütten – was bedeutet, dass man sie in eine andere Schachtel oder eine Tüte packen muss. Dann wird das Modell wieder eingepackt und die Chips werden erneut darübergeschüttet. Jetzt werden mit Sicherheit einige Chips herausfallen und man muss sie einzeln vom Boden aufheben. Beim Verpacken mehrerer Modelle kann dies zu einer zeitraubenden und undankbaren Aufgabe werden!

Der Autor lagert seine fertigen Bausätze in Gemüsekartons. Diese eignen sich auch sehr gut für den sicheren Transport.

Wer beabsichtigt, seine Modelle öfter zu transportieren, kann sich spezielle Halterungen und Boxen für einzelne Modelle anschaffen oder anfertigen, doch dies ist ein wenig flexibles System und lässt sich nicht unbedingt einfach anpassen, wenn das ursprüngliche Modell durch ein anderes ersetzt werden soll.

Falls das Modell aus irgendeinem Grund nicht selbst transportiert werden kann, sondern per Post oder Kurier befördert werden muss, ist dies eine deutlich schwierigere Situation. Hier muss das Modell wirklich fest verankert werden, damit es sich nicht bewegen kann. Es muss so verpackt werden, dass es alle vorhersehbaren (und möglicherweise auch einige unvorhersehbare) Situationen überlebt. Da das Paket vielleicht nicht immer im Trocknen liegt, sollte es wasserfest sein. Auch darf nicht davon ausgegangen werden, dass Aufkleber mit Hinweisen wie »Zerbrechlich« oder »Oben« immer beachtet werden. Bei Auslandsversand muss möglicherweise eine Zollerklärung oder andere Formulare beigefügt werden. Nichts davon ist eine unlösbare Aufgabe, aber es erfordert sorgfältige Überlegungen und Planung.

Am anderen Ende der Reise muss man sich auf sympathische Leute verlassen können, die das Modell für die Ausstellung auspacken. Zumindest sollte man die Gewissheit haben, dass sie sehr wahrscheinlich selbst Modellbauer sind und daher die Schöpfung der Kreativität mit Respekt behandeln. Es könnte eine gute Idee sein, dem Paket spezielle Anweisungen beizufügen, die hilfreich sein könnten (z. B.:»Nur am Sockel anheben« oder »Modell ist nicht am Sockel befestigt«). Wenn das Modell an einem Wettbewerb teilnehmen soll und während des Transports beschädigt wurde, wissen die

Preisrichter in der Regel, dass solche Dinge passieren können, und werden die Einsendung mit Sympathie behandeln sowie alle ungeplanten Schäden ignorieren.

Klassifizierungen

Bei der Teilnahme an Wettbewerben ist es hilfreich, in der richtigen Kategorie oder Klasse anzutreten. Dies mag selbstverständlich erscheinen, wird aber erstaunlich oft falsch gemacht. Natürlich hilft es erheblich, wenn die Wettbewerbs-Ausrichter ihre Kategorien von vornherein korrekt einteilen, sodass ein sorgfältiges Studium aller Regeln und Vorschriften ausreicht. Manche Kategorien sind definierter als andere: Das Modell eines Formel-1-Autos ist ein Formel-1-Auto und passt daher in die Kategorie-Definitionen 1) Autos aller Art, 2) Rennwagen aller Art, 3) Formel-Autos.

Mit dem Modell eines Jeeps oder Land Rovers wird die Sache vielleicht schon unklarer. Als Zivilversion – rot oder blau lackiert – würde das Modell logischerweise in eine Fahrzeug-Klassifikation passen. Wenn das Auto allerdings in Olivgrün matt lackiert und mit einem Maschinengewehr auf dem Dach ausgerüstet ist, wird es wahrscheinlich besser in die Kategorie Militärfahrzeuge eingeordnet. Alternativ könnte es aber auch ein dystopisches Mad-Max-Szenario darstellen, sodass es besser in die SF-Klasse gehört.

Ein Modell der V2-Rakete könnte ähnliche Probleme aufwerfen. Wenn sie als Kriegswaffe gebaut wurde, liegt es nahe, sie zusammen mit dem Meillerwagen in der Klasse »Militärfahrzeuge« oder auch »Militär-Raketen« antreten zu lassen. Aber was ist, wenn sie als Forschungsrakete gebaut wurde, um auf der Missile Range in New Mexico gestartet zu werden? Dann ist sie zwar absolut baugleich mit der Kriegswaffe, erfüllt aber diesmal eine zivile Aufgabe. Wenn am Wettbewerb die Kategorien Forschungsraketen oder Weltraumraketen teilnehmen, sollte sie logischerweise hier platziert werden. Dies sollte man auf jeden Fall prüfen, bevor das Anmeldeformular eingeschickt wird.

Dioramen lassen sich oft am schwierigsten kategorisieren. Manche Wettbewerbe erlauben für ein einzelnes Modell einen gewissen Grad an »Dioramen-Merkmalen«, bevor es als Diorama eingestuft wird. Was Flugzeuge betrifft, sind viele, wenn nicht alle, mit Piloten und Besatzungsfiguren ausgerüstet. Aber was ist, wenn sie auf der Gangway stehen? Vielleicht ist dies noch erlaubt, aber darf dann noch die Figur eines Wartungs-Ingenieurs oder gar sein Auto gezeigt werden? Wenn nach einer gründlichen Lektüre der Regeln noch Fragen auftreten, muss die Organisationsleitung kontaktiert werden. Es gab schon viele Fälle, in denen ein gutes Modell keine Auszeichnung bekam, obwohl es diese verdient hätte, weil es gegen die Regeln verstieß und in der falschen Klasse angemeldet worden war. Bei manchen Wettbewerben dürfen Preisrichter ein Modell von der »falschen« in die »richtige« Kategorie verschieben, wo es eine bessere und faire Bewertung erhalten kann, aber dies ist nicht immer der Fall.

Jedem Modell, das für die Teilnahme an einem Wettbewerb gedacht ist, sollten idealerweise Details über den Zusammenbau beigefügt werden. Wenn eine Klasse einen »Bausatz mit Zubehörteilen« erlaubt, sollten diese exakt beschrieben werden, um den Preisrichtern zu helfen. Bei einem Modell eines sehr obskuren Objekts kann etwas Geschichte durchaus nützlich sein. Von den Preisrichtern wird erwartet, dass sie Experten auf ihrem Fachgebiet sind, aber selbst die Besten und Erfahrensten können nicht alles wissen.

Bei vielen Wettbewerben dürfen die Preisrichter das Modell anheben und bewegen, um es rundherum zu begutachten. Stellen Sie in diesem Fall sicher, dass sie wissen, was bewegt werden kann oder was nicht befestigt ist, damit sie entsprechend vorsichtig handeln können.

Ausstellungen

Selbst zu Hause soll ein Modell (oder sogar mehrere) irgendwo ausgestellt werden. Das Hauptproblem bei Modellen (und auch allen anderen Dingen) ist ihre Anziehungskraft auf Staub. Doch Modelle sind einzigartig, denn anders als beispielsweise Vasen können sie nicht leicht abgestaubt oder sogar gewaschen werden, denn sie haben meistens vorstehende Kleinteile, die beim herkömmlichen Abstauben abbrechen würden.

Daher sollten Modelle möglichst unter Abdeckungen stehen. Manche Modellbau-Firmen bieten dafür spezielle Vitrinen an, doch diese haben oft eine begrenzte Größe. Viele sind speziell für Autos konstruiert, und diese haben

– selbst beim Vergleich eines Minis mit einem Cadillac – vergleichbare Ausmaße. In diese Kästen passen aber auch kleine Flugzeug- und Schiffsmodelle. Große Modelle benötigen speziell gebaute Kästen oder eine ganze Vitrine mit Türen. Aber Vorsicht – auch eine vermeintlich dichte Tür schützt nicht vor eindringendem Staub. Man ist oft überrascht, wie viel Staub selbst durch Türen dringt, die nur selten geöffnet werden. Es staubt darin jedoch deutlich weniger, als wenn das Modell im Freien stehen würde.

Es gibt spezielle Staubsauger, die angeblich so empfindlich sind, dass sie ausschließlich den Staub von Modellen beseitigen, aber ihr Nutzen ist fraglich. Insgesamt ist immer noch das Entstauben mit einem großen Pinsel mit freien Borsten am besten. Dieser Pinsel darf nur für die Aufgabe verwendet werden, denn die Borsten eines Pinsels, mit dem gemalt wurde, verlieren trotz sorgfältiger Reinigung bald ihre Weichheit.

Bei großen Modellen darf es auch schon mal eine Art Kabinett sein, um sie auszustellen. Staub wird dennoch eindringen! Aus der Dean Milano Collection.

Fotografie

Das Fotografieren des fertigen Bausatzes hat immer seinen besonderen Reiz. Ursprünglich geschah dies mit analogem Negativ-Film, möglicherweise mit der Absicht, Bilder bei einer Modellbau-Zeitschrift einzusenden, um einen Preis bei »Leser-Kreationen« zu gewinnen. Jetzt hat fast jeder eine Digitalkamera, und sei es nur ein Handy. Inzwischen gibt es eine Vielzahl an Möglichkeiten, seine Fotos zu veröffentlichen. Vielleicht hat man eine Facebook-Seite oder sogar eine eigene Webpräsenz, auf der man seine Bilder der ganzen Welt zeigen kann.

Fotografie kann von einem eher zufälligen Schnappschuss des fertigen Modells, der

Beim Fotografieren eines Modells innerhalb eines Raums oder auch Studios wird es immer wie ein Modell aussehen.

Fotografiert man dagegen im Freien und gegen echten Himmel, verleiht dies dem Modell mehr Realismus. Dies ist die sowjetische Trägerrakete Nositel 1 von Real Space Models.

lediglich anzeigt: »Hier ist ein Modell, das ich gerade fertiggestellt habe!«, bis hin zu relativ einfachen Installationen reichen, die es möglichst echt aussehen lassen.

Digitalfotografie

Das Thema Analog- gegen Digitalfotografie sorgt für ewige Diskussionen, dennoch fotografieren die meisten Menschen heute digital. Die Digitalfotografie hat den Vorteil, dass man sofort das Ergebnis betrachten und nötigenfalls weitere Bilder aufnehmen kann, ohne wie beim klassischen Film ständig daran denken zu müssen, wie viele Aufnahmen noch möglich sind und ob ein neuer Film beschafft werden muss. Die Menge ist, abgesehen vom Speicherplatz, kein Kostenfaktor mehr. Die meisten Speicherkarten können Hunderte hochaufgelöste JPGs speichern. Allerdings gelten Tipps und Tricks aus der Analogfotografie auch bei der Digitalfotografie.

Ein potenzielles Hauptproblem, das die meisten Nutzer moderner Digitalkameras haben, ist die weitgehende Automatisierung ihrer Geräte und die in vielen Fällen geringen Kontrollmöglichkeiten über ihre Funktion. Das Aufnehmen eines Bildes hängt – egal, ob analog oder digital – vor allem von zwei Faktoren ab: der Belichtungszeit und der Lichtmenge, die durch das Objektiv fällt. Letztere wird durch die Blende gesteuert und als Blendenwert bezeichnet. Meistens reicht diese von 2,8 bis 32; bei 2,8 ist die Blende vollständig geöffnet und bei 32 nur ganz wenig. Je größer die maximale Blendenöffnung, desto kürzer kann die Belichtungszeit sein – dies hat allerdings seinen Preis: Ein lichtempfindlicheres Objektiv mit einer Lichtstärke von 1,8 wird wahrscheinlich mindestens doppelt so viel kosten wie eines mit der Blendenzahl 2,8.

Je weiter die Blende geöffnet wird, desto geringer ist die Schärfentiefe, und diese ist bei Aufnahmen von Modellen sehr wichtig, da der Abstand zur Linse deutlich geringer ist als bei Aufnahmen von den entsprechenden »echten« Objekten (Autos, Flugzeuge usw.) und sich hier ein Bereich von 20 Zentimeter zwischen der Front und dem Heck eines Automodels stärker auswirkt als die fünf Meter eines echten Autos.

Die Verschlusszeit steht im direkten Gegensatz zur Blendenzahl. Je kleiner die Blende, desto größer die Schärfentiefe, aber auch desto länger muss die Belichtungszeit dauern, sodass bei Freihand-Aufnahmen Verwackelungen entstehen. Daher sollten die meisten Modell-Aufnahmen mit einem Stativ gemacht werden.

Viele Digitalkameras arbeiten standardmäßig in einem Automatikmodus und gleichen anhand des gemessenen Lichts die Verschlusszeit mit der Blende ab, damit die Elektronik einen Kompromiss daraus macht. Ein Ratschlag lautet daher, eine Kamera zu verwenden, bei der die Einstellungen manuell geregelt werden können, im Idealfall eine Spiegelreflexkamera – heute DSLR (Digital Single Lens Reflex) genannt, weil hierbei der Betrachter durch das Objektiv blickt und dann ein Spiegel umklappt, um das Bild auf den Film oder Bildsensor zu lenken. Diese Kameras haben auch austauschbare Objektive, sodass das Passende für die jeweilige Aufgabe ausgewählt werden kann. Hier kann beispielsweise die Blendenöffnung auf den kleinsten Wert, z. B. f-32, eingestellt und dann die Belichtungszeit auf einen relativ langen Wert angepasst werden, beispielsweise 1/15 Sekunde – hierbei wird auf jeden Fall ein Stativ benötigt.

Modelle effektiv fotografieren

Bei Modellen sollte generell auf die Verwendung eines Blitzes verzichtet werden, was wiederum bei einigen »vollautomatischen« Kameras ein Problem werden kann. Dies gilt vor allem, wenn das Modell möglichst echt aussehen soll. Aufgrund der Nähe einer solchen Aufnahme würde dies das ganze Bild sehr flach aussehen lassen, zudem wird es Bereiche mit Überbelichtungen und seltsamen Reflexionen geben, die diese überbetonen. Mit mehreren externen Blitzgeräten (aber nicht dem an der Kamera selbst) lassen sich ausgewogene Blitz-Belichtungen erzielen, aber dies erfordert zusätzliche Spezialausrüstung. Soweit im Freien bei natürlichem Licht fotografiert werden kann, bringt dies in der Regel hervorragende Resultate. Eine leichte Bewölkung verhindert harte Schatten und die Beleuchtung wird insgesamt sehr ausgewogen sein.

Im Innenbereich funktionieren Fotolampen deutlich besser als Blitze, doch auch diese erfordern Spezialausrüstung. Es gibt kleine Lichtkästen, die für Fotoaufnahmen von kleinen Objekten gedacht sind – also auch für die meisten unserer Modelle; aber auch diese

Die Viking-Landesonde von Real Space Models ist auf dem Mars gelandet: Er hat eine Kakao-Oberfläche!

müssen gekauft werden. Im Haus vorhandene Lampen können ebenfalls verwendet werden – und jede ungewollte Farbtemperatur, die das Bild allzu rötlich oder bläulich macht, kann mit dem Fotobearbeitungs-Programm am Computer korrigiert werden.

Auch der Aufnahmewinkel ist wichtig. Wenn es nur darum geht, das Modell »als Modell« abzubilden, bringt vielleicht ein höherer Winkel – etwa eine Dreiviertelansicht von vorn – die Struktur des Flugzeugs am besten zur Geltung. Soll jedoch das Modell möglichst »echt« dargestellt werden, müssen ein paar Tricks aus der Spezialeffekte-Miniaturfilmindustrie zum

Der Beweis: Ein von der echten Viking gesendetes Bild.

Dreharbeiten für eine Miniatur aus einer frühen Doctor Who-Episode *(City of Death)*. Die Filmkamera ist so tief wie möglich angebracht.

Das Ergebnis der tief montierten Kamera: Blick von unten auf das Raumschiff.

Einsatz kommen. Hier galt immer die Grundregel, die Aufnahme von so weit unten wie möglich zu machen, um so das Auge des Betrachters zu imitieren.

Angesichts der Tatsache, dass die meisten Menschen aus einer Höhe von 1,50 bis 1,70 Meter auf ein Objekt blicken, bedeutet dies, dass die Höhe des Kameraobjektivs auf eine maßstabsgerecht vergleichbare Höhe gebracht werden muss und somit praktisch auf der Grundplatte des Modells landet und leicht nach oben schauen muss. Dies hängt natürlich vom Maßstab des Modells ab: Je größer der Maßstab, desto unwichtiger ist es, aber die meisten Modelle sind bekanntlich eher klein. Dies ist nicht auf alle Umstände anwendbar. Ein Foto eines Flugzeug-Modells »im Flug« wird immer wie ein Modell aussehen, aber sogar viele echte Flugzeuge sehen im Flug fotografiert »modellhaft« aus, da nichts anderes zum Vergleich aufgenommen werden kann. Diese Begründung gilt jedoch für die meisten Gegebenheiten.

Der Sockel-Typ mit der Neigung an der Vorderseite wird bei vielen Spezialeffekten für Miniaturfilm-Aufnahmen verwendet. Hier demonstriert vom inzwischen verstorbenen Spezialeffekte-Supervisor Ian Scoones.

Ein weiterer Vorteil von Digitalkameras sind Belichtungsreihen – man kann also eine Reihe von Bildern machen, bei denen die Einstellungen von etwas unterbelichtet über neutral bis leicht überbelichtet variieren. Viele Digitalkameras des oberen Preissegments können so eingestellt werden, dass sie solche Reihen automatisch aufnehmen. Dies ist auch bei der analogen Fotografie möglich, doch müssen hier die Einstellungen nach jedem Einzelbild von Hand geändert werden. Dies bedeutet, dass man auswählen kann, welche Belichtung am besten funktioniert, allerdings können mit den meisten Bildbearbeitungs-Programmen ähnliche Ergebnisse erzielt werden. Das berühmteste dieser Programme ist Photoshop, aber auch andere wie ACDSee oder eigene Programme der Kamerahersteller sind erhältlich. Früher war es so, dass beim Fotografieren ein Großteil der Arbeit vor der Aufnahme erledigt werden musste – neben den Einstellungen für die richtige Belichtung mussten auch Filter eingesetzt werden, um bestimmte Effekte zu erzielen. Heutzutage kann die meiste Arbeit nach der Aufnahme durchgeführt werden.

Treffpunkte

Auch wenn das World Wide Web die meisten Lebensbereiche einschließlich des Modellbaus beherrscht, sind Wettbewerbe, Ausstellungen und Messen immer noch eine gute Möglichkeit, andere Modellbauer zu treffen und sich mit ihnen – um den modernen Begriff zu verwenden – zu vernetzen.

Auf solchen Shows sind in der Regel auch Händler anzutreffen, und viele davon besuchen heutzutage vor allem Modellbau-Ausstellungen, weil sie keine eigenen Läden mehr besitzen und nur noch hier auf echte Menschen treffen. Wer also nicht online kaufen möchte (was schwierig werden kann, wenn man nicht absolut sicher ist, was man haben möchte), sind persönliche Gespräche mit Verkäufern auf Messen eine ideale Alternative.

Neben den Wettbewerbs-Elementen und den Händlern sind Modellbau-Ausstellungen natürlich auch ein Ort, wo man Menschen trifft, die ähnliche Interessen haben wie man selbst. Trotz einiger lokaler Vereine gibt es viele Modellbauer, die nicht in Clubs organisiert sind und lieber

Oben: Treffpunkt Modellbau-Ausstellung. Dies ist der Stand von Timeless Hobbies auf der Scale Model World.

Rechts oben: Der Kauf eines passenden Modells wird durch das persönliche Gespräch erleichtert. Hier berät Paul Fitzmaurice (rechts), Chef von Modelling Tools bei einer Veranstaltung des Milton Keynes Scale Model Clubs.

Rechts: Auch Hersteller wie Airfix zeigen auf der Scale Model World ihre neuen Produkte.

Messen besuchen. Vielleicht ist dies der Ort, an dem man einen lokalen Verein ausfindig macht und Kontakt aufnehmen kann. Vielleicht ist es sogar an der Zeit, dem Club beizutreten.

Der Revell-Stand auf einer früheren iHobby-Ausstellung in Chicago.

Verweise und Hersteller

Wer heutzutage an Recherche denkt, kommt leicht zu der Aussage, alles »im Netz« zu finden. Zu einem großen Teil stimmt dies auch, allerdings mit der Einschränkung, dass das Internet manchmal einfach zu viele Informationen bietet. Es ist also nicht immer leicht, die gewünschten Informationen von den unerwünschten zu unterscheiden; in vielen Fällen kann dies zu extremen Frustrationen führen! Aber es gibt ja auch noch die guten alten Papier-Quellen (Bücher und Zeitschriften), die immer noch eine wichtige Rolle spielen. Außerdem hat auch heute noch nicht jeder einen Computer, ein Tablet oder ein Smartphone mit direktem Internetzugang. Ihnen bleibt immer noch die Möglichkeit, in Büchereien, Kommunalzentren, Hochschulen oder Internet-Cafés online zu gehen.

Besteht also Zugang zum Internet, ist der wichtigste Punkt bei der Suche, dass sie nur so gut sein kann wie die eingegebenen Fragen oder Informationen – und selbst dann funktioniert sie nicht immer. Bedenken Sie immer, dass Computer generell dumm sind, und obwohl man selbst bei der Eingabe von »Harrier« an ein senkrecht startendes Kampfflugzeug denkt, werden Suchmaschinen vor allem Informationen über die Greifvogelgattung aus der Familie der Habichtartigen (»Weihen«) ausgeben. Also muss man Schlüsselwörter eingeben – also beispielsweise »Harrier Flugzeug« oder »Harrier Senkrechtstarter«. Doch selbst wenn man sehr spezifische Formulierungen eingibt, kann man sich oft fragen, nach welcher Logik die Algorithmen der Suchmaschinen eigentlich funktionieren.

Websites für Modellbauer

Zunächst sei darauf hingewiesen, dass zumindest der englische Begriff »Model« im Internet sehr unterschiedlich interpretiert wird (auch wenn die Ursprünge beider »Models« mehr oder weniger die gleiche Bedeutung haben). Seien Sie also gewarnt!

Beachten Sie auch, dass die meisten Websites viele Verknüpfungen (»Links«) zu verwandten Seiten haben.

»Etablierte Unternehmen« bezieht sich hier auf Firmen, die Modellbausätze aus Polystyrol produzieren, welche in normalen Spielzeug-, Hobby- oder Modellbau-Geschäften (vorausgesetzt, es existieren noch welche in der Nähe) erhältlich sind. »Spezialisierte Unternehmen« sind dagegen zumeist sehr kleine Betriebe, die Bausätze aus allen möglichen Materialien – außer Polystyrol – herstellen, welche nur in spezialisierten Modellbau-Geschäften und/ oder per Post direkt über die Website der Firma erhältlich sind.

Für die meisten Betriebe sind E-Mail-Adressen und Websites verfügbar, doch muss bedacht werden, dass nicht alle Websites mit »www.« beginnen. Allen genannten Seiten muss noch »http://« vorangestellt werden (obwohl die meisten Browser dies heute automatisch machen). Und natürlich kann keine Garantie dafür gegeben werden, dass die Seite noch existiert.

ETABLIERTE UNTERNEHMEN

Dies sind die meisten der großen Unternehmen, die heute Bausätze produzieren. Um als »etabliertes Unternehmen« zu gelten, muss das Modell vorwiegend aus Polystyrol bestehen (es dürfen andere Materialien wie Gießharz, Fotoätzteile, Weißmetall oder anderes beigefügt sein). Falls die Modelle einer Firma vorwiegend aus Harz bestehen, wird diese unter »Spezialisierte Unternehmen« aufgeführt.

ACADEMY

Academy Plastic Model Co. Ltd.
521-1, Yonghyeon-dong, Uijeangbu-si, Gyeonggi-du, Südkorea
Der größte koreanische Modellhersteller arbeitete früher mit Minicraft in den USA zusammen, doch diese Verbindung wurde 1997 gelöst.
www.academyhobby.com (englisch)

ACE MODEL

Ace Model, Ukraine
Stellt militärische Modelle im Maßstab 1:72 und 1:35 her.
www.acemodel.com.ua/en (englisch)

AFV-CLUB

Hobby Fan Trading Co.
Nr. 7, Alley 7, Lane 225, Mintsu West Road, Taipeh, Taiwan
Gegründet in den späten 80er Jahren, um Bausätze zu Themen herzustellen, die von anderen Unternehmen nicht behandelt werden. Diese waren in erster Linie militärisch, umfassen jetzt aber auch Flugzeuge.
www.hobbyfan.com.tw (englisch)

AIRFIX

Hornby Hobbies Ltd, Margate, Kent CT9 4JX, Großbritannien
Einer der ersten Hersteller von Modellbausätzen und immer noch einer der bekanntesten Namen weltweit. Im Laufe der Jahre wurde eine breite Themenpalette, insbesondere Flugzeuge abgedeckt. Jetzt im Besitz von Hornby (zusammen mit Humbrol, Corgi, Scalextric und Hornby Railways). Vertrieb in Deutschland über Faller und Glow2B.
www.airfix.com (englisch)

AMODEL

Exklusivvertrieb: IBG, Benedykta Hertza 2 04 – 603, Warsawa, Polen
Ukrainisches Unternehmen, gegründet 1995, mit einer breiten Palette von Flugzeug-Modellen in den meisten gängigen Maßstäben von 1:32 bis 1:144. Verwendet vorgefertigte Teile für einige der Rümpfe der großen Raumgleiter Mjasischtschew und Buran. Vertrieb in Deutschland über Glow2B.
de.ibg.com.pl/de,producent,amodel,7,1,name,asc.html (englisch, teilweise deutsch)

AMT

Round 2 Models, 4073 Meghan Beeler Drive, South Bend, IN 46628, USA
Eine der Ur-amerikanischen Modellbau-Firmen, die vor allem für ihre Automodelle bekannt war. Brachte die ersten »Star Trek«-Bausätze und das berühmte fünfteilige »Man in Space«-Set heraus. Zuerst von Lesney, dann von Ertl aufgekauft, die wiederum von RC2 (Racing Champions) geschluckt wurden. Folglich schloss man sich mit seinem ursprünglichen Konkurrenten MPC zusammen, die ebenfalls von Ertl gekauft worden waren. Beide Unternehmen wurden dann 2009 von der neuen Firma Round 2 übernommen. Vertrieb in Deutschland über Faller.
www.round2corps.com (englisch)

AOSHIMA

Aoshima Bunka Kyozai Co Ltd, 12-3 Ryutsu Centre, Shizuoka City, Japan 420
Eine der ältesten Modellbau-Firmen der Welt, die bereits in den 20er-Jahren mit der Herstellung von Holzbausätzen begann. In den frühen 60er-Jahren wechsel zu Kunststoff. Produziert noch heute eine breite Modellpalette.
www.aoshima-bk.co.jp (englisch)

ATLANTIS MODELS

Atlantis Toy and Hobby Inc., 435 Brook Avenue Unit-16, Deer Park, NY 11729, USA
Gegründet im Jahr 2009 von Peter Vetri und Rick DelFavero, den ehemaligen Besitzern von Megahobby.com. Anfänglich wurden mit gekauften Werkzeugen alte Bausätze neu aufgelegt, dann aber wurde eine eigene Serie von »fliegenden Untertassen« hergestellt. Anfang 2018 erwarb das Unternehmen einen Großteil der Werkzeuge von Revell-Monogram, Aurora- und Renwal, als die Revell-Gruppe nach dem Zusammenbruch von Hobbico ihre Geschäftstätigkeit einstellte. Vertrieb in Deutschland über Faller.
www.atlantis-models.com (englisch)

AZ MODEL

AZ Model, Nad vápenkou 364, Křenice u Říčan, 250 84 Praha – východ, Tschechische Republik
Gegründet im Jahr 1997. Produziert Flugzeug-Bausätze in den Maßstäben 1:144, 1:72 und 1:48 sowie Abziehbilder.
www.azmodel.cz (englisch)

BANDAI

Bandai Co., Ltd, 5-4 2-chome, Komagata, Taito-ku, Tokio, Japan
Bekannter japanischer Spielzeughersteller, der im Laufe der Jahre auch Bausätze hergestellt hat – oft klassische japanische Anime-Figuren, aber auch traditionellere Modellbau-Objekte. In jüngster Zeit gab es neue und sehr detaillierte »Star-Wars«-Modelle, einige wurden von Revell Deutschland für Europa neu aufgelegt.
www.bandai-hobby.net/global/index.html (englisch)

BIGMODEL

»Bielwood«, 43-332, Pisarzowice Ul. Szkolna 59, Polen
Produziert vor allem Verkehrsflugzeuge im Maßstab 1:144. Andere Flugzeuge und Militärfahrzeuge sind in Standardmaßstäben geplant.

BRONCO

Ningbo Weijun (Bronco) Mould & Plastic Co. Ltd, Building D. Nr. 688, Ling Feng Shan Road, Beilun, Ningbo, China
Eines der jüngeren chinesischen Unternehmen, gegründet im November 2004. Stellt eine breite Palette von Flugzeugen, Militärfahrzeugen und Schiffen in verschiedenen Standardmaßstäben her. Vertrieb in Deutschland über Glow2B.
www.glow2b.de

DAPOL

Dapol Ltd., Gledrid Industrial Park,
Chirk, Wrexham LL14 5DG, Großbritannien
Dapol wurde 1983 von David Boyle gegründet und handelt hauptsächlich mit britischen 00- und N-Spur-Modellbahnartikeln. Das Unternehmen erwarb 1985 das Airfix-Sortiment an Gleisanlagen-Zubehör und Rollmaterial (einschließlich der Kitmaster-Reihe).
www.dapol.co.uk (englisch)

DOYUSHA

Doyusha Model Co. Ltd., 4-27-21,
Arakawa, Arakawa-ku, Tokio, Japan
Einer der älteren japanischen Namen, der immer noch eine breite Palette von Bausätzen anbietet.
www.doyusha-model.com (englisch)

DRAGON

Dragon Models Ltd., B1, 10/F, Kong Nam Industrial Building, 603-609 Castle Peak Road, Tsuen Wan New Territories, Hongkong
Hersteller von Flugzeug-, Militärfahrzeug- und Weltraum-Bausätzen. Vertrieb durch Hobby Pro Marketing GmbH, Graz, Österreich.
www.dragon-models.com (englisch)

EASTERN EXPRESS

Nizhnyaya Syromyatnicheskaya, 11, 105120 Moskwa, Russland
Gegründet 1992 in Moskau. Stellt vor allem Flugzeug- und Militärmodelle, aber auch einige Figuren und sogar das ehemalige Frog-Feuerschiff South Goodwin her!
www.ee-models.ru (englisch)

EBBRO

Ebbro, 7- 7 Chiyoda 7-chome, Aoi-ku, Shizuoka City, Japan
Gegründet im Jahr 1998. Spezialisiert auf Formel-1-Rennwagen und französische Fahrzeuge im Maßstab 1:20 und 1:24. Auch ein Honda Jet im Maßstab 1:48 ist im Programm.
www.ebbro.co.jp (englisch)

EDUARD

Eduard Modellzubehör, Mirova 170,
435 21 Obrnice, Tschechische Republik
Gegründet 1989, um zunächst Zubehör, hauptsächlich Fotoätzteile, für Bausätze anderer Hersteller herzustellen. Die Firma hat sich auf hochdetaillierte Spritzguss-Styrol-Bausätze spezialisiert, hauptsächlich Flugzeuge in Standardmaßstäben. Vertrieb in Deutschland über Glow2B.
www.eduard.com (englisch)

EMHAR

Bachmann-Europe PLC, 13 Moat Way, Barwell,
Leicester LE9 8EY, Großbritannien
Eine ursprünglich von Toyway gegründete Marke wurde von Pocketbond übernommen, die dann ihrerseits von Bachmann-Europe aufgekauft wurde. Stellt Flugzeuge und Militärfahrzeuge in 1:72 und eine einzigartige Reihe von Bedford-Lastwagen in 1:24 her. Vertrieb in Deutschland über Faller.
www.pocketbond.co.uk (englisch)

ENCORE MODELS

Schwadron, 1115 Crowley Drive, Carrollton,
TX 75006-1312, USA
Von der Modell-Vertriebsfirma Squadron verwendete Bezeichnung für Bausätze, die sie von anderen Herstellern übernommen hat. Siehe auch »Squadron« unter »Vertriebsfirmen«.
www.squadron.com (englisch)

FALLER

Gebr. Faller GmbH, Kreuzstraße 9, 78148 Gütenbach, Deutschland
Deutschlands bekanntester Hersteller für Modellbahn-Zubehör. Vieles ist vormontiert und »ready-to-roll«, aber viele der Gebäude sind auch als Bausätze erhältlich und können an andere Szenarien angepasst werden. In der Vergangenheit hat Faller auch Bausätze für Flugzeuge hergestellt. Inzwischen vertreibt Faller exklusiv für Deutschland die Produkte berühmter Firmen von Airfix über Glencoe bis Trumpeter.
www.faller.de

FINEMOLDS

53-2 Matoba, Oitsu, Toyohashi, Aichi 441-3301, Japan
Hersteller von speziellen Modellbausätzen, einschließlich »Star-Wars«-Themen.
www.finemolds.co.jp (japanisch)

FROG

Hobby Bounties & Morgan Hobbycraft Centre, 865 Mountbatten Road #0291/92 , Katong Shopping Centre, Singapur 437844, Republik Singapur
Der ursprüngliche britische Modellname, jetzt als anglo-singapurisches Unternehmen im Besitz von Hobby Bounties, bringt einige neue Bausätze und einige Frog-Originale heraus.
www.hobbybounties.com (englisch)

FUJIMI

Fujimi Mokei Co. Ltd., 4-21-1 Toro, Shizuoka, Japan
Gegründet 1948 als Hersteller von Schiffsmodellen aus Holz, wurde um 1970 auf Plastik-Bausätze aller Bereiche umgestellt:

Flugzeuge, Autos, Schiffe und Militärfahrzeuge. Fujimi ist eines der größeren japanischen Modellbau-Unternehmen.
www.fujimimokei.com (japanisch)

GLENCOE MODELS

Glencoe Models LLC, PO Box 337, Rochdale, MA 01542, USA
Das 1987 von Nick Argento gegründete Unternehmen hat viele klassische Bausätze neu aufgelegt, darunter solche von Strombecker, ITC, Adams und Hawk. Vertrieb in Deutschland über Faller.
www.glencoemodels.com (englisch)

GREAT WALL HOBBY / G.W.H.

Shanghai Lion Roar Art Model Co. Ltd, Raum 210, Nr. 87, Lane 410, Long Wu Road, Shanghai P.R., China
Modellbausatz-Abteilung von Lion Roar, die vor allem große Flugzeuge baut und für das chinesische Raumfahrprogramm arbeitet. Der Name Lion Roar wird für Umbausätze verwendet. Vertrieb in Deutschland über Glow2B.

HASEGAWA

Hasegawa Seisakuso Co Ltd,
3-1-2 Yagusu Yaizu Shizuoka 425-8711, Japan
Einer der größten japanischen Bausatzhersteller mit einer breiten Palette von Themen: Militärfahrzeuge, Flugzeuge, Autos, Schiffe und Verkehrsflugzeuge. Vertrieb in Deutschland über Faller.
www.hasegawa-model.co.jp (englisch)

HAWK

Round 2 Models, 4073 Meghan Beeler Drive,
South Bend, IN 46628, USA
Eine der ältesten Modellbau-Firmen der USA, die eine breite Palette von Modellen herstellt. Der Name und die Werkzeuge wurden 2013 von Round 2 übernommen. Einige Hawk-Bausätze wurden neu aufgelegt.
www.round2corp.com/hawk-model-kits (englisch)

HELLER

Heller Joustra S.A, Chemin de la Porte, 61160 Trun, Frankreich
Gegründet 1957 von Léo Jahiel. Seitdem hat das Unternehmen mehrere Eigentümer, darunter auch die Verbindung mit Airfix, als beide zu Humbrol gehörten. Es wurde jedoch nicht zusammen mit Airfix und Humbrol aufgekauft, als diese von Hornby übernommen wurden, sondern wurde wieder ein unabhängiges Unternehmen. Es gibt viele seiner eigenen klassischen Bausätze und einige neue heraus, darunter Flugzeuge, Schiffe (mit und ohne Segel) sowie Autos. Den ganz eigenen (einzigartigen) Maßstab 1:125 setzt man für einige Luft- und Raumfahrtthemen ein. Anfang 2019 wurde Heller von dem deutschen Unternehmen Glow2B in Radevormwald übernommen.
www.heller.fr (deutsch, englisch)

HK MODELS

Hong Kong Models, Flat 12, 12/F, Tak Lee Industries Center, Tsing Yeung Street, Tuen Mun, New Territories, Hongkong
Gegründet 2010 zur Herstellung großer, hochdetaillierter Flugzeug-Modelle im Maßstab 1:32.
www.hk-models.com (englisch)

HOBBY BOSS

Yatai Electric Appliances Co, Ltd, Nan Long Industrial Park, San Xiang, Zhong Shan, Guang Dong 528463, China
Eines der jüngeren chinesischen Unternehmen, das hochwertige Flugzeug-, Schiffs- und Militärfahrzeug-Bausätze herstellt. Vertrieb in Deutschland über Faller und Glow2B.
www.hobbyboss.com (englisch)

HORIZON MODELS

Horizon Models Pty Ltd, PO Box 305,
Drummoyne NSW 2047, Australien
Ein neues Unternehmen, das 2015 von Tony Radosevic gegründet wurde und dessen erste Bausätze sich mit frühen amerikanischen Weltraumthemen beschäftigen. Viele Modelle enthalten Fotoätzteile.
www.horizon-models.com (englisch)

IBG MODELS

IBG, Benedykta Hertza 2 04 - 603, Warsawa, Polen
Hersteller einer breiten Palette von Militärfahrzeugen, Schiffen und Flugzeugen in traditionellen Maßstäben. Vertreibt auch viele andere Marken und ist Exklusivvertrieb für Amodel.
de.ibg.com.pl (englisch)

ICM

ICM Holding, 9 Boryspilska str.,
Building 117, 02099 Kyiv, Ukraine
Eines der neuen Unternehmen, die aus der Unabhängigkeit der Ukraine hervorgegangen sind. ICM stellt Flugzeuge und Militärfahrzeuge her, viele davon aus der Zwischenkriegszeit, außerdem Figuren und zivilo Fahrzeuge im Militär-Maßstab 1:35. Einige wurden auf 1:24 hochskaliert, darunter Ford Model T-Bausätze. Vertrieb in Deutschland über Glow2B.
www.icm.com.ua (englisch)

ITALERI

Italeri S.p.A., via Pradazzo, 6/b,
1-40012 Calderara di Reno, Bologna, Italien
Das Unternehmen wurde in den 60er Jahren gegründet und hat zwei Namensänderungen durchlaufen: Es hieß ursprünglich Artiplast, wurde dann in Italereri umbenannt und später zu Italeri vereinfacht. In den letzten Jahren hat Italeri die ehemaligen italienischen Konkurrenten ESCI (von Ertl) und Protar (berühmt für seine Motorräder) übernommen und arbeitet heute mit Testors in den USA und Revell in Deutschland zusammen. Das Unternehmen stellt eine breite Palette verschiedenster Bausätze her.
www.italeri.com (englisch)

KAIYODO

Kaiyodo 19-3, Yanagi-machi Kadoma-shi,
Osaka, 571-0041, Japan
Produziert hauptsächlich japanische Artikel, vor allem Figuren. Sie stellen auch ein noch größeres Raumschiff Discovery (aus 2001: Odyssee im Weltraum) als Moebius her.
www.kaiyodo.co.jp (japanisch)

KP MODELS

Kovozávody Prostějov, Nad vápenkou 364, Křenice u Ričan, 250 84, Praha východ, Tschechische Republik

Hersteller von Flugzeug-Modellen im Maßstab 1:144, 1:72 und 1:48. Firmiert unter der gleichen Adresse wie AZ Modell.

www.kovozavody.cz (englisch)

LINDBERG

Round 2 Models, 4073 Meghan Beeler Drive, South Bend, IN 46628, USA

Einer der ältesten amerikanischen Bausatz-Hersteller, der in den 30er Jahren als O-Lin begann. Hersteller des ersten »Vollplastik-Raumfahrt-Bausatzes«: der Fliegenden Untertasse/UFO im Jahr 1954. Der Name und die Werkzeuge wurden 2013 von Round 2 übernommen, wobei einige Bausätze als »New Lindberg« neu aufgelegt wurden. Vertrieb in Deutschland über Faller.

www.round2corp.com/brand/lindberg (englisch)

MACH-2

17 rue Emile Combs, 78800 Houilles, Frankreich

Inhaber: Didier Palix. Mach-2 beschäftigt sich hauptsächlich mit Flugzeugen und einigen Fahrzeugen. Dazu gehören die Lift-Off-Reihe von Raketen-Modellen im Maßstab 1:48, die auf der Thor-Delta-Trägerrakete basieren, und eine 1:72-Reihe von sowjetischen/russischen A-Type-Raketen. Obwohl in Polystyrol gegossen, verwendet Mach-2 Spritzguss-Techniken für kleine Serien.

www.mach2.fr (englisch)

MARUI

Tokyo-Marui, A5-17-1 Ayase, Adachi-ku, Tokio 120, Japan

Das 1965 gegründet Unternehmen produzierte zunächst Bausätze sowie motorisierte Autos, Schiffe und Werkzeuge. Dann begann man mit der Produktion von Gewehren und anderen Waffen im Maßstab 1:1 (manchmal mit Gas oder elektrisch angetrieben), die zur Spezialität des Unternehmens geworden sind. Neben dem sportlichen Einsatz werden viele dieser Produkte auch in der Filmindustrie eingesetzt. Das Geschäft mit ferngesteuerten Autos ist immer noch stark, aber der Bereich der konventionellen Bausätze ist zurückgegangen.

www.tokyo-marui.co.jp (japanisch)

MASTER BOX

Ukraine

Eines der neuen Unternehmen, die in der Ukraine entstanden sind. Master Box hat eine Reihe von Militärfahrzeugen und viele Figuren im gleichen Maßstab 1:35. Das Unternehmen hat auch einige hochdetaillierte Figuren im Maßstab 1:24, darunter moderne Trucker und Anhalter, US-Polizisten und Verbrecher, Figuren aus dem Alten Westen, Weltraum-Opern und der griechisch Mythologie. Vertrieb in Deutschland über Glow2B.

www.mbltd.info (englisch)

MENG

Rui Ye Century (Shenzhen) Hobby Co. Ltd, Rm. 3016, Blk. A, Galaxy Century Bldg., 3069 Caitian Road, Futian District, Shenzhen, Guangdong, China

Gegründet 2011 zur Herstellung hochwertiger Modelle, hauptsächlich Militärmodelle, aber auch einige Schiffe und Autos. Es gibt eine Reihe moderner ungepanzerter Militärfahrzeuge im Maßstab 1:35 und einen Hummer in 1:24. Vertrieb in Deutschland über Faller und Glow2B.

www.meng-model.com (englisch)

MINIART

MiniArt Models Ltd, 144 B Kharkivske Highway, 02091 Kijew, Ukraine

MiniArt wurde 2001 gegründet und gehört damit zu den jüngeren Modellbau-Firmen der Ukraine. Das Unternehmen stellt eine Reihe von Militärfahrzeugen im Maßstab 1:35, aber auch eine breite Palette von Dioramen-Gebäuden, Teilen und Zubehör her – deutlich mehr als jede andere Firma. Diese sind in 1:35, können aber auch an andere Maßstäbe angepasst werden. Einige Gebäude werden in 1:72 hergestellt und es gibt auch eine Reihe von Figuren in 1:16. Vertrieb in Deutschland über Glow2B.

miniart-models.com (deutsch)

MINICRAFT

Minicraft Models (US) Inc, 1501 Commerce Drive, Elgin IL 60123, USA

Das Unternehmen wurde 1970 von Al Trendle als US-Importeur japanischer Bausätze gegründet. Heute entwickelt und vertreibt Minicraft viele seiner eigenen Bausätze. Vertrieb in Deutschland über Faller.

www.minicraftmodels.com (englisch)

MODELCOLLECT

ModelCollect Ltd., Guangzhou, China

Das 2012 gegründete chinesische Modellbau-Unternehmen ist spezialisiert auf Militärmodelle in 1:72 und 1:35 sowie große Flugzeug-Modelle in 1:72. Der Katalog enthält eine leicht surreale Mischung aus realen und »Was wäre wenn?«-Themen. Vertrieb in Deutschland über Glow2B.

www.modelcollect.com (englisch)

MOEBIUS MODELS

Pegasus Hobbies, 5515 Moreno St., Montclair, CA 91763, USA

Gegründet von Frank Winspur im Jahr 2006. Zuerst wurden einige von Auroras alten SF- und Fantasy-Figuren neu erschaffen, dann produzierte man neue Werkzeuge für ähnliche Themen, bevor man sich auf amerikanische Autos und Trucks im Maßstab 1:25 konzentrierte. Moebius wurde 2018 von Pegasus Hobbies übernommen, wird aber weiterhin als unabhängiger Name geführt.

www.moebiusmodels.com (englisch)

MONOGRAM

siehe: ***REVELL-MONOGRAM***

MPC

Round 2 Models, 4073 Meghan Beeler Drive, South Bend, IN 46628, USA

Ähnlich wie AMT wurde MPC in den 60er-Jahren gegründet,

um Modellauto-Bausätze herzustellen. Berühmt wurde das Unternehmen durch die ersten Star-Wars-Bausätze. MPC wurde 2009 von Round 2 übernommen. Vertrieb in Deutschland über Faller.
www.round2corp.com/brand/mpc (englisch)

PEGASUS HOBBIES

Pegasus Hobbies, 5515 Moreno St., Montclair, CA 91763, USA
Gegründet von Larry Thompson und Tom Macomber im Jahr 1987. Die beiden betreiben ein großes Modellgeschäft in Montclair, das als »Largest in SoCal« (Südkalifornien) gilt. Zunächst produzierte man Ersatzteile für Modellautos und stellte dann Wargaming-Gebäude her, später Science-Fiction- und Fantasy-Modelle sowie einige Flugzeuge. Diese werden ausnahmsweise nicht aus Polystyrol, sondern aus ABS gegossen. 2018 wurde Moebius Models übernommen, aber weiterhin unter eigenem Name weitergeführt. Vertrieb in Deutschland über Faller.
www.pegasushobbies.net (englisch)

PLATZ

Platz Hobby Ltd., 3-1-1 Kusanagi Shimizuku, Shizuokashi, Shizuoka 424-0882, Japan
Das im Jahr 2000 gegründete Unternehmen Platz stellt eine Reihe von Flugzeug-Bausätzen und einige Militärfahrzeuge her. Einige davon sind auch mit der sehr japanischen Anime-Serie »Girls und Panzer« verbunden. Platz stellt auch Modellbau-Werkzeuge her und ist sowohl im Zwischenhandel wie auch im Einzelhandel tätig.
www.platz-hobby.com (japanisch)

POLAR LIGHTS

Round 2 Models, 4073 Meghan Beeler Drive, South Bend, IN 46628, USA
Ursprünglich als Bausatzname für die Abteilung »Playing Mantis« von RC2, und eine offensichtliche Anspielung auf den Namen Aurora, waren die ersten Bausätze von Polar Lights Nachbauten von alten Aurora Bausätzen. Dann wurden neue Kits hergestellt, darunter auch eine Serie aus Star Trek. Polar Lights wurde 2009 von Round 2 übernommen.
www.round2corp.com/brand/polarlights (englisch)

PST

PST (PromSnabTorg, JSC, Minsk, Belarus
Produzent von hauptsächlich militärischen Themen in 1:72.

RENWAL

siehe: ***REVELL-MONOGRAM***

REVELL-MONOGRAMM

Revell USA LLC, 728, Northwest Highway, Ste 302, Fox River Grove, IL 60021, USA
Zwei der bekanntesten Namen im Modellbau, vereint seit 1986. Beide Unternehmen haben zahlreiche Modellbausätze aus allen Themenbereichen herausgegeben, und in der Vergangenheit hatte Revell den Namen Renwal samt den Werkzeugen übernommen, Monogram wiederum einen Großteil der Aurora-Werkzeuge. R-M wurde 2007 vom großen Modell- und Hobby-Vertriebsunternehmen Hobbico übernommen. Hobbico ging jedoch Anfang 2018 in Liquidation. Mit der Übernahme von Revell Deutschland durch die deutsche Beteiligungsgesellschaft Quantum erwarb diese auch den Namen Revell-Monogram USA und einen Großteil – wenn auch nicht alle – der Werkzeuge. Der Rest ging an Atlantis Models, wobei die NASCAR-Werkzeuge an das neue Unternehmen Salvinos JR Models verkauft wurden.
www.revell.com (englisch)

REVELL DEUTSCHLAND

Revell GmbH & Co. KG, Henschelstraße 20-30, D-32257, Bünde, Deutschland
Obwohl Teil der weltweiten Revell-Gruppe, wurde Revell Deutschland eher als unabhängige Firma geführt, und obwohl sie schließlich auch von Hobbico übernommen wurden, geschah dies erst 2011, vier Jahre nach R-M. Als Hobbico Anfang 2018 in Liquidation geriet, war Revell Deutschland dadurch auch in einer besseren Position als Revell-Monogram. Revell Deutschland wurde Mitte 2018 von der deutschen Beteiligungsgesellschaft Quantum übernommen. Dies beinhaltete den amerikanischen Namen und die Lagerbestände, jedoch nicht die Mitarbeiter und Räumlichkeiten.
www.revell.de

RODEN

Roden Ltd., 7a Nevska Str., OF.35, Kijew, Ukraine
Hersteller von Bausätzen für Militärfahrzeuge und Flugzeuge in verschiedenen Maßstäben. Roden ist Teil eines größeren Unternehmens, das sich mit größeren Spritzguss-Teilen, Konstruktion und CAD-CAM beschäftigt. Vertrieb in Deutschland über Glow2B.
www.roden.eu (englisch)

ROUND-2

Round 2 Models, 4073 Meghan Beeler Drive, South Bend, IN 46628, USA
Diesem Unternehmen gehören die Modellbau-Marken AMT, MPC, Polar Lights, Lindberg und Hawk.
www.round2corp.com (englisch)

SALVINOS JR MODELS

1240 E Ontario Ave #102 PMB 327, Corona, CA 92881, USA
Ein neues Unternehmen, das sich ausschließlich mit amerikanischen NASCAR-Rennwagen beschäftigt und dafür neue Werkzeuge verwendet. Sie erwarben 2018 auch die NASCAR-Werkzeuge von Revell-Monogram. Vertrieb in Deutschland über Faller.
salvinosjrmodels.com (englisch)

SMER

Směr, Výrobní Družstvo, Bellova 124, 109 00 Praha 10 - Petrovice, Tschechische Republik
Das 1952 gegründete Unternehmen stellt eine breite Palette an Kunststoff-Produkten und Spielzeugen her – ein kleiner Teil davon sind Bausätze, die größtenteils aus bestehenden Werkzeugen entstehen.
www.smer.cz (englisch)

SPECIAL HOBBY

Special Hobby, s.r.o., Mezilesí 718/78, 193 00 Praha, Tschechische Republik

Als Teil der MPM-Firmengruppe existiert Special Hobby zwischen einem etablierten und einem spezialisierten Unternehmen. Hergestellt wird ein breites Angebot an Flugzeugen und Militärfahrzeugen. Vertrieb in Deutschland über Glow2B.

www.specialhobby.eu (englisch)

TAKOM

Takom (HK) International Co. Ltd., Dong Guan, China

Das 2013 in Hongkong gegründete Unternehmen ist spezialisiert auf Militärbausätze in den Maßstäben 1:72, 1:35 und 1:16, darunter auch viele ungewöhnliche Themen. Vertrieb in Deutschland über Glow2B.

www.takom-world.com (englisch)

TAMIYA

Tamiya Inc., 307 Ondawara, Suruga-Ku, Shizuoka 422-8610, Japan

Eine der größten japanischen Modellbau-Firmen und wohl auch die bekannteste. Gegründet 1948 von Shunska Tamiya, die zunächst Schiffsmodelle aus Holz herstellte und erst später auf Kunststoff umstieg. Die Produktpalette von Tamiya deckt die meisten Modellbau-Bereiche ab und hat große Abteilungen für Fernsteuerungs-, Roboter- und Lehrmodelle.

www.tamiya.com (englisch), **www.tamiya.de**

TRUMPETER

Nang Long Industrial Area, San Xiang, Zhong Shan, Guang Dong, China

Als größtes und bekanntestes aller neuen chinesischen Modellbau-Unternehmen stellt Trumpeter eine breite Palette von Flugzeug-, Militär- und Schiffsmodellen sowie einige amerikanische Autos her. Vertrieb in Deutschland über Faller und Glow2B.

www.trumpeter-china.com/index.php?l=en (englisch)

VALOM

Zlešická 1808/10, Praha 4 - Chodov, 148 00, Tschechische Republik

Gegründet im Jahr 2002 produziert Valom Flugzeuge, darunter viele ungewöhnliche Objekte, in den Maßstäben 1:48, 1:72 und 1:144.

www.valom.net (tschechisch)

WALTHERS

Wm. K. Walthers, Inc. 5601 West Florist Avenue, Milwaukee, WI 53218, USA

Amerikas größter Hersteller von Modelleisenbahnen. Vieles ist vormontiert, aber viele der Anlagengebäude und Zubehörteile sind als Bausätze erhältlich und können an andere Themen angepasst werden. Vertrieb in Deutschland über Faller.

www.walthers.com (englisch)

WAVE

Wave Corporation, 1-10-1 Kiboshida Higashi-machi, Musashino-shi, Tokio, 180-0002, Japan

Das 1987 gegründete Unternehmen Wave produziert Modellbausätze, Zubehör und Werkzeuge. Die überwiegende Mehrheit der Bausätze sind klassische japanische Anime-Themen.

www.hobby-wave.com (englisch)

WINGNUT WINGS

Wingnut Wings Ltd., PO Box 15-319, Miramar, Wellington 6022, Neuseeland

Spezialist für Flugzeug-Bausätze im Maßstab 1:32 aus dem Ersten Weltkrieg sowie Abziehbilder-Sets.

www.wingnutwings.com (englisch)

ZEBRANO

Zebrano, Minsk, Belarus

Gegründet im Jahr 2009 von Vladimir Kiselev. Arbeitete anfangs mit PST zusammen. Macht ungewöhnliche Modelle, hauptsächlich sowjetische Panzer und Figuren in den Maßstäben 1:72, 1:43 und 1:35. Kits in Spritzguss-Styrol, Zubehör in Gießharz.

www.zebrano-model.com/en (englisch)

ZOUKEI MURA

Zoukei-mura Inc., Kyoto, Japan

Eines der neueren japanischen Unternehmen, gegründet von Akihiro Nakatani und spezialisiert auf hochdetaillierte Flugzeug-Modelle, hauptsächlich im Maßstab 1:32.

www.zoukeimura.co.jp/en (englisch)

ZVEZDA

Zvezda Joint Stock Company, 141730, Lobnya, Moscow reg., Promyshlenaya str. 2, Russland

Eine russische Bausatzfirma neuen Typs, die Anfang der 90er-Jahre nach dem Zusammenbruch der Sowjetunion gegründet wurde. Zvezda verwendet moderne Techniken und stellt hauptsächlich Militär- und Flugzeug-Modelle, aber auch eine breite Palette von Figuren im Maßstab 1:72 sowie einige moderne und historische Schiffe her. Ein Teil der Produktion erfolgt in Zusammenarbeit mit Revell Deutschland. Vertrieb durch Hobby Pro Marketing GmbH, Graz, Österreich.

https://zvezda.org.ru/ (englisch)

SPEZIALISIERTE UNTERNEHMEN

ANIGRAND CRAFTSWORK

Flat F, 23 Stock, Block 4, Waterside Plaza, Wing Shun Street, Tune Wan, NT, Hongkong

Auf Gießharz-Bausätze spezialisierter Hersteller, der eine Reihe von Flugzeugen, X-Planes und Raumschiffen anbietet.

www.anigrand.com (englisch)

ATOMIC CITY

Atomic City Engineering, Hanford, CA 93230, USA

Inhaber: Scott Alexander. Atomic City stellt Kleinserien von SF-Sujets sowie den 1:12-Spritzguss-Styrolbausatz der Mercury-Kapsel her; vertrieben in vielen Ländern durch MRC, daher in Deutschland (eventuell) bei Faller.

www.atomiccitymodels.com (englisch)

FANTASTIC PLASTIC

Fantastic Plastic Models, LLC, 25501 Willow Wood Street, Lake Forest, CA 92630, USA

Inhaber: Allen B. Ury. Hersteller einer breiten Palette von hauptsächlich auf Gießharz basierten Luft- und Raumfahrtmodellen.

www.fantastic-plastic.com (englisch)

KORA MODELS

J. Wolkera 74, 756 61 Roznov pod Radhostem, Tschechische Republik

Inhaber: Robert Koraba. Kora produziert zahlreiche Bausätze gepanzerter Fahrzeuge und zusammen mit NewWare eine Serie von V2-Umbauten, basierend auf dem Condor-Bausatz.

www.lfmodels.cz (englisch, teilweise deutsch)

LVM STUDIOS

Goudplevier 106, 5348 ZG Oss, Niederlande

Inhaber: Leon van Munster. Hersteller von kompletten Multimaterial-Bausätzen von Weltraumthemen wie Sojus sowie Fotoätzsätzen für die Detaillierung bestehender Bausätze, darunter die Hasegawa-Raumsonde Voyager und komplexe Startrampen für die Sojus- und Mercury-Atlas-Startrampen.

https://b-m.facebook.com/lvmstudiosnl/

NEW WARE

Zelazneho 6, 71200 Ostrava 2, Tschechische Republik

Inhaber: Tomas Kladiva, Peter Cigan und Andi Wuestner. Hersteller vieler spezieller Zubehörsets für Raumfahrtmodelle zur Aktualisierung von Bausätzen wie der Internationalen Raumstation und der Mir von Revell sowie kompletter Bausätze sowjetischer/russischer Raumfahrzeuge wie Sojus und Wostok.

mek.kosmo.cz/newware (englisch)

REALSPACE MODELS

813 Watt Drive, Tallahassee, FL 32303, USA

Inhaber: Glenn Johnson. RealSpace Models hat das größte Angebot an Bausätzen für Raumfahrzeuge aus Spezialmaterial in den USA. Von einem 1:200 Skylab-Adapter für den AMT Saturn 5-Bausatz bis hin zu den Raumsonden Voyager, Viking und Magellan im Maßstab 1:24 wird alles produziert. Auch Detaillierungs-Sets und Abziehbilder werden hergestellt. Das Unternehmen vertreibt die detaillierten Pläne von David Weeks.

www.realspacemodels.com (englisch)

SHARKITS

9 rue de la Picardiere, 78200 Perdreauville, Frankreich

Inhaber: Renaud Mangallon. Gegründet von Franck »Sharky« Wagner, um Spezialobjekte für die Luft- und Raumfahrt, hauptsächlich aus Harz, herzustellen. Das Sortiment umfasst mehrere Raketen und einige SF-Sujets, aber auch Militärfahrzeuge.

www.sharkit.com (englisch)

STRATOSPHERE MODELS

Inhaber: Stéphane Cochin. Spezialisierte Hersteller limitierter Bausatz-Auflagen von Science-Fiction-Themen und einigen echten Flugzeugen, darunter die DC-X. Jetzt auch 3D-Design.

UNICRAFT

Ukraine

Inhaber: Igor Schestakow. Spezialisierter Hersteller von Gießharz-Bausätzen mit einer Reihe von Flugzeug-, Raumfahrt- und X-Plane-Objekten.

www.unicraft.biz (englisch)

WELSH MODELS

93, Fonmon Park Road, Rhoose, Vale of Glargan, CF62 3BG, Großbritannien

Baut hauptsächlich Transportflugzeuge aus Vakuumformteilen und Gießharz.

www.welshmodels.co.uk (englisch)

3D-DRUCK

Diesem Bereich ist eine eigene Rubrik gewidmet, da 3D-Druckereien völlig anders arbeiten als konventionelle Modellbau-Firmen. Die meisten der vielen Fertigungs-Unternehmen, die es heute weltweit in diesem Bereich gibt, befassen sich direkt mit kommerziellen Anwendungen, konstruieren und produzieren also industrielle Artikel im 3D-Druckverfahren. Obwohl sie theoretisch auch Teile von Modellbausätzen herstellen können, sind sie möglicherweise nicht auf individuelle Anfragen vorbereitet.

Daher muss sich diese Liste auf Unternehmen beschränken, die entweder direkt für Modellbauer tätig sind oder kleine Druckaufträge akzeptieren. Selbst dann ist dies möglicherweise nur ein kleiner Teil des Geschäftsbereichs. (Auch Airfix begann mit der Produktion von Spielzeug und

Haushalts-Gegenständen im Spritzguss-Verfahren und stellte nur nebenbei Modellbausätze her.)

Weil quasi täglich Firmen und Anbieter hinzukommen, kann dies nur eine repräsentative Liste sein.

BOYCE AEROSPACE HOBBIES

Boyce Aerospace Hobbies, San Diego, Kalifornien, USA
Ursprünglich 1995 von Alex und Sheree Boyce gegründet, wurden zunächst Teile für flugfähige Raketen produziert. 2015 wurde das Unternehmen umgestaltet und nutzt nun ausschließlich 3D-Druck für die Herstellung ähnlicher Teile.
www.boyceaerospacehobbies.com (englisch)

BUILDPARTS

C.Ideas, 125 Erick Street, Suite# A115,
Crystal Lake, IL 60014, USA
Das 1998 gegründete Unternehmen C.Ideas druckt eine Vielzahl von Gegenständen aus einer breiten Palette an Materialien.
www.buildparts.com (englisch)

GIBLETS CREATIONS

Giblets Creations, Oxford, Großbritannien
Gegründet von James Gilbert im Jahr 2016, um hauptsächlich Teile für Modellbauer herzustellen. Die meisten Themen behandeln den Themenbereich Science-Fiction, aber es kann natürlich auch alles andere gedruckt werden.

MODDLER

Moddler, 2325 Third St. Suite 224 San Francisco, CA 94107, USA
Gegründet vom Spezialeffekte-Veteranen John Vegher, um 3D-Drucker-Teile hauptsächlich für die FX-Industrie herzustellen, aber es kann natürlich auch alles andere gedruckt werden.
www.moddler.com (englisch)

MODELU

3 Tyny Sarn, Llanwnog, Powys, SY17 5JF, Großbritannien
Gegründet im Jahr 2016, hauptsächlich zur Produktion von Figuren für Eisenbahnanlagen, aber auch viele andere Themen.
www.modelu3d.co.uk (englisch)

PART2PRINT

Part2Print, U Krcske vodarny 1134/63, 140 00 Praha 4, Tschechische Republik
Gegründet im Jahr 2003. Beschäftigt sich mit allen Arten des 3D-Drucks, einschließlich Modellbau.
www.part2print.cz/de/ (deutsch)

SCULPTEO

Sculpteo, 10 Rue Auguste Perret, 94800 Villejuif, Frankreich
Sculpteo, 169, 11th Street, San Francisco, CA 94103, USA
Gegründet von Eric Carreel und Clément Moreau im Jahr 2009. Kann große kommerzielle Aufträge oder kleinere persönliche Arbeiten erledigen, ist in der Lage, eine Vielzahl von Materialien zu drucken.
www.sculpteo.com/de/ (deutsch)

SHAPEWAYS

Shapeways, Long Island City, NY, USA
Shapeways, Eindhoven, Niederlande
Derzeit der bekannteste Name für 3D-Drucker-Teile für den Modellbauer. Das Unternehmen arbeitet über »Communities«, die Designs und Druckeinrichtungen anbieten. Über den Online-Dienst können Sie aufgelistete Teile in der gewünschten Größe und Qualität bestellen oder eigene Entwürfe zum Drucken hochladen.
www.shapeways.com (englisch)

ALLGEMEINES ZUBEHÖR

AK INTERACTIVE

AK Interactive, S.L., Logroño, La Rioja, Spanien
Gegründet von Fernando Vallejo im Jahr 2009, um eine sehr breite Palette von Farben und Verwitterungs-Materialien für Modellbauer anzubieten.
www.ak-interactive.com (englisch)

ALCLAD II

Alclad II Lacquers
Gegründet 1991 im Vereinigten Königreich. Produziert eine breite Palette von fertigen Airbrush-Lacken.
www.alclad2.com (englisch)

ARCKIT

MBM Building Systems Ltd. 17 Clyde Road, Ballsbridge, Dublin 4, Irland
Architektonisches Bausystem in Bausatzform.
www.arckit.com (englisch)

BARE-METAL FOIL

Bare Metal Foil Co, PO Box 82, Farmington, MI 48332, USA
Hersteller von Reinmetall-Klebefolien und anderem Modellbau-Zubehör.
www.bare-metal.com (englisch)

EMA and PLASTRUCT

Engineering Model Associates, 1020 S. Wallace Place,
City of Industry, CA 91748, USA
EMA Model Supplies Ltd., 14 Beadman Street,
London SE27 0DN, Großbritannien
EMA ist der größte Hersteller von speziellen Modellteilen, die ursprünglich für professionelle Modellbauer von Chemieanlagen und dergleichen gedacht waren. Sie können jedoch für eine breite Palette von Modellbau-Projekten verwendet werden – von der Spezialeffekte-Industrie bis zum Hobby-Modellbauer. Für Letztere wurde die Abteilung »Plastruct« eingeführt, um kleineren Serien von EMA-Teilen anzubieten.
www.ema-models.co.uk (englisch)
www.plastruct.com (englisch)

EVERGREEN

Evergreen Scale Models, Woodinville, WA 98072, USA
Großer Hersteller von Polystyrolstreifen, Formen und Zubehör. Vertrieb in Deutschland über Faller.
evergreenscalemodels.com

HUMBROL

Hornby Hobbies Ltd. in Margate, Kent CT9 4JX, Großbritannien
Der größte Hersteller von Modellfarben in Großbritannien wurde 1919 in Kingston upon Hull als Humber Oil Company gegründet. Das Unternehmen stellte ab den 50er-Jahren Modellbau-Farben und anderes Zubehör her und wurde zu Humbrol. Im Jahr 1976 wurde Humbrol von Borden übernommen, das zu dieser Zeit auch Heller besaß. Im Jahr 2006 wechselte die Firma zu Hornby. Vertrieb in Deutschland über Faller und Glow2B.
www.humbrol.com (englisch)

MIG-AMMO

Munition von MIG Jimenez, S.L., Avd. Villatuerta 31, 31132 Villatuerta, Navarra, Spanien
Farben, Tünchen, Texturen für Verwitterungen. Veröffentlicht das Weathering Magazine.
www.migjimenez.com (englisch)

MR HOBBY

GSI Creos Corporation, 2-3-1, Kudan Minami, Chiyoda-ku, Tokio,102-0074, Japan
Großer japanischer Hersteller von Hobby-Farben und -Zubehör. Das ursprünglich 1931 gegründete Unternehmen wurde 1971 zu Gunze Sangyo und wechselte 2001 zu GSI Creos. In der Vergangenheit wurde der Name Gunze Sangyo sowohl für Farben als auch Modellbausätze verwendet, doch jetzt wird »Mr. Hobby« für alle Hobby-Artikel benutzt.
www.mr-hobby.com/en/index.html (englisch)

SLATERS PLASTIKARD

Slaters Plastikard Ltd., Old Rd, Darley Dale, Matlock DE4 2ER, Großbritannien
Hersteller einer breiten Palette von Kunststoffstäben und -streifen, geprägten Platten und Eisenbahnartikeln.

TESTORS

The Testor Corporation, 440 Blackhawk Park Avenue, Rockford, IL 61104, USA
Testors ist Amerikas wichtigster Lieferant von Modellfarben und Zubehör und hat auch Bausätze von Unternehmen herausgegeben, die man im Laufe der Jahre übernommen hat, darunter Hawk und IMC. Außerdem produzierte Testors eine Reihe von UFO-Bausätzen. Die meisten Bausatznamen und Werkzeuge wurden inzwischen von Round 2 übernommen.
www.testors.com (englisch)

TREEMENDUS

Ashton-on-Mersey, Sale, Großbritannien
Produziert viele Materialien für den Landschaftsbau.
www.treemendus-scenics.co.uk (englisch)

VALLEJO

A.P. 337 - 08800 Vilanova i la Geltrú, Barcelona, Spanien
Gegründet 1965 von Amadeo Vallejo in New Jersey, USA. Umzug 1969 nach Spanien. Stellt Modellbau-Farben sowie Farben für den Künstlerbedarf her.
acrylicosvallejo.com/en/ (englisch)

WOODLAND SCENICS

PO Box 98, Linn Creek, Missouri 65052, USA
Großer Lieferant für alle landschaftsbezogenen Modellbau-Materialien.
www.woodlandscenics.com (englisch)

ANDERE NÜTZLICHE SEITEN

INTERNATIONAL PLASTIC MODELLERS' SOCIETY

Verschiedene Websites der International Plastic Modellers' Society aus der ganzen Welt.
Deutschland: www.impsdeutschland.de
Österreich: www.imps.at
Schweiz: www.imps.ch
Großbritannien: www.ipmsuk.org (englisch)
USA: www.ipmsusa.org (englisch)

SCALE MODEL NEWS

www.scalemodelnews.com (englisch)

MODELL- UND SPIELZEUGMUSEUM MILANO

www.toys-n-cars.com (englisch)

MODEL STORIES

modelstories.free.fr (französisch)

DIE WEBSITE DES AUTORS

www.matirvine.com (englisch)

Register

Danksagung

Viele Menschen und Unternehmen haben mich in den letzten Jahren mit Informationen und Ratschlägen unterstützt – zu viele, um sie alle einzeln zu nennen. Besonderer Dank geht jedoch an:

Dr. David Baker für die Einführung
Paul Fitzmaurice von Modelling Tools für die Leihgabe von Werkzeugen und Ausrüstung
David Jefferies von Scale Model News
Dean Milano für den Zugang zu seiner Sammlung
Mark Mattei für den Zugang zu seiner Sammlung
Andy Yanchus für den Zugang zu seiner Sammlung
Volker Vahle von Revell Deutschland
Jean-Christophe Carbonel von Model Stories
Darrell Burge von Airfix
Jamie Hood und John Greczula von Round 2
Frank Winspur, Dave Metzner und Bob Plant von Moebius Models
Larry Thompson von Pegasus Hobbies
Nick Argento von Glencoe Models für die Beratung bei Spritzguss-Techniken
Dr. Mike Ivacavage für die Beratung beim 3D-Druck
James Gilbert von Giblets Creations für die Beratung beim 3D-Druck
Ed Sexton und der verstorbene Bill Lastovich von Revell-Monogram
Pete Vetri und Rick Delfavero von Atlantis Modelle
Tony James von Comet Miniatures/Timeless Hobbies
Vince Brown von modelsforsale.com
Nigel und David Hannant (†) von Hannants Ltd.
Neil Fraser von Pocketbond/Bachmann UK
Tony Radoservic von Horizon Models
Cris Simmonds für Ratschläge zu Millimeter-Maßstäben
Mitglieder des New City Scale Model Club

Der Übersetzer dankt den MitarbeiterInnen von Modellbau Kölbel in Braunschweig für die freundliche Unterstützung.

Die englische Originalausgabe mit dem Titel »Model Builders' Manual« erschien 2019 bei Haynes Publishing

Bibliografische Information der Deutschen Nationalbibliothek
Die Deutsche Nationalbibliothek verzeichnet diese Publikation in der Deutschen Nationalbibliografie; detaillierte bibliografische Daten sind im Internet über http://dnb.dnb.de abrufbar.

1. Auflage
ISBN 978-3-667-12353-4
Die Rechte für die deutsche Ausgabe liegen beim Verlag Delius Klasing & Co. KG, Bielefeld.

Aus dem Englischen von Udo Stünkel
Lektorat: Hanno Vienken
Korrektorat: Nicole Mahne
Umschlaggestaltung und Satz: Jörg Weusthoff, Weusthoff und Reiche Design, Hamburg
Gesamtherstellung: Legatoria Editoriale Giovanni Olivotto, Italien
Printed in the European Union 2022

Delius Klasing Verlag, Siekerwall 21,
D - 33602 Bielefeld
Tel.: 0521/559-0, Fax: 0521/559-115
E-Mail: info@delius-klasing.de
www.delius-klasing.de

MINIATURWUNDER

Ende der 1950er-Jahre ist der Modellbahnbau auf dem Weg zu der Deutschen liebstes Hobby zu werden. Faller gelingt es, Dörfer, Städte und ganze Gebirgszüge zu miniaturisieren und dabei zugleich die Kreativität der Modellbauer zu befeuern. Fantasiewelten erhalten ihre kleinen und großen Bausätze - jeder Modelleisenbahner bastelt ganz nach seiner Fasson! Es ist das Erfolgsgeheimnis der Gebrüder Faller: Mit den fertigen Bausätzen gelingt die Aufsicht auf eine berechenbare Welt. Nur in den Bilderbuchlandschaften der Modelleisenbahnen – von eigener Hand erschaffen – erhalten sie ihre besondere Aura. Faller hat es in 75 Jahren geschafft, modellbauerischen Zeitgeist erlebbar zu machen.

Ulrich Biene
Faller
ISBN 978-3-667-12124-0

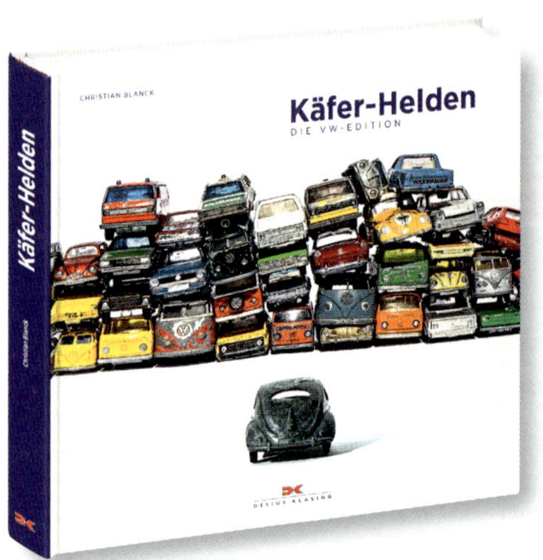

Christian Blanck
Käfer-Helden
ISBN 978-3-667-11688-8

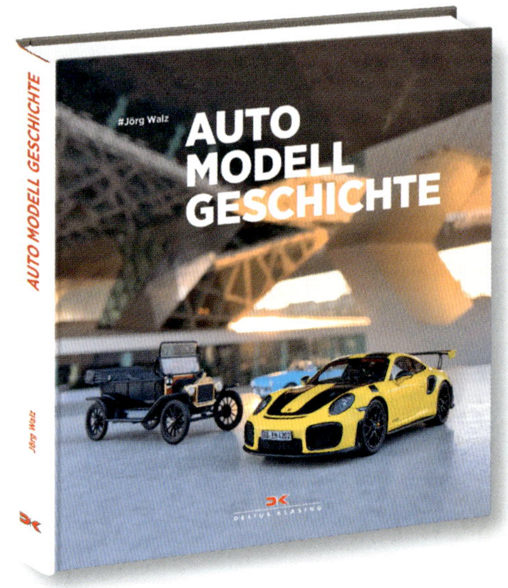

Jörg Waltz
Auto – Modell – Geschichte
ISBN 978-3-667-11568-3

BEWEGTE ZEITEN

Thomas Imhof
Legendäre japanische Sportwagen
ISBN 978-3-667-12360-2

Jürgen Lewandowski
Fiat 500
ISBN 978-3-667-11834-9

Thomas Fuths
Porsche 924, 944, 968 und 928
ISBN 978-3-667-11835-6

Peter Kurze / Ulrich Knaack
Citroën 2 CV Die Ente
ISBN 978-3-667-11833-2

Lars Döhmann
Mercedes-Benz W 123
ISBN 978-3-667-11965-0

Peter Kurze
VW Käfer
ISBN 978-3-667-11836-3

www.delius-klasing.de